"十三五"国家重点出版物出版规划项目

中国建筑千米级摩天大楼建造技术研究系列丛书

# 千米级摩天大楼建筑设计关键技术研究

组织编写　中国建筑股份有限公司

　　　　　中国建筑股份有限公司技术中心

丛书主编　毛志兵

本书主编　王洪礼

中国建筑工业出版社

图书在版编目（CIP）数据

千米级摩天大楼建筑设计关键技术研究/王洪礼
主编. —北京：中国建筑工业出版社，2017.6
（中国建筑千米级摩天大楼建造技术研究系列丛书/
毛志兵丛书主编）
ISBN 978-7-112-20706-0

Ⅰ. ①千… Ⅱ. ①王… Ⅲ. ①高层建筑 - 建筑
设计 - 研究 Ⅳ. ① TU972

中国版本图书馆 CIP 数据核字（2017）第 090732 号

　　本书对高度达千米级别的超高层建筑的关键技术进行了探索和总结，内容共分 8 章，分别是：绪论、千米级摩天大楼建筑功能特性、千米级摩天大楼建筑形式研究、千米级摩天大楼建筑消防体系研究、千米级超高层建筑材料与构造研究、千米级摩天大楼客用垂直交通系统研究、千米级摩天大楼建筑节能体系研究、千米级摩天大楼设计方案。本书的研究成果比较前沿，其中关于超高层建筑中采用的消防体系、垂直交通系统、建筑形式等的研究结论，对于我国将来建设更高高度的超高层建筑具有参考意义。

　　本书适用于建筑设计、研究、管理人员参考使用，也可作为大中专院校相关专业师生的学习参考书。

总 策 划：尚春明
责任编辑：万 李 张 磊
责任设计：李志立
责任校对：李美娜 刘梦然

"十三五"国家重点出版物出版规划项目
中国建筑千米级摩天大楼建造技术研究系列丛书
千米级摩天大楼建筑设计关键技术研究

组织编写　中国建筑股份有限公司
　　　　　中国建筑股份有限公司技术中心
丛书主编　毛志兵
本书主编　王洪礼

\*

中国建筑工业出版社出版、发行（北京海淀三里河路 9 号）
各地新华书店、建筑书店经销
霸州市顺浩图文科技发展有限公司制版
北京建筑工业印刷厂印刷

\*

开本：850×1168 毫米　1/16　印张：16　字数：457 千字
2017 年 11 月第一版　　2019 年 4 月第二次印刷
定价：**38.00** 元
ISBN 978-7-112-20706-0
（30363）

# 《中国建筑千米级摩天大楼建造技术研究系列丛书》
# 编写委员会

丛书主编：毛志兵

丛书副主编：蒋立红　李景芳

丛书编委：张　琨　王洪礼　吴一红　薛　刚　令狐延

戴立先　王　军　满孝新　邓明胜　王冬雁

# 《千米级摩天大楼建筑设计关键技术研究》
# 编写人员

本 书 主 编：王洪礼

本书副主编：赵重洋　赵成中

本 书 编 委：

中国建筑东北设计研究院有限公司：

左兆奇　王福旭　孙云飞　苏志伟　陈天禄　唐思远　赵荥棵

赵晶晶　张　雷　丁一明　马福多　夏日光　卢政超　王　彪

师富智　王　淼　徐　杨　汪　峰　陈　忱　金　彪　齐　彧

韦　玮　苏晓丹　孙子磊　卜　超　陈志新　乔　博　薛晓雯

孙永党　李力红　周军旗　刘　战　吕　丹　任炳文　魏立志

刘克良　刘泽生　陈正伦　张道正　蔡　平

中国建筑股份有限公司技术中心：

王冬雁

西安鑫安消防技术咨询有限公司：

张树平

哈尔滨工业大学土木工程学院：

郑朝荣

# 序

　　超高层建筑是现代化城市重要的天际线，也是一个国家和地区经济、科技、综合国力的象征。从 1930 年竣工的 319m 高克莱斯勒大厦，到 2010 年竣工的 828m 高哈利法塔，以及正在建设中的 1007m 高国王塔，都代表了世界超高层建筑发展的时代坐标。

　　20 世纪 90 年代以来，伴随着国民经济不断增长和综合国力的提升，中国超高层建筑发展迅速，超高层建筑数量已跃居世界第一位。据有关统计显示，我国仅在 2017 年完工的超高层建筑就近 120 栋，累计将达到 600 栋以上。深圳平安国际金融中心、上海中心大厦等高度都在 600m 以上，建造中的武汉绿地中心高度将达 636m。

　　中国建筑股份有限公司（简称：中国建筑）是中国专业化发展最久、市场化经营最早、一体化程度最高、全球排名第一的投资建设集团，2017 年世界 500 强排名第 24 位。中国建筑秉承"品质保障、价值创造"的核心价值观，在超高层建筑建造领域，承建了国内 90% 以上高度超过 300m 的超高层建筑，经过一批 400m、500m、600m 级超高层建筑的施工实践，形成了完整的建造技术。公司建造的北京"中国尊"、上海环球金融中心、广州东塔和西塔、深圳平安国际金融中心等一批地标性建筑，打造了一张张靓丽的城市名片。

　　2011 年起，我们整合集团内外优势资源，历时 4 年，投入研发经费 1750 万元，组织完成了"中国建筑千米级摩天大楼建造技术研究"课题。在超高层建筑设计、结构设计、机电设计以及施工技术等方面取得了一系列研究成果，部分成果已成功应用于工程中。由多位中国工程院院士和中国勘察设计大师组成的课题验收组认为，课题研究的整体成果达到了国际领先水平。

　　为交流超高层建筑建造经验，提高我国建筑业整体技术水平，课题组在前期研究基础上，结合公司超高层施工实践经验，编写了这套《中国建筑千米级摩天大楼建造技术研究系列丛书》。丛书包括《千米级摩天大楼建筑设计关键技术研究》、《千米级摩天大楼结构设计关键技术研究》、《千米级摩天大楼机电设计关键技术研究》、《千米级摩天大楼结构施工关键技术研究》及《中国 500 米以上超高层建筑施工组织设计案例集》5 册，系统地总结了超高层建筑、千米级摩天大楼在建造过程中设计与施工关键技术的研究、实践和方案。丛书凝结了中国建筑工程技术人员的智慧和汗水，是集团公司在超高层建筑领域持续创新的成果。

　　丛书的出版是我们探索研究千米级摩天大楼建造技术的开始，但仅凭一家之力是不够的，期望业界广大同仁和我们一起探索与实践，分享成果，共同推动世界摩天大楼的"中国建造"。

中国建筑工程总公司　董事长、党组书记
中国建筑股份有限公司　董事长

# 前　言

《千米级摩天大楼建筑设计关键技术研究》是 5 本《中国建筑千米级摩天大楼建造技术研究系列丛书》之一，该书是在课题研究的基础上并提炼总结了我公司多年研究与实践成果后编写完成的，由于千米级摩天大楼涉及的问题和技术很多，本书只对关键技术进行研究总结，对于裙房、地下室等常规内容本书未纳入编写之列。

该书共分 8 章，第 1 章阐述了国内外超高层建筑的发展概况，提炼了千米级摩天大楼的建筑特点。第 2 章介绍了千米级摩天大楼的功能构成因素及特性，包括主要功能、附属功能、配套功能、公共服务功能等。第 3 章介绍了千米级摩天大楼的建筑形式，内容包含平面形式、立面形式及组合形式。第 4 章介绍了千米级摩天大楼建筑消防体系研究，内容包括超高层建筑火灾特点，传统疏散方式，电梯结合楼梯疏散方式，千米疏散系统，辅助疏散设施等。第 5 章介绍了千米级摩天大楼建筑材料及构造研究，内容涉及地上、地下、室内、室外等方面。第 6 章介绍了千米级摩天大楼垂直交通系统研究，内容有电梯技术发展情况，垂直交通系统分析，主干与支干复合垂直交通系统及其在"空中之城"方案中的应用。第 7 章介绍了千米级摩天大楼建筑节能及绿色技术体系研究，重点介绍了 CFD 数值模拟分析在千米级摩天大楼绿色设计中的应用。第 8 章介绍了三个千米级摩天大楼典型设计方案，分别为单塔、多翼组合以及多塔组合三种类型。全书较系统地总结了当今超高层建筑设计的关键技术研究与工程实践成果。书中多项研究成果获得国家专利及国际首创。

需要说明的是超高层建筑国内外研究的资讯很多，但千米级摩天大楼研究可借鉴的成果却很少，到目前为止国内建成的最高建筑是 632m 的"上海中心"，国外建成的最高建筑是 828m 的"哈利法塔"，而两栋建筑实际可用高度均约为 600m、建筑面积约四十多万平方米，与千米级摩天大楼的要求相差甚远，本书试图在目前超高层建筑的基础上升级换代以满足未来城市发展的需要，"空中之城"的理念也为人们提供了解决更高建筑设计的思维方式。

本书编委会
2017 年 6 月

# 目　　录

# 1 绪　论

纵观人类建筑文化的发展历程，无论是源自于对自然的敬畏还是发自于对自我的超越，让建筑在高度方向发展是人类一直追求的目标和梦想。时至今日，恐怕没有一种建筑类型能像超高层建筑那样激发人类的兴奋和想象，随着建筑技术的不断进步，更高、更复杂的超高层建筑作品频繁诞世，200m、500m、800m 高度的建筑不断被突破；它们一次次刷新着城市的天际线，一页页改写着城市坐标的空间格局。时至今日，千米级摩天大楼纳入了我们的设计范畴，它不仅承载着人类对更高理想的向往，同时也为解决都市规模化发展过程中涌现的一系列问题——土地的侵蚀、城市的扩张、交通状况的不断恶化等，做出更进一步的努力和探索。

## 1.1　超高层建筑发展概述

### 1.1.1　超高层建筑发展简介

19 世纪初，铸铁结构建造的多层建筑在英国出现，1840 年之后，美国建筑界开始使用锻铁梁代替脆弱的铸铁梁。熟铁架、铸铁柱和砖石承重墙组成新型结构，为高层建筑结构发展奠定了坚实的基础。1855 年电梯的发明，解决了竖向交通的问题，使得高层建筑成为可能。从 1884 年到 20 世纪，人们广泛地采用钢结构发展至 100m 的高层，1885 年建成 10 层高的芝加哥家庭保险大楼，通常被认为是世界第一栋高层建筑，1895 年建成的 21 层 106m 高的纽约曼哈顿人寿保险大楼，被认为是第一栋独立塔楼，1899 年纽约 119m 高的公园街大楼是 19 世纪世界最高的大楼（图 1-1）。

进入 20 世纪后的 1913 年，57 层的纽约伍尔沃斯大楼建成，高度达 241m，保持世界最高纪录达 17 年之久，直到 1930 年 77 层 319m 高的克莱斯勒大厦建成。然而仅一年后，1931 年，102 层 381m 高的帝国大厦落成，它标志着美国超高层建筑黄金时代的到来。

20 世纪 60 年代后期到 70 年代中期，是美国高层建筑最辉煌的时期。1972 年美国建成世界贸易中心大楼，1974 年在芝加哥建成的西尔斯大厦 110 层，高 442m，在 1998 年马来西亚石油大厦（高 452m）建成前，它一直是世界最高建筑。这一时期是现代主义和后现代主义的发展时期，由于科学技术的发展，轻质高强建材的应用，钢材的普及，技术机械的进步，计算机的使用，结构抗震等性能的提升等诸多因素，使超高层建筑提升到了一个新的层次。

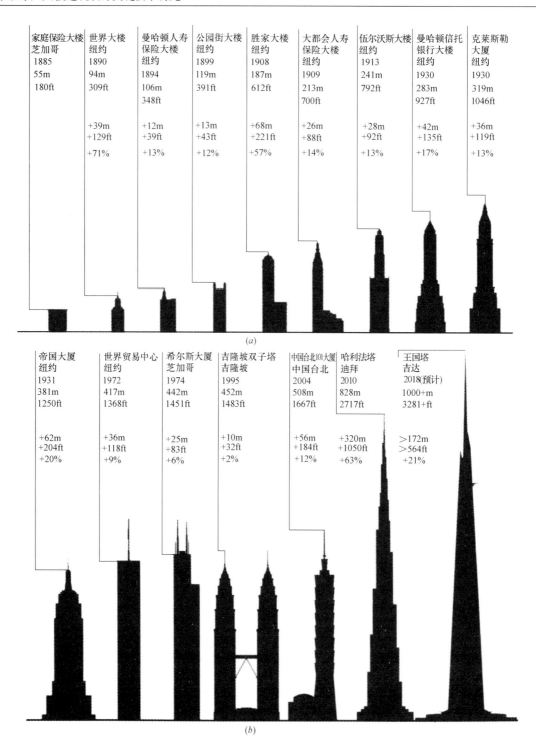

图 1-1 "世界最高建筑"的发展历程

## 1.1.2 超高层建筑发展现状及趋势

### 1.1.2.1 超高层建筑发展现状

20 世纪末到 21 世纪，随着经济的迅猛发展，超高层建筑作为国家和地区经济实力的代表者和宣传者，在全球各地遍地开花，而其主要的建设中心转移到了中东和远东地区。

我国香港地区 1989 年建成的合和中心 66 层，216m 高，成为当时的亚洲最高建筑；1993 年建成的香港中环广场大厦 78 层，374m；2003 年建成的国际金融中心二期地上 88 层，高 415.8m。

我国台湾地区超高层建筑于 20 世纪 90 年代迎来了发展的黄金时期，1997 年建成的高雄东帝士 85 国际广场 85 层，347m 高；2003 年落成的台北 101 大厦 101 层，高 508m，一度成为新的世界第一高度。

我国内地的超高层建筑发展相对稍晚，但是在改革开放以后，超高层建筑得到长足发展。1985 年深圳特区落成的深圳国贸中心，53 层 160m 高，成为当时的国内最高建筑；1990 年建成的广东国际大厦，63 层 200m 高，同年落成的北京京广中心 57 层 208m 高，成为国内首栋突破 200m 的超高层建筑；1996 年分别建成深圳地王大厦（69 层，383m）和广州中信广场（80 层，391m）再次刷新了内地建筑的高度。

进入 21 世纪后，国内的超高层建筑在各地如雨后春笋般迅猛发展。上海成为引领超高层发展的主力军，88 层 420m 高的金茂大厦、101 层 492m 高的上海环球金融中心、121 层 632m 高的上海中心大厦相继落成，它们鼎足矗立于黄浦江畔，成为上海新的地标。同期，其他城市的超高层发展也同样争先恐后，建成或正在建设的 636m 的武汉绿地中心大厦、600m 的深圳平安中心大厦不断刷新着国内建筑的新高度。

在国际建筑界，21 世纪后的超高层建筑也同样精彩纷呈，美国纽约世界贸易中心 1 号楼以 541m 的高度重新成为纽约的第一高楼；英国伦敦的碎片大厦（95 层，310m）成为欧洲之最；2010 年，阿联酋迪拜的哈利法塔以 828m 的高度竣工（160 层），成为当前的世界之最，然而这一高度很快就会被位于沙特吉达的王国大厦超过 1000m 的高度打破（图 1-2）。

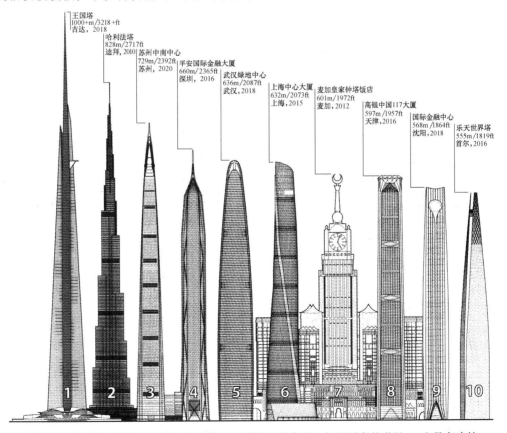

图 1-2 据世界高层建筑与都市人居学会"建筑顶部高度"标准测定的世界 10 座最高建筑
（注：平安国际金融大厦实际竣工高度为 600m/2150ft。）

### 1.1.2.2 超高层建筑发展趋势

超高层建筑发展至今,已经历了100多年的历史,它是时代发展和超高层建筑的发展历程,未来超高层建筑的发展有以下几点趋势:

1)功能复合性

超高层建筑建造初期主要以单一功能为主,直到1969年美国约翰·汉考克中心落成,标志着混合功能布局成为超高层建筑发展的主要方向;随着超高层建筑的规模和体量的不断加大,其功能除了具备办公、居住、酒店功能以外,其他的城市功能开始在超高层建筑的演变中发挥重要作用;近年,"垂直城市"的理念根植于超高层建筑设计,居于其中的人们不仅可以享受超高层建筑提供的诸多便利,同时也可以感受更好的工作和生活体验,而这一理念势必使得超高层建筑功能更进一步向复合化方向发展。

2)建筑生态化

随着建筑科技的不断进步,绿色建筑理念广泛地运用于建筑,降低建筑的能耗、减少建筑寿命周期内的运营成本,成为建筑现代化的重要标志。对于超高层建筑来说,其体量和不断刷新的建筑高度决定了它对能量的消耗是巨大的,节能、降耗、减排对于超高层建筑来说尤为重要,这是其经济合理性的重要评判标准之一。于是从保温外墙到"呼吸幕墙",从雨水回收到中水利用,从风能发电到太阳能的直接转化,这些技术主要就是为了降低运营成本,减少能源消耗,实现建筑的生态化。在这一方面,有些地方我们做的相对比较成熟,但是有些还刚刚起步,因此,需要更多新的突破和探究来实现超高层建筑向更高层面的生态化发展,毕竟经济基础决定上层建筑的哲学原理在建筑界依然适用,况且这还不仅仅是经济学范畴的问题。

3)高度智能化

时至今日,科技在改变着人类的一切,而且这种改变的速度在一直提升,正是由于这种提升,超高层建筑才得以实现高度和规模的不断创新。如何利用高度发达的技术来让超高层建筑更好地为居住其中的人们服务,让人们体验到更大的便捷和自由,那就必然是建筑的高度智能化——建立在"万物互联"基础上的自我管理、自我调节和高度自由——这决定着超高层建筑未来发展的方向。

4)形体异型化

在技术足以支撑人们的艺术审美和功能探索时,打破传统,寻求创新就自然而然成为一种趋势,从中央电视台新办公大楼的巨大悬挑到上海中心的华丽扭转,从广州电视塔的纤细婀娜到沙特王国大厦(配楼)的巨大天空之眼,这既体现了技术的巨大进步,同时也彰显了人类永无止境的探求精神,而正是这种探求,又引领着技术迈向更高的一层。随着包括材料、力学、机械、建造、美学等各个学科的突飞猛进,未来展现在我们面前的超高层建筑必将形态各异、精彩纷呈。

## 1.1.3 国内外典型超高层建筑实例简介

### 1.1.3.1 哈利法塔

伯吉·哈利法塔位于阿联酋的迪拜,于2010年建成,其建筑总计160层,总高度为828m,总建筑面积45万 m²。其建筑设计由美国建筑师阿德里安·史密斯(Adrian Smith)设计,由韩国三星公司负责施工总承包,而景观设计部分由美国SWA进行设计。

哈利法塔楼面为"Y"字形,主体部分由三个建筑部分逐渐连成一体,在沙漠中以螺旋的模式上升，中央核心逐渐收分形成尖塔，外形挺拔高耸，而 Y 字形的平面造型使得哈利法塔拥有较大的景观视野（图 1-3）。

哈利法塔整体为钢筋混凝土结构，其底座呈星型几何图形——富有伊斯兰风格的六瓣沙漠之角；塔身呈三角分散的"Y"形，这种平面布局形式有利于防风和抗震，其设计标准能够使建筑承受里氏 6 级地震和 55m/s 的大风。由于哈利法塔建筑体量巨大，设计师在 3.7m 厚的三角形结构基座下部设置了 192 根直径为 1.5m 的钢管桩，钢管桩深入地下 50m 处，以此坚固的基础作为它硕大的身躯提供牢固的支撑；而在结构基座之外，其建筑总体的螺旋性上升，得益于三角形的任何一边都由一个六边形的核心筒的支撑。此外，这种三角形分散布置可以分散外界风力对建筑物的冲击，同时这种建筑螺旋状结构会让风的方向发生发散，从而减小风力对建筑的侧向力。

哈利法塔作为如此复杂的大体量超高层建筑，其电梯设计不可小觑。塔内共设置了 57 部电梯，速度最高达每秒 17.4m，目前，其垂直运输长度排名首位；电梯分别安装在塔内的不同位置，不同的使用人群可以使用专属各个功能区的不同电梯，其电梯分区极为复杂；塔楼内的电梯需要通过换乘后到达顶层而不能直接到达 160 层，换乘的区域设置在第 43、76 和 123 层；且其电梯速度全球最快，可以在 1min 内到达设置在 124 层的室外观景平台（图 1-4）。

图 1-3　哈利法塔外景

图 1-4　124 层观景平台

这幢总投资超 70 亿美元的哈利法塔，其建筑内融合了多种实用功能，包括 1044 间公寓、49 层办公和一家酒店。具体说来，1 到 39 层为阿玛尼酒店，其中酒店的公共服务层设在 1 到 8 层、标准客房设在 9 到 37 层、酒店套房设在 38、39 层；而 44 到 72 层、77 到 108 层为公寓；111 到 121 层、125 到 135 层、139 到 154 层为商务套房；156 至 159 层为广播传送及管理用房；160 层以上是设备层；观景台设置在 124 层，顶部尖塔天线包含无线通信等功能。

除以上基本功能外，塔楼 122 层设计为餐厅，人们可以一边欣赏壮丽景色，一边品尝着来自世界各地的美食；而在 123 层的高层大堂内设有健身房和室内泳池，这也是目前世界上高度最高的室内游泳池；而在位于 124 层的"At The Top"的观景平台上，天气晴好的日子，游客可远观 80km 外的风光。

建设方寄予了哈利法塔一个"空中之城"的概念，在这里，住户足不出塔，就可以"自我满足"，解决一切生活需求。

图1-5 位于上海陆家嘴的上海中心大厦

### 1.1.3.2 上海中心大厦

坐落于上海黄浦江畔的上海中心大厦，建筑占地3万多 m²，主体结构高度为580 m，总建筑高度632m，总建筑面积57.6万 m²，总重量约80万 t。它由地上118层主楼、5层裙楼和5层地下室组成，机动车停车位布置在地下车库里，可停放2000辆。2008年11月29日，该建筑主楼桩基开工；2013年8月3日，主体结构封顶；2014年12月实现工程全面竣工，在2015年年中投入运营。此建筑建成后，刷新了上海超高层建筑高度。

上海中心大厦建筑方案由美国Gensler建筑设计事务所设计，其建筑外形宛如一条上下翻飞的空中"巨龙"，建筑表面的开口由底部旋转贯穿至顶部，呈螺旋式上升之势（图1-5）。

上海中心大厦采用"单元式"空间设计方法，它由9个巨大的空中单元组成，每一个单元夹在内外两层玻璃墙之间都有自己的空中大厅和中庭。功能划分方面，1号单元是零售区，2号单元到6号单元为办公区，7号单元到9号单元设置酒店和观景台。

这九个空中大厅的每一层都将建有自己的零售店和餐馆，成为一个垂直的商业区；而单元的广场是该区域内人们聚集、休闲的主要场所，公共活动楼层也大大减少大厦用户上下楼梯的竖向交通；物理环境方面，这九个空中中庭形成了独立的微环境气候区，可在很大程度上改善大厦内的空间环境和空气质量，创造宜人的休息环境。

幕墙体系是超高层建筑不可缺少的表皮，上海中心大厦外幕墙体系由一内一外的两层玻璃幕墙组成，主体平面形状为内圆外三角形，内部圆形空间由内层幕墙围合，外面三角形的形态由外层幕墙实现。两层玻璃幕墙之间的空间间距从9m到10m不等，一方面为空中大厅提供空间，另一方面也充当一个类似热水瓶的隔热层，从而降低整座大楼的供暖和冷气需求，大厦能耗降低不仅有利于建筑的生态环保，同时也让建筑运营的经济可行性得到进一步的提升。

而结构体系方面，上海中心塔楼由三个系统组成。第一个系统用90ft×90ft（约合27m×27m）的钢筋混凝土芯柱来提供垂直支撑力；第二个系统是负责支撑大楼，抵御侧向力的钢柱系统，其由钢材料"超级柱"构成的一个环，围绕钢筋混凝土芯柱，通过钢承力支架与之相连；第三个系统是每14层采用一个2层高的带状桁架，环抱整座大楼，在空间上每一个桁架带标志着一个新区域的开始。

### 1.1.3.3 广州电视观光塔

于2010年建成的广州新电视塔高600m，其塔身扭转形成动感立面，身腰呈"纤纤细腰"的形状，犹如回眸凝望的窈窕淑女，整体造型上将建筑、结构和美学等融为一体。

其外部表皮为圆形的渐变网格结构，在造型、空间和结构由两个向上旋转的椭圆形钢外壳变化生成，这两个椭圆一个在基础平面，一个在假想的450m高的平面上，两个椭圆扭转在腰部收缩变细，这使得从外部看来，格子式结构底部比较疏松，向上到腰部则比较密集，腰部收紧固定像编织的绳索，再向上格子式结构放开，又变成疏松的形态，而结构上由逐渐变细的管状结构柱支撑。

不仅仅外部表皮，平面尺寸和结构密度也是由控制结构设计的两个椭圆控制的，它们同时产生了不同效果。顶部由于结构上更加开放产生了透明的效果——可供瞭望，而建筑腰部较为密集的区段则可提供相对私密的体验。此外，塔身由于整体网状产生了漏风空洞，可有效减少塔身风荷载，同时在视觉上也显得更加轻盈。

细节方面，结构上通过钢斜柱、斜撑、环梁和内部的钢筋混凝土筒体的运用，实现垂直圆柱、水平圆环和对角线三个主要设计元素；而塔身主色调的银灰色，则通过外浅内深、层层深入的色彩过渡方案来实现：其中由 24 根锥形钢柱组成的外筒钢结构将采用浅灰色，46 个圆环采用中灰色，而最里面的混凝土核心筒采用深灰色；夜景处理上，塔身灯光将由 1080 个节点 LED 灯组成，通过计算机控制电路，可以产生各种变化的视频广告效果。总之，塔身设计结合建筑、结构和美学，构成了一个纤细、挺拔、镂空、开放的外形效果。

功能方面，"广州新气象"作为塔身功能设计的主题，城市建设展览馆设置在接近地面区域，其他高度则模仿了地球五带：沙漠三维电影院设置在 95m 高处；195m 高处又设置了草原花园；290m 高处以热带快餐厅为主题；345m 高处则为温带区，拥有独立卡拉 OK 房间和温带区贵宾酒店；390m 高处为冻土地带—豪华餐厅；454m 高处为北极广场（图 1-6）。

图 1-6　广州电视观光塔

### 1.1.3.4　中国台北 101 大厦

中国台北 101 大厦总高度 508m，共 101 层，建筑面积 41 万 m²，采用了"巨型结构"，早在 2003 年就已经建成。这幢大楼为大型多功能综合开发项目，主体塔楼平均单层面积为 1403 ～ 2393m²，主要用途为金融业务的办公空间，位于中国台北市繁华地段，其基地面积达 3 万 m²，大规模方整地块给市民提供活动休憩的空间，建筑退红线 35m，创造开放的公共空间共达 2.5 万 m²。

其建筑造型方面处处体现了中国文化，整体形态如同自然中层层生长的竹笋，在外观上形成有节奏的律动美感，开创了多节式外观，宛若劲竹节节高升、柔韧有余，象征生生不息的中国传统建筑含义；设计单元上，以中国人的吉祥数字"八"作为设计单元构筑整体；

造型细节上犹如鲜花绽放，不同高度展现不同视野，实现"一花一世界，一台一如来，台台皆世界，步步是未来"的东方原创理念。

结构设计上，在大楼的四个外侧分别各有两根巨柱，共八根巨柱，每根截面长 3m、宽 2.4m，作为总体支撑。这八根巨柱自地下 5 层贯通至地上 90 层，柱内浇灌 10000 psi 高性能混凝土，柱外以 SM570M 高性能钢板包覆。在芯筒区，8 层以下采用 600mm 厚钢筋混凝土剪力墙结构，9 层以上采用钢结构支撑。为避免侧向位移，沿高度设置了 11 道巨型桁架，采用了由 41 层厚度为 125mm 的钢板焊接而成的世界上最大 TMD 调质阻尼器（图 1-7）。

### 1.1.3.5 上海环球金融中心

上海环球金融中心位于上海陆家嘴经济开发区，比邻金茂大厦，地上 101 层，高 492m，建筑面积 38 万 m²，于 2008 年建成，是一幢以办公为主，集商贸、宾馆、观光、会议等设施于一体的综合型大厦（图 1-8）。

功能设计方面，建筑地下 3 层至地下 1 层规划了约 1100 辆的停车位；地下 2 层至地上 3 层为商业设施；3～5 层为会议室；7～77 层为办公区；79～93 层建成为五星级的宾馆；94～101 层则为观光层。

视觉设计方面，在 474m 高处设计了 55m 长的悬空观光长廊上，位于大楼 100 层的观光天阁中，能够看见金茂大厦的屋顶就在下方，可以平视东方明珠的尖顶，犹如云中漫步，黄浦江两岸美景尽收眼底。这一观光长廊设有 3 条透明玻璃地板，可以看到地面上渺小的汽车、行人，人流如织，仿佛整个城市都在脚下流动。此外，在高达 439m 之处，位于建筑 97 层，有带有开放式的玻璃顶棚的观光厅，当天气晴好时，玻璃天顶可向两边滑动打开，整个观光厅就犹如飘浮在空中的一座"天桥"。在 94 层同样设置了面积 750m²、室内净高 8m 的观光大厅。

结构设计方面，上海环球金融中心主体结构为钢—钢筋混凝土混合结构，由巨型柱、带状桁架（每隔 12 层设置一道）和巨型斜撑组成，采用了巨型结构体系。79 层以下的核芯筒为钢筋混凝土结构，在有伸臂桁架的部位，核心筒剪力墙内设置型钢桁架，同时核心筒与周边巨型结构之间设置 3 道伸臂桁架，伸臂桁架高 3 层，分别布置在 28～31 层、52～55 层、88～91 层。在 91～101 层，这样的三维框架结构，既起到支撑观光缆车的作用，又起到压顶桁架的作用。为避免侧向位移，在大楼 90 层，约 395m 高度设置了两台各重 150t 的风阻尼器，可通过使用感应器测出建筑物遇风的摇晃程度，之后通过计算机计算以控制阻尼器移动的方向，减少大楼由于强风而引起的摇晃。

图 1-7　中国台北 101 大厦　　　　　　　图 1-8　上海环球金融中心

工程施工方面，上海环球金融中心采用多项首创内容：首次采用预制组合立管技术，分段在外加工成型后整体吊装，在楼板钢结构安装完成后随结构同步攀升安装预制组合立管；塔身属于国内首次在 450m 的垂直竖井内进行电缆敷设；而采用工厂拼装、现场预留管口对接的整体卫生间施工工艺，使安装和拆卸非常方便。

### 1.1.3.6　上海金茂大厦

上海金茂大厦（Jin Mao Tower）位于上海浦东新区黄浦江畔的陆家嘴金融贸易区，建筑总高度 420.5m，是集现代化办公楼、五星级酒店、会展中心、娱乐、商场等设施于一体的综合性建筑，是上海的一座地标。金茂大厦建成于 1998 年，楼面面积 27.87 万 m²，地上 88 层，若再加上尖塔的楼层共有 93 层，地下 3 层，有多达 130 部电梯与 555 间客房。

功能分布方面，地下室 3 层，局部 4 层，建筑面积达 57151m²，设有 800 个泊车位的停车场，和停车场的收费系统。地上部分以办公、酒店为主，第 3～50 层为可容纳 1 万多人同时办公的、宽敞明亮的无柱空间；机电设备层在第 51～52 层；第 53～87 层为超五星级金茂凯悦大酒店，从第 56 层至塔顶层建造了一个直径 27m、阳光可透过玻璃折射进来的净空高达 142m 的"空中中庭"，环绕中庭四周布置了大小不等、风格各异的 555 间客房和各式中西餐厅等功能；第 86 层设置了企业家俱乐部；第 87 层设置了空中餐厅；第 88 层为观光层（图 1-9、图 1-10）。

图 1-9　上海金茂大厦　　　　　　　　　图 1-10　上海金茂大厦酒店中庭

其中办公区建筑面积为 122871m²，层高 4m，净高达 2.7m，均为无柱大空间，租户可根据自身的需要任意进行分隔和功能布置。空调设备方面，办公区的空调选用世界先进的低温送风的变风量机组，新风量设计为 1.5L/s/人，每层办公区还设有 24 只手动温控器，可使室温在 19～29℃ 范围内任意调节，同时在空调系统的末端设有消音设备，使得办公环境安静自然。电梯设备方面，办公区专用候梯厅金碧辉煌、造型独特，犹如古埃及金字塔；其共设置五组 26 台高速电梯，采用独特的玻璃轿厢，玻璃门厅，宽敞明亮；电梯配置经过计算，每 10 层 5～6 部电梯的配置可保证客人在上下班高峰时，候梯时间不超过 45s，可迅速而又舒适地把客人送达各个办公楼层而又不必中转，给人以便捷的交通服务；安全方面，办公区的电梯还有一个创新的"空中对接"自救功能，一旦在半途发生故障，远程控制系统 GRT 将指令相邻的电梯迅速停靠旁边，电梯轿厢的侧门将自动打开，使客人迅速逃离困境。此外，每层办公区还设有茶水间，可 24h 免费提供经砂过滤器、活性炭过滤器、紫外光消毒三级过滤的饮用水和热水。

观光层距地面 340.1m，可容纳 1000 多名游客，设置了两部速度为 9.1m/s 的高速电梯，仅用 45s 就可将观光宾客从地下室 1 层直接送达观光层。

结构设计方面，上海金茂大厦采用钢框架——钢筋混凝土核心筒结构体系，外框为钢框架，核心筒混凝土强度等级最高为 C60，墙体厚度由 850mm 逐步分四次收至 450mm。塔楼设置三道重伸臂钢桁架，大楼框架下面有一个 4m 厚的钢筋混凝土筏式基础及 429 根空心钢柱打入砂黏土层 65m 深处。地上部分，钢筋混凝土内筒通过外伸钢架与外檐处的 8 根超级巨柱结合在一起，共同承担垂直与水平荷载。

# 1.2 千米级摩天大楼建筑设计研究综述

千米级摩天大楼建筑最主要的特点就是其前所未有的建筑高度和空前宏大的建筑规模，其能容纳的人口规模相当于一个小型城市。一般的超高层建筑在体量、尺度以及复杂程度上都不能与其相当，同时它具有诸多有别于一般的超高层建筑特性，这一切都决定了千米级摩天大楼的设计不可能再沿袭常规超高层建筑的思路，必须具有与之相对应的设计体系来满足千米级摩天大楼带来的挑战。

## 1.2.1 千米级摩天大楼的建筑特性

### 1.2.1.1 社会性

如上所述，千米级摩天大楼建筑严格意义上应该是一座空中之城，它容纳的人数众多——一般在几万人甚至有可能超过十万人，建筑面积在几百万平方米以上，其功能基本上涵盖了居住、办公、酒店、商业以及配套的各种服务设施等。因此，千米级摩天大楼的设计不仅仅是在设计一栋单独的建筑，而是在营造一座竖向的城市。它具有城市规划中所需要面临的各种社会问题：

第一是交通问题，它包括两个方面：一方面是建筑和所处的城市大环境之间的交通问题，这个需要在建筑选址之初就要站在整座城市的高度来统一规划；另一方面是建筑内部的交通，这其中最为重要的就是竖向交通的设计，它不仅仅是内部建筑到建筑地面的交通设计，而更要充分考虑建筑各组成部分之间的相互交通。

第二是节能减排问题，现在全社会都在大力倡导节能减排，一座竖向发展的城市型建筑尤其应该如此，使其新陈代谢尽可能减少对所处母城的压力，否则，过高的运营成本将极大地降低千米级摩天大楼的性价比，使其失去存在的价值。

第三是安全问题，和城市一样，千米级摩天大楼同样面临诸如安防、安保、消防、自然灾害（地震、台风等）等方面的安全问题，而这其中最为突出的是消防扑救、疏散、避难和抵御自然灾害问题。不同于城市的平面扩散，竖向发展的千米级摩天大楼，需要全新的思路来解决安全问题。

第四是和谐共生的问题，城市需要通盘考虑功能和布局的协调，合理地处理两者之间关系，合理的资源配置，才能带来各个方面的共赢共存，千米级摩天大楼亦然。作为城市中的独特一份子，首先必然要考虑建筑和城市之间的和谐，其次也要站在城市大区域的高度合理配置建筑内部的各个功能区块，使各个功能区块之间能够相对独立而又相互联系，这也是建筑和城市和谐共生的基础条件之一。

### 1.2.1.2 完备性

千米级摩天大楼和所处城市的关系可以类比为卫星城和母城的关系。千米级摩天大楼是完整的个体存在，通过各种渠道，和母城之间完成新陈代谢的交换。之所以说千米级摩天大楼是完整的个体存在，主要是因为它自身具有以下的完备特性：

首先是完备的自救能力。在面对火灾和自然灾害的时候，千米级摩天大楼能获得的外部救援十分有限：面对火灾，它必须有一套完备的消防预防、识别、扑救和疏散体系，依靠自身的能力和完善的疏散体系来确保人们在火灾时候的安全；在面对诸如台风、地震等自然灾害的时候，它必须提供安全可靠的结构体系和表皮体系来抵御或缓解灾害，确保建筑的安全性。

其次是完备的节能能力。千米级摩天大楼其高度和体量决定了它对能源的需求，因此如何能够最大限度地节能，减少能源的提供和消耗是千米高层必须要解决的问题，这也是千米级摩天大楼经济合理性的重要基石。因此，完备的节能体系是千米级摩天大楼必备的，它既体现在建筑由内到外、由上及下的各个方面；同时又随着对太阳能和风能利用等技术的进步，充分利用千米级摩天大楼的高度和体量，直接转化并利用能源，更能进一步减少建筑的能耗。

最后是完备的交通体系。交通体系的完备性体现在两个方面：一方面是建筑内部交通体系的完备性，它涵盖了人流、物流、信息流等各个方面，同时也包括平时和紧急情况下的疏散交通；另一方面包括建筑和外部交通体系的完备，它包括地下轨道交通、地面交通和空中交通，尤其是现在低空领域交通的完善，加上千米级摩天大楼的高度优势，建立三位一体的外部立体交通体系将更有利于建筑内部人员的出行。

### 1.2.1.3 引领性

首先是技术引领。

千米级摩天大楼是建筑领域先进技术的集大成者，代表并引领着建筑领域的最高技术水平。正如前文所述，千米级摩天大楼的建设是营造一座竖向城，而不是简单地建造一栋楼，它由多个子系统有机融合而成，它的每一个子系统将使用或创造出最先进的技术来满足建筑高度和规模带来的方方面面的挑战，通过各个系统间的协调合作，最终形成一个高度安全、高度智能、兼容并蓄、便捷畅达、经济合理的独立综合体。

同时，在千米级摩天大楼营造、运营的各个阶段、各个环节中使用或形成的新的理念、新的技术或突破，使用并证实可靠的材料和设备、成熟的建筑体系等，将会形成普遍的技术规程，在整个建筑领域内得以推广运用，从而引领整个建筑行业的在技术领域的快速前行。

其次是文化引领。

建筑既是一种物质和功能存在，同时也是一种文化承载，千米级摩天大楼亦不例外。而千米级摩天大楼其自身独有的特点又决定了其在建筑领域内的文化引领作用。

无论是从远望城市的天际线还是从空中俯瞰城市的总体布局，千米级摩天大楼必将占据主导地位——如同高高的塔尖对于欧洲建筑的控制，引导着人们对城市的总体认知和感受，确立人们对城市的辨识体系。千米级摩天大楼确立了城市的地标，同时也赋予了城市新的名片，在逐渐趋于雷同的城市面貌中，成为城市形象和城市文化的特殊代言人。

另外，千米级摩天大楼是一种突破性的存在，它融合既有建筑功能，并按照自己的建筑特点其进行整合编排，形成新的体系、新的模式；这些新的模式和体验，将影响并一定程度上改变人们的生活、工作、休闲、交通模式，而这种改变将直接或间接导致人们认知的调整和改变，并逐渐建立起新的文化模式。

## 1.2.2 千米级摩天大楼建筑设计体系划分

千米级摩天大楼建筑设计是一个复杂的系统工程，它由若干个设计体系组成，各个设计体系既独立存在而又广泛联系，具体可以划分为如下的几个方面：

### 1.2.2.1 建筑功能设置及布局设计

1）主要功能

从超高层建筑发展情况来看，其主要功能包括如下几种：商业、办公、酒店、居住等，这些功能的规模、布局是建筑设计之初首要明了的问题，同时也是整个设计任务的根本和基础。

2）复合功能

随着超高层建筑的高度不断攀升和体量不断加大，在主要功能外，还会复合观光、餐饮、文化、娱乐等多种功能设施，特别是随着技术进步和"垂直城市"理念的运用，更多的城市功能融入超高层建筑之中。

### 1.2.2.2 千米级摩天大楼建筑交通体系设计

1）人流交通

人流分水平交通和竖向交通。对于超高层建筑，竖向交通是设计的重点。电梯的运力配置、电梯分区的合理层数、每个分区电梯的数量、各分区的关联性、电梯速度和人体舒适度的平衡等，这些问题应结合实际案例，并通过和相关行业的合作，总结出其内在规律，应用于具体项目之中。

2）车流交通

车流分动态交通及静态交通。动态交通指机动车在建筑内部的动线组织。静态交通是指停车方式，一般为传统的坡道式停车库及较为现代化的立体机械停车库。后者又包括早期的升降移动式车库及后来发展的巷道堆垛式、平面移动式和横移旋转式车库等。超高层建筑层数多、面积大，车流应予以充分考虑并妥善解决。

3）枢纽

大堂是交通的枢纽。大堂的设计不仅要考虑好功能性及观赏性，还要注意各种流线的清晰组织。

### 1.2.2.3 千米级摩天大楼建筑形式设计

1）平面形式

超高层的平面形式有多种，较为常见的有矩形、梭形、多边形、圆形、不规则形等。形式的选择除造型外，与功能及结构的合理性也有密切的关系。

2）造型风格

结合超高层建筑地域、文化以及未来发展，同时考虑环境与生态的平衡及可持续发展，对建筑形式的选择与项目的定位、业主及其建筑师的审美、建筑师的建筑观等因素进行研究，提出适应不同地域、文化背景，同时满足建筑师与业主的多种建筑造型风格。

### 1.2.2.4 千米级摩天大楼建筑材料设计

通过调研，将国内外超高层建筑选用的材料进行总结与筛选，提出适合于超高层建筑的建筑材料。

1）内墙

超高层建筑的内墙材料应选用轻质、隔声、环保、防火的建筑材料，还应便于施工及运输。

2）外墙

在满足内墙材料性能要求基础上，外墙材料还要考虑节能性及自洁性，使建筑材料在取得别致效果的同时带有鲜明的时代气息，同时提出超高层建筑材料的未来发展趋势。

#### 1.2.2.5　千米级摩天大楼消防体系设计

消防是建筑的重要组成部分，合理可靠的消防体系是确保千米级摩天大楼可行性的重要判定标准之一。

1）防火分区

超高层建筑的竖向交通占据了相当大的面积，必须根据千米级摩天大楼自身的特点及实际使用情况确定合理面积的防火分区。

2）安全疏散

安全疏散包括平面和竖向两个方面，其中最为重要的是竖向疏散，如何利用竖向疏散设施将人员合理有序疏散到安全区域，是整个消防体系可行性与否的关键所在。

3）避难层

合理分布避难层的位置，确定避难层避难区的面积大小及平时的利用，以及与结构、设备专业的联系。

4）停机坪

打通空中救援通道是超高层建筑特有的救援模式，对于千米级摩天大楼来说，其体量和高度决定了来自空中的救援更符合其建筑特性。

5）防火构造

根据千米级摩天大楼的特点，选择合适的构造并予以强化，通过高度可靠的被动消防设施，预防并控制火灾。

#### 1.2.2.6　千米级摩天大楼建筑节能体系设计

如何降低千米级摩天大楼对能源的消耗是其存在合理性和经济性必须考量的问题。建筑的节能体系可以划分为主动节能系统和被动节能系统两个部分：主动节能是指建筑通过对自然能源（光、风等）的直接转化利用，从而减少外界对其能源供给；被动节能是指通过建筑的合理的形体选择、功能布局、构造营建等措施，降低建筑对能源的消耗，从而减少对外界能源的需求。

### 1.2.3　千米级摩天大楼建筑设计关键技术要点

千米级摩天大楼是一个全新的建筑领域，需要我们在总结既往经验的基础上，进一步开展具有前瞻性的突破性研究，其建筑设计涉及美学、结构工程与材料工程、防灾工程、生态工程、试验技术与计算机控制、计算机数值模拟等多个领域，属于交叉性的学科。从大的方面讲，千米级摩天大楼建筑设计可以划分为多个设计体系，在每一个体系中，由于千米级摩天大楼建筑的自身特点，又有需要特殊考虑和解决的关键技术难点和突破点；同时在设计过程中，参与设计的各方面如何更好地协同合作，也同样是需要很好解决的问题。千米级摩天大楼建筑设计关键技术要点主要体现在以下方面：

1）千米级摩天大楼建筑功能布局及其内在联系和相互影响。

2）千米级摩天大楼的竖向交通设计。

3）千米级摩天大楼建筑平面形式、布置同功能和结构的关联性。

4）千米级摩天大楼建筑材料选择。

5）千米级摩天大楼的消防疏散和避难设计。

6）千米级摩天大楼建筑中现代节能技术运用。

7）千米级摩天大楼 BIM 技术运用。

## 1.3 千米级摩天大楼建筑设计研究的价值体现

### 1.3.1 梳理归纳

任何学科和技术的发展都是一个循序渐进的过程，建筑亦不例外。超高层建筑发展至今已有超过百年的历史，积累了大量的经验和教训，而正是这些积累才使得我们敢于挑战千米级摩天大楼的设计研究，也正是这种积累奠定了我们研究的理论和技术基础。因此，我们的研究首先是要回头看，从大量的既往信息中，分门别类、归纳整理，发现规律并进行合理的分析和推理，为包括千米级摩天大楼在内的各种类型建筑的研究提供详实的基础技术资料和理论支撑。

### 1.3.2 创新探索

有人形容飞机发动机是"工业设计皇冠上的宝石"，那么千米级摩天大楼同样是建筑领域皇冠上的宝石，占据着建筑技术的制高点。千米级摩天大楼的高度和体量注定了它是一种突破性的存在——这种突破性体现在功能、技术、理论和观念等多个方面；这种存在一方面需要扎实的既往技术和理论的支撑，另一方面需要新的技术和理论来满足千米级摩天大楼多个层面突破带来的挑战，同时还需要通过各种方法来验证这种满足的可靠性。因此，千米级摩天大楼建筑设计研究就是一个不断创新、突破的探索过程，这是建筑技术和艺术发展的必然选择，而千米级摩天大楼正是这种选择最为恰当的载体。

### 1.3.3 文化构建

建筑具有物质性和文化性的双重特性，这两种特性相辅相成、密不可分，我们不可能撇开其中之一来单独探讨另外一个。虽然建筑技术研究看似是偏重建筑的物质性，但实质仍然是物质和文化的共同发展，因为归根结底建筑是要服务于人，人的思想、观念、生活模式、文化层面的追求很大程度上左右着设计初衷，而设计研究最终形成的物质环境也同样影响着人的方方面面。

我们进行千米级摩天大楼的技术研究，需要进行种种突破和探索，但这些探索和突破很多情况是来源于对使用者各种生活、工作、休闲模式以及行为心理的研判或预判；同时，对建筑材质的选择和建筑造型的塑造，在很大程度上是源于个体使用者和城市大环境的文化需求。因此千米级摩天大楼既是一种满足需求的物质存在，同时也是发自文化而必将影响文化的精神层面的搭建；对千米级摩天大楼的设计研究的重要任务之一就是更好地实现物质存在基础上的文化构建。

# 2 千米级摩天大楼建筑功能特性

早在汉代就流行着"仙人居高楼"的说法。出土于汉代墓葬中的陶阁（图2-1），楼阁的造型寄托了当时人的梦想，期盼死后能够飞临天界成仙。最初的中国的佛塔也结合了这种对高楼膜拜，形成阁楼塔——中国特有的型制。在以后岁月中这种建筑形式又被传播至朝鲜、日本等国家。

今日之中国，每个大城市像是一个轰鸣着搅拌机的大工地，她日新月异的变幻着，这种变化带给人们并非是美感，更多的是陌生，使得人们在现实与记忆屡屡错位。每座城市到处是铺天盖地的商业广告和闪烁的霓虹灯，商业化的进程带来各种刺激包裹着人们。置身城市之中，人们的嗅觉、听觉、视觉、感觉、认知、思想一直都被潜移默化不间断的影响着，而城市中一座千米级摩天大楼的出现，带给人的感官刺激又远非言语所能描绘出来。

伴随着现代新型建筑技术不断涌现，更高、更复杂的超高层建筑作品频繁诞世。一座千米级摩天建筑不仅传承着人类向往更高的梦想，挑战极限的

图 2-1　汉代墓葬中的陶阁

建造勇气，同时也缓解了都市规模化发展过程中涌现的问题——土地的侵蚀、城市的扩张、交通状况的不断恶化，这些迫使人们去营造一座有益于身心的空中理想居所。

正如元代著名书画家赵孟頫所言："梯飙直上几百尺，俯视层空鸟背过"就会成为现实的场景。

千米级摩天大楼建筑功能特性研究就是从建筑本身出发，来研究都需要哪些功能来组成一座完善的千米级摩天大楼的建筑体系，构成完备的综合社会及生活空间；降低楼内居住人员对外出行需求，进而降低单位能源消耗，提高日常工作生活效率。

## 2.1 千米级摩天大楼建筑功能特性

### 2.1.1 建筑的主要功能特性的构成因素

千米级摩天大楼建筑由于体量等原因，不可能建设成单一功能的建筑。它将可能是：餐饮、居住（酒店、公寓）、办公、商业、零售、金融、观光、展览、会议、娱乐、健身、教育、交通、医疗等诸多功能中的几种；从这些组合中建立起相互依存、相互合作的动态关系，从而形成一座

高效率的综合建筑体。

千米级摩天大楼建筑的核心特点是其前所未有的建筑高度和空前宏大的建筑规模；目前已建成的普通超高层建筑，规模小的可以是单一功能的建筑，规模大的是几种主要功能的复合体。千米级摩天大楼建筑的人口规模应达 10 万人以上，自行形成城市的中心，任何一个现有的普通超高层建筑在尺度与体量上都不能与之相当，这也就决定了千米级摩天大楼建筑的功能设计不能再采用常规的研究思路，需要有所创新。

千米级摩天大楼建筑的功能布局是其建筑功能研究的重要方面，旨在合理地、有效地创造出良好的生活与环境。可以把建筑的功能布局研究理解为整个摩天大楼建造设计的一个环节，功能布局研究的核心任务是根据不同的使用目的进行空间安排，探索和实现不同功能的使用空间之间的相互关系，并且合理有序地安排这些不同功能之间的空间关系。这种安排必须是公共导向的，一方面解决业主安全、健康、舒适的生活和工作环境，另一方面实现整座大厦经济、合理、有序的循环发展。更客观地说，千米级摩天大楼的功能研究，不仅仅要安排好大厦各个空间的使用功能，将各功能空间合理分配和布局，更重要的是实现整个大楼的社会与经济目标，使得其长期可持续发展。

千米级摩天大楼建筑拥有空前宏大的体量，究其原因，总结为以下 5 点：

（1）建筑规模决定

千米级摩天大楼建筑，其建筑面积多达一百万平方米乃至数百万平方米，能容纳十几万人，建筑规模堪比一个小型城镇，如此巨大的建筑体量和服务众多的人群，必然要求满足功能的多样性和选择性。

（2）规划指标决定

千米级摩天大楼建筑的规模堪比一个小型城镇，因此对千米级摩天大楼建筑的规划设计不再只是简单地对一栋普通超高层建筑进行规划设计，而应该考虑从城市的角度出发。通常情况下，除了居住功能以外，按小型城市公共服务设施的配建要求，千米级摩天大楼建筑的配套功能还应该包括商业服务设施、文教服务设施、市政服务设施、管理服务设施等若干类别。

（3）人性化理念和追求高效生活决定

在人类社会愈加发达的今天，人们的生活需求也有了更高层次的追求，在"以人为本"的宏观设计理念指导下，千米级摩天大楼建筑的功能设计更应以人性化理念为基本出发点，充分考虑人的情感需求，处处体现人文关怀。同时，在现代社会追求高效率的大趋势下，高节能也是现代建筑设计的一个基本出发点。那么在进行千米级摩天大楼建筑的功能设计时，就要丰富大厦内的功能配套，创造一个集办公、居住、购物、休闲为一体的综合建筑，实现使用者"足不出户"即能满足工作、生活、休闲的基本生活模式。以"微城市"的观念，构建一个浓缩的生活圈，最大限度地缩短交通，提高生活和工作效率。

（4）经济效益决定

千米级摩天大楼建筑拥有上百万平的建筑面积，其建造和运营成本可想而知，为了保持建筑自身的活力，丰富的功能构成是其创造巨大经济效益的最佳途径。充分发挥其面积大、人数多的优势，并结合其优越的视野效果，在纳入办公、酒店、公寓等常规功能之外，合理安排特色餐厅、旅游观光、体育健身、医疗健康、文化教育等设施，一方面为大厦的使用人群带来休闲、放松、学习的便利，另一方面也更大程度地获取了经济效益。

（5）在一定范围内的地位决定

千米级摩天大楼建筑由于其异常醒目的空间体量，往往成为一定范围内的标志。而且，建筑多会选择建造在大型城市或者城市中心的地段，通常会成为一个城市或一定范围内的核心。这就要求千米级摩天大楼建筑必须担负起区域核心的使命，聚集起丰富的城市功能，带动所在区域综合发展。

## 2.1.2 建筑的主要功能特性

### 2.1.2.1 复合性与复杂性

千米级摩天大楼建筑功能的复合性是城市区域多样性与混合性的集中体现，相对于 300 ~ 600m 的普通超高层建筑来说，千米级摩天大楼建筑功能复合的种类更多，构成和布局更复杂。随着现代社会分工的越来越细，城市各功能之间的联系也越来越紧密，这就更加表现出对功能复合化的强烈需求，千米级摩天大楼建筑聚集了大量的人流、物流、资金流和信息流，有着与生俱来的强烈复杂性，这是千米级摩天大楼建筑功能构成的最显著的特征。

多功能复合化的千米级摩天大楼建筑的产生是社会需求不断发展变化的必然选择，也是城市发展到高级阶段，人类的物质和精神需求不断增长的必然结果。同时，千米级摩天大楼建筑高度复合的功能系统也是保持其自身体系活力与稳定的重要前提，只有保持功能的多样性和综合性，才能保证其具有自身活力，发挥其作为城市区域核心的作用。

目前，通常的超高层建筑有单一功能的，也有两到三种以上多功能复合的。但是对于千米级摩天大楼建筑，由于其巨大的体量和规模，简单多种功能的复合远远不能满足其作为区域中心的需要，其功能构成应该涉及社会生活的方方面面，成为名副其实的"城中之城"和"空中之城"。

### 2.1.2.2 集聚性与流动性

千米级摩天大楼建筑并不是一个静态空间，相反地，它是一个充满各种运动的节点空间，它将城市中的人口和交通从城市的不同区域聚集到一起，实现人流、物流和信息流的高效运转，充分体现了其高度的集聚性和流动效应。千米级摩天大楼建筑的集聚性带来的是经济与社会价值的聚集，而其流动性则正是保证这一过程顺利实施的关键。

千米级摩天大楼建筑集人们的办公、生活、休闲、娱乐等为一身，既保证其自身是多功能聚合的完整体系，又实现建筑自身与外部区域的顺畅流动。它将结合地铁、公交、轻轨等城市交通及私家车方式来实现人们的到达与离开的全过程，并通过其内部的穿梭电梯、区域电梯、楼梯、观光梯等多种形式的垂直交通体系来实现人们在建筑内部的多方向运动。

### 2.1.2.3 公共性与开放性

随着城市化进程的不断推进，城市人口呈现高密度发展趋势，人们的生活方式也随之发生改变，人与人的聚会在时间和空间上都扩展开来。千米级摩天大楼建筑作为城市空间的重要组成部分，具有广泛的公共性——其不仅是人们居住、办公、购物、休闲的理想场所，也是人与人交往和聚会的重要场所，尤其是丰富的休闲、娱乐、观光等功能，更是城市多彩生活的集中体现。

千米级摩天大楼建筑作为城市的高聚集核心，必然要求其具备一定的开放性。建筑内部的体育健身、休闲会所、绿地公园、景观设施等不仅要为大楼内部的居民、办公职员、旅客等提供服务，还要面向周围的广大市民开放。这样才能充分利用资源，同时也能赋予建筑本身更大的活力，给摩天大楼带来更多的经济效益。

## 2.2 千米级摩天大楼建筑的配套研究

由于千米级摩天大楼目前尚无实际建成案例，可提供分析的现成数据几乎为零。所以我们分别从城市 CBD 功能及配套分析、城市公共配套设施与社区配套、城市中心商务区公共开放空间三个方面着手研究，得出共性的内容加以归纳总结，为千米级摩天大楼建筑方案设计提出指导性方针。

在凯文·林奇的《城市形态》一书中就曾提及：城市空间形态的建立是基于——活力、感受、适宜、可及性和管理 5 个基本要素。摩天楼的配套研究就是需要基于这 5 点帮助人们建立一个平等共处、包容、尊重、安全的社区。未来楼内的生活形态应该是一个多元的、混杂的，回归本真的社会生活。

图 2-2　德国柏林新城

## 2.2.1　城市 CBD 功能及配套分析

### 2.2.1.1　城市 CBD 项目案例

1. 德国—柏林

新城；办公 -60%，住宅 -22%，零售、娱乐及其他 -18%（图 2-2）。

2. 英国—伦敦

（1）加纳利码头：商业 -95%，其他 -5%（图 2-3）。

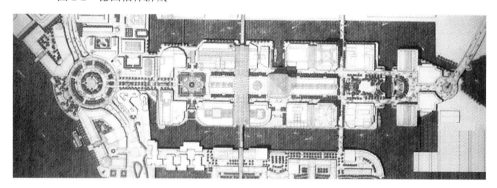

图 2-3　加纳利码头平面

（2）多克兰区：商业 -40%，住宅 -40%，零售、娱乐及其他 -20%。

3. 中国—北京（东三环—建国门外大街）

总规划面积：约 4km²，人口 5.4 万人；

工业企业：149hm²（39%），居住用地：84hm²（21%），

公建用地：55hm²（14%），教育科研用地：14hm²（5%），

道路及其他用地：84hm²（21%）（图 2-4）。

### 2.2.1.2　城市 CBD 特点

中央商务区（Central Business District，简称 CBD）是指一个国家或大城市里主要商务活动进行的地区，具备金融、贸易、服务、展览、咨询等多种功能。CBD 特定的职能要求区内建筑必须高密度、现代化。因此，CBD 中汇集了众多气势恢宏、错落有致的超高层建筑并且拥有非常便捷的交通和现代化的信息交换系统，以及大量的办公、餐饮、服务和住宿等设施。

在 CBD 区域内城市综合体，以北京的万达广场为例，功能组合以商务、购物、大型品牌超

图 2-4　北京国贸三期

市、餐饮、服务设施为主。商业综合体多处在其核心地带，或者交通便利地区，或者非 CBD 地带，主要功能以商业、办公旅游、文化娱乐为主，形态特征是商业群楼与城市街道，典型代表是北京的世贸天街。CBD 文化综合体，所处的位置是 CBD 核心地带或者非核心地带，有它自己独特的资源优势，比如说历史、文化、自然的优势。形态特征以商业、休闲娱乐设施与城市街区混合，典型代表是北京的王府井、上海的新天地（表 2-1）。

中国部分城市 CBD 规划主要指标表　　　　　　　　　　　表 2-1

| 城市 | 规划区占地面积（km²） | 墙面建筑容量（万 m²） | 有无地铁 | 区位功能 | 水文地质 | 地下规划量（万 m²） | 开发强度（万 m²/km²） |
|------|------|------|------|------|------|------|------|
| 北京王府井 | 1.65 | 346 | 有 | 商业 | 较好 | 60 | 36.36 |
| 上海静安寺 | 0.69 | 135 | 有 | 文化旅游 | 较好 | 60 | 87 |
| 深圳中心区 | 4 | 14 | 有 | 金融、保险、信息、商业、文件、商务办公 | 较好 | 230 | 57 |
| 杭州银江新城 CBD | 4.02 | 650 | 有 | 行政办公、商务、娱乐为主、居住为辅 | 一般 | 210 | 52 |
| 杭州滨江区 CBD | 0.88 | 191 | 有 | 以商业为主 | 一般 | 101 | 115 |
| 郑州郑东新区 CBD | 1.32 | 410.76 | 有 | 办公、教育文化、商业 | 较好 | 105.78 | 80 |
| 北京中关村 | 0.5 | 100 | 有 | 商业、教育、科技核心区 | 较好 | 50 | 100 |
| 南京新街口 | 1 | 200 | 有 | 以商业为主 | 较好 | 45 | 45 |
| 唐山机场核心区 | 3.1 | 376.6 | 无 | 商业、居住、行政 | 一般 | 120 | 38.7 |
| 衢州市核心区 | 2.4 | 139.2 | 无 | 商业、居住、行政 | 较好 | 57.5 | 23.96 |
| 武汉王家墩商务区 | 7.41 | 1300 | 有 | 商务办公、商业、文化、展览、居住 | | | |
| 陆家嘴—外滩 CBD | 4 | 850 | 有 | 以金融、航运、贸易为主要功能 | | | |
| 世博商务核心区 | 2 | 150 | | 以文化、贸易为主要功能 | | | |
| 江湾—五角场城市副中心 | 2.3 | 380 | | | | | |

CBD 都市综合体或城市 CBD 中心，以时尚的商业消费为主导功能、兼文化和旅游等功能，影响力辐射到城市所覆盖区域、全国甚至世界。形态特征是大型综合功能楼群。

CBD 外延型综合体，所处位置是在 CBD 外延区域，主要功能是差异化 CBD 功能，形态特征是以新地标的形态出现，多以大规模的综合体为主，起到外扩 CBD 和提升 CBD 功能的作用。典型代表是新加坡的新达、北京华贸中心等。

CBD 泛综合体，所处位置不是以位置来论，是以 CBD 来论，以城市 CBD 区域为整体发展目标，由众多独立的各具功能特色、规模不等的城市综合体群，从而形成了一个 CBD 功能区。主导功能就是商务型 CBD、金融型 CBD、全功能型 CBD，形态特征就是城市地标，构成了城市的天际线，案例是北京的 CBD，还有美国的曼哈顿区等。

综上所述：CBD 的主要功能是集中大量金融、商业、贸易、信息及中介服务机构，拥有大量商务办公、酒店、公寓、会展、文化娱乐等设施。

一般来讲，CBD 建筑中写字间要占到总建筑面积的 50%，商业、餐饮业及商住建筑约占 40%，其他服务设施以及必要的配套设施约占 10%。

### 2.2.2 城市公共配套设施与社区配套

#### 2.2.2.1 小型城镇的公共配套

（1）村镇公共建筑项目配置

行政管理：乡（镇）政府、派出所；法庭；建设、土地管理所；农、林、水、电管理站；工商税务所；粮管所；交通监理站；居委会、村委会。

教育机构：专科院校；高中、职业中学；中学；小学；幼儿园、托儿所。

文体科技：文化站；影剧院；灯光球场；体育场；科技站。

医疗：中心卫生院；卫生院。

保健：防疫保健站；计划卫生指导站。

商业金融：百货店；食品店；生产资料、日杂建材；粮店；煤电；药店；书店；银行、保险；饭店、小吃店；旅馆、招待所；理发、浴室、洗染店；照相馆；综合修理、缝纫店。

集贸设施：粮油、土特产市场；蔬菜、副食市场；百货市场；燃料、建材、生资市场；畜禽、水产市场。

（2）公共建筑用地面积标准

中心镇 规划人口（人）10001 以上。人均用地指标为：

行政管理：$0.3 \sim 1.5 m^2/$人，教育机构：$2.5 \sim 10 m^2/$人，文体科技：$0.8 \sim 6.5 m^2/$人，医疗保健：$0.3 \sim 1.3 m^2/$人，商业金融：$1.6 \sim 4.6 m^2/$人。

分析以上资料及数据可以得出：千米级摩天大楼建筑存在的功能有商业、餐饮、酒店、办公、观光旅游、居住、教育、医疗等。

#### 2.2.2.2 城市公共配套设施

城市总体规划中的公共设施规划一般布局比较集中的行政办公、商业、金融、文化娱乐、体育、医疗卫生、教育、社会福利等公共设施。

（1）行政办公设施主要是指市、区级行政、党派、团体及公安局、检察院、法院、司和各委办、局等管理机构。同时包括非市、区属机关、事业办公管理机构（表 2-2）。

（2）商业设施主要分为三级，即：市级商业中心、区级商业中心、地区级商业中心。

各类城市行政办公用地人均用地指标（m²/人）　　　　表2-2

| 城市规模 | 小城市 | 中等城市 | 大城市 | 特大城市 | 超特大城市 |
|---|---|---|---|---|---|
| 人均建设用地面积 | 0.8～1.3 | 0.8～1.3 | 0.8～1.2 | 0.8～1.1 | 0.8～1.1 |

商业设施分类主要包括：市、区级的商业街，专业性商业步行街；超级市场、专业商场、百货商场、大型购物中心、各类批发市场；宾馆、酒店、大、中型餐饮业和服务业（表2-3）。

各类城市商业设施人均建设用地（m²/人）　　　　表2-3

| 城市规模 | 小城市 | 中等城市 | 大城市 | 特大城市 | 超特大城市 |
|---|---|---|---|---|---|
| 人均商业建设用地 | 3.2～4.2 | 3.2～4.1 | 3.1～3.9 | 3.0～3.7 | 3.0～3.8 |

（3）金融设施主要指银行、保险、证券、期货、信托、投资等行业设施。特大城市、超特大城市规划可设置金融中心。金融设施的分级，银行系统为每个城市设置的支行以上机构用地，不包括城市社区分理处以下的机构用地。其他金融设施应是相应居住区级以上的机构（表2-4）。

各类城市金融设施人均建设用地（m²/人）　　　　表2-4

| 城市规模 | 小城市 | 中等城市 | 大城市 | 特大城市 | 超特大城市 |
|---|---|---|---|---|---|
| 人均建设用地面积 | 0.1～0.2 | 0.1～0.2 | 0.1～0.3 | 0.2～0.3 | 0.2～0.3 |

（4）文化娱乐设施，分为宣教类和图书展览类及游乐类设施。宣教类，包括新闻出版社、文化艺术团体、广播电视；图书展览类，包括公用图书馆、博物馆、展览馆等；游乐类，包括游乐设施、影剧院等（表2-5）。

各类城市文化娱乐设施人均建设用地（m²/人）　　　　表2-5

| 城市规模 | 小城市 | 中等城市 | 大城市 | 特大城市 | 超特大城市 |
|---|---|---|---|---|---|
| 人均建设用地面积 | 0.8～1.1 | 0.8～1.1 | 0.8～1.0 | 0.8～1.0 | 0.8～1.0 |

（5）体育设施主要是向公众开放，为广大市民体育锻炼和竞技运动场馆等设施（图2-6）。

各类城市体育设施人均建设用地（m²/人）　　　　表2-6

| 城市类别 | 小城市 | 中等城市 | 大城市 | 特大城市 | 超特大城市 |
|---|---|---|---|---|---|
| 人均建设用地面积 | 0.6～0.9 | 0.7～0.9 | 0.6～0.9 | 0.6～0.8 | 0.6～0.8 |

（6）医疗卫生设施规划主要是指市、区二级以上医院（综合医院、专科医院）及疾病预防控制中心、疗养院、急救中心、中心血站、妇幼保健院等（图2-7）。

各类城市医疗卫生设施人均建设用地（m²/人）　　　　表2-7

| 城市规模 | 小城市 | 中等城市 | 大城市 | 特大城市 | 超特大城市 |
|---|---|---|---|---|---|
| 人均建设用地面积 | 0.6～0.7 | 0.6～0.8 | 0.6～0.8 | 0.6～0.9 | 0.6～1.0 |

（7）教育设施是指独立占地的普通高等院校，成人高等学校和中等专业学校。主要是省、市级的国办、民办、职大有固定校址和固定的教职员工，全日制高等学校及中等专业学校（表2-8）。

各类城市教育设施人均建设用地（m²/人）　　　　表2-8

| 城市规模 | 小城市 | 中等城市 | 大城市 | 特大城市 | 超特大城市 |
|---|---|---|---|---|---|
| 人均建设用地面积 | 2.5～3.2 | 2.9～3.8 | 3.0～4.0 | 3.2～4.5 | 3.6～4.5 |

（8）社会福利设施主要是市、区级为老年规划建设的养老院、老人护理院、老年活动中心等老年设施；为残疾人设置的残疾人康复中心，残疾人教育中心；为被遗弃儿童设置的儿童福利设施等（表 2-9）。

各类城市社会福利设施人均建设用地（m²/ 人） 表 2-9

| 城市规模 | 小城市 | 中等城市 | 大城市 | 特大城市 | 超特大城市 |
|---|---|---|---|---|---|
| 人均建设用地面积 | 0.2 ～ 0.4 | 0.3 ～ 0.4 | 0.3 ～ 0.4 | 0.2 ～ 0.4 | 0.3 ～ 0.5 |

### 2.2.2.3 居住区配套设施

居住区公共服务设施（也称配套公建），应包括：教育、医疗卫生、文化体育、商业服务、金融邮电、社区服务、市政公用和行政管理及其他八类设施。居住区配套公建的配建水平，必须与居住人口规模相对应。并应与住宅同步规划、同步建设和同时投入使用。居住区配套公建的项目配建指标，应以表 2-10 规定的千人总指标和分类指标控制。

公共服务设施控制指标（m²/ 千人） 表 2-10

| | | 居住区 | | 小区 | | 组团 | |
|---|---|---|---|---|---|---|---|
| | | 建筑面积 | 用地面积 | 建筑面积 | 用地面积 | 建筑面积 | 用地面积 |
| 总指标 | | 1668 ～ 3293<br>（2228 ～ 4213） | 2172 ～ 5559<br>（2762 ～ 6329） | 968 ～ 2397<br>（1338 ～ 2977） | 1091 ～ 3835<br>（1491 ～ 4585） | 362 ～ 856<br>（703 ～ 1356） | 488 ～ 1058<br>（868 ～ 1578） |
| 其中 | 教育 | 600 ～ 1200 | 1000 ～ 2400 | 330 ～ 1200 | 700 ～ 2400 | 160 ～ 400 | 300 ～ 500 |
| | 医疗卫生<br>（含医院） | 78 ～ 198<br>（178 ～ 398） | 138 ～ 378<br>（298 ～ 548） | 38 ～ 98 | 78 ～ 228 | 6 ～ 20 | 12 ～ 40 |
| | 文体 | 125 ～ 245 | 225 ～ 645 | 45 ～ 75 | 65 ～ 105 | 18 ～ 24 | 40 ～ 60 |
| | 商业服务 | 700 ～ 910 | 600 ～ 940 | 450 ～ 570 | 100 ～ 600 | 150 ～ 370 | 100 ～ 400 |
| | 社区服务 | 59 ～ 464 | 76 ～ 668 | 59 ～ 292 | 76 ～ 328 | 19 ～ 32 | 16 ～ 28 |
| | 金融邮电<br>（含银行、邮电局） | 20 ～ 30<br>（60 ～ 80） | 25 ～ 50 | 16 ～ 22 | 22 ～ 34 | — | — |
| | 市政公用<br>（含居民存车处） | 40 ～ 150<br>（460 ～ 820） | 70 ～ 360<br>（500 ～ 960） | 30 ～ 140<br>（400 ～ 720） | 50 ～ 140<br>（450 ～ 760） | 9 ～ 10<br>（350 ～ 510） | 20 ～ 30<br>（400 ～ 550） |
| | 行政管理及其他 | 46 ～ 96 | 37 ～ 72 | — | — | | |

注：（1）居住区级指标含小区和组团级指标，小区级含组团级指标；
（2）公共服务设施总用地的控制指标应符合表 2-10 规定；
（3）总指标未含其他类，使用时应根据规划设计要求确定本类面积指标；
（4）小区医疗卫生类未含门诊所；
（5）市政公用类未含锅炉房，在供暖地区应自行确定。

## 2.2.3 城市中心商务区公共开放空间

在生态绿色城市的中心商务区中，公共开放空间是规划设计者须考虑的。规划时应避免城市中心商务区的高楼林立，绿化很少的不足之处，应充分考虑生态优先，永葆绿色盎然，水体和阳光随处可见，实现现代商务与自然生态的良好融合。

对于高密度城市中心商务区公共开放空间的发展，要适当地为美化周边环境和提高城市中心商务区形象对其进行功能划分，区内不但能实现休憩和娱乐功能，而且要满足视觉、知觉的享受，以及空间的合理利用。城市中心商务区的建设要以人为本，既要注重人性空间的塑造，又要有充足的绿化空间，使人与自然更加"亲密无间"。

千米级摩天大楼建筑在高度上存在着绝对的优势，应该充分利用优势，为大厦带来更多经济效益的同时也给人们的生活带来前所未有的高端享受。此外，千米级摩天大楼建筑以"微城市"的面貌呈现，致力于打造"足不出户"的生活模式，其公共休闲空间也就成了功能设计的特色与亮点。

为了缓解现代白领巨大的工作压力，为了满足人们茶余饭后的休闲健身需求，为了给千米摩天大楼建筑宏大的钢筋混凝土之躯增添一抹绿色，可以考虑在大楼内规划景观公园（图 2-5），设置健身场所和运动场馆，种植绿色植物，给人们创造一个休息放松和交流情感的场所，而这样的场所若建立在千米大楼之内，一定会给人们带来前所未有的新奇感受。

在千米高层项目方案考虑利用避难层空间的公共开阔场地，运用中式园林、日式园林、西方园林（图 2-6）等不同风格的造园艺术，打造一层一景的视觉享受，为市民提供不同风情的休闲娱乐场所。

图 2-5 高层之上的风景 1

图 2-6 高层之上的风景 2

高密度城市中心商务区是城市中心实质环境的精华、多元文化的载体和独特魅力的源泉。一个地区的公共空间建设的整体质量会直接影响到城市的综合竞争力和大众的满意度，因此，城市决策者、建设者和使用者都应对其给予特别关注。因为存在于其中的公共开放空间能够舒缓建筑物密集和人口拥挤所带来的矛盾。所以，一个良好的、设计合理的设计符合大众的需求，公共开放空间对高密度城市中心商务区的规划和发展就显得尤其重要。

## 2.3 主塔楼主要功能研究

主要功能研究的是使清初诗文所谈及的"足不履地"的生活变为现实。

### 2.3.1 千米级摩天大楼建筑的适用功能分析

千米级摩天大楼是一个城市、一个国家综合实力的象征，是其建筑技术高度发达的重要标志。从最初芝加哥和纽约在 20 世纪初期建造的高层建筑，到现今 828m 高的世界第一高楼哈利法塔，千米级摩天大楼始终是人类梦想的一种寄托，体现着人类挑战建造能力极限的勇气。千米级摩天大楼被喻为"垂直城市"，其功能设计体现着庞大、复杂、多样、全面的特征，在为人们提供高效、便捷的商业活动场所的同时，也为我们的社会创造着无尽的财富，而绝大多数已建成的超高层建筑的核心功能就是城市商务办公。

### 2.3.1.1 单一功能的超高层建筑

（1）超高层公寓

公寓属于集合式住宅的一种，是商业地产投资中最为广泛和常见的一种形式。其最显著的特点就是常位于城市中心地段，生活设施齐全，多以小户型精装修的形式出现。现代公寓的类型主要包括住宅式公寓和服务式公寓两种，其中服务式公寓又以酒店式公寓、创业公寓、青年公寓、白领公寓、青年SOHO等多种形式存在。

超高层公寓的居住人群主要以商务客群为主，这类人群主要看重的是公寓便利的位置和准酒店式的居住体验，他们在乎的是公寓酒店式的享受，而对于燃气的供应和高价的水电费用并不在乎，同时其租金却比酒店低很多。也有极个别大户型超豪华的公寓产品，其服务客群的层次更高，主要以长住居住的家庭团体类的商务顾客为主。这类人群通常在意于超高层公寓基本的居住功能，讲究居住的舒适性、服务的全面性、结构的合理性和功能的完备性。

由于超高层公寓带有鲜明的投资属性，所以小户型、低总价是其最显著的特征。在面积上，如果单套公寓的面积达到 $120m^2$ 以上，就能实现其较为全面的室内功能分区；但是如果面积过小，就不能保证其舒适性和功能性了。在配套上，公寓一般要达到24h电梯和24h热水的标准。

（2）超高层住宅

超高层住宅具备如下特点：首先是超高层住宅的楼地面造价普遍较低，但是其房价却并不低。这是由于随着其建筑高度的不断增加，超高层住宅的设计方法和施工工艺都要高于普通的高层住宅和多层住宅，需要考虑的因素和涉及的规范会大大增加。比如消防设施、防火疏散要求、电梯的设计、通风排烟设备等会更加复杂，同时其结构设计也增加了难度，建筑的抗震和荷载大大加强。其次，超高层住宅由于其高度突出，更多地受到人们的瞩目，往往在外墙面的装饰和装修上要求更高的档次，园区的规划和设计也体现高档化，多致力于打造高档住宅小区。另外，超高层住宅多选址在市中心的繁华地段或景观较好地区，住户可以俯瞰大部分城市或者欣赏到美丽的风景，因而常常受到市民的追捧和疯抢。

（3）超高层办公楼

20世纪50～70年代，单一功能的超高层办公楼占绝大多数，80年代以后多用途的办公综合楼的数量才显著增加。现代办公楼多为政府机构、工商企业、社会团体、银行机构等所使用。政府办公楼一般是非营利性的，通常自建自用，而大多数"商品办公楼"则是作为房地产投资而开发建设的，建设的目的就是出售或者出租。

单一功能的超高层办公楼与多用途综合性办公楼相比，有许多显著的优势：

① 结构设计简单，容易统一上下层的层高和柱网，减少转换层和构件种类的数量；

② 设备系统的配置也较为简单；

③ 建筑易于模数化统一，施工简单，建造速度快；

④ 造价相对较低；

⑤ 物业管理更为容易，治安环境相对较好。

20世纪初，早期的超高层办公建筑率先出现在美国，如1913年建成在纽约的伍尔沃斯大楼（图2-7），总高241m多，共52层。1976年建成的纽约世界贸易中心（图2-8）是当时世界上最大的办公楼，建筑面积120万 $m^2$，其中办公面积84万 $m^2$，分租给世界800多家厂商使用。1974年建成的芝加哥西尔斯大厦，443m高，共110层，是当时世界最高的办公楼。这种商业性的超高层办公楼，一改过去只供独家使用的方式，逐渐发展为出租给多家使用的经营模式，以获取更大的利润。20世纪70年代末期以后，中国一些大城市和经济特区也纷纷开始建造新型的超高层办公楼，如1986年建成的深圳国际贸易中心大厦（图2-9），160m高，共50层，是一座分租给

图 2-7　伍尔沃斯大楼　　　　图 2-8　纽约世界贸易中心　　　图 2-9　深圳国贸中心大厦

许多家厂商办公用的大楼。

近些年来，由于经济利益的大力驱使和社会需求量的不断增加，办公楼的数量增长十分迅速。同时由于城市用地的极端短缺以及建筑技术的飞速发展，现代办公楼的规模和层数也日趋扩大，内容更加复杂。

（4）超高层酒店

酒店是给来往宾客提供歇宿和饮食的场所。在当今时代，随着生活水平的提高和人们生活方式的多样，酒店已经不再是一个仅供休息和睡觉的地方，人们对酒店的要求早已突破了单纯的住宿功能。因此，酒店设计从建筑外观到室内装饰都开始变得越发复杂，越发受到重视。

单一功能的超高层酒店，最具影响力的莫过于阿联酋迪拜的帆船酒店。迪拜帆船酒店（BurjAl-Arab），又名"阿拉伯塔"、"阿拉伯之星"，是世界上最豪华的酒店，也是世界上第一家7星级酒店。酒店的建设前后花了5年的时间，包括2年半时间在阿拉伯海填出人造岛，2年半时间用在建筑本身。工程总共使用了9000t钢铁，并实现了把250根基建桩柱打在40m深海下的壮举。酒店共有56层，321m高，是世界上建造在人工岛屿中最高的独栋建筑。开业于1999年12月，共有高级复式客房202间，客房面积从170m² 到780m² 不等。在200m的高度设有可以俯瞰迪拜全城的空中餐厅，可容纳140名顾客。酒店内部还设计了有38层高的全球最高中庭，高180m，金碧辉煌，气度恢宏。帆船酒店是迪拜的标志，它充分结合了迪拜临海的地理特点，造型设计极富寓意，内部装饰也极其奢华。

### 2.3.1.2　两到三种简单功能复合的超高层建筑

复合功能的超高层建筑有很多种，有以商业和娱乐功能为主的综合楼，有以办公为主的综合楼，也有以公寓、酒店为主的综合楼。常规的超高层建筑塔楼多为办公＋酒店功能。一般情况下，高度超过300m的超高层建筑，也常设有顶部观光层或旋转餐厅、休闲娱乐等场所。当然超高层建筑中也存在一定数量的住宅功能。

近年来出现的超高层复合型写字楼就是复合型超高层建筑的典型代表。写字楼是为各类人员和企事业单位提供办公场所和商业经营场所的大厦。现代写字楼通常配有现代化的设备，交通便利、环境优越、通信快捷，并配有大面积停车场地，更加人性化和专业化。写字楼已成为现代城市发展的重要组成部分。

现代化的写字楼往往配套有自己的停车场，以及商场、商务、娱乐、餐饮、健身房等工作与生活辅助设施，进而满足租户在楼内高效率工作的需要。因此，造成管理与服务内容的复杂化，同时也为客户的工作和生活提供很多方便，满足他们高效办公工作的需要。

综合国内外已建和在建的超高层建筑实例，办公类建筑占绝大多数，甚至相当数量的超高层办公建筑都是以办公为主的多功能城市综合体。复合功能的超高层建筑其功能组成大致有如下几种组合方式：

（1）商业+办公功能的组合

典型代表：中国台北101大厦（图2-10）。占地面积3万 $m^2$，建筑面积28.95万 $m^2$。建筑高508m，地上101层，地下5层，裙楼部分为台北101购物中心，塔楼部分主要是企业办公大楼。其中B2～B4为停车场，B1至4楼为5层的购物中心，5楼包含了数家银行与证券服务金融中心，6～84楼为一般的办公大楼，85楼为商务俱乐部，86～88楼为观景餐厅，89楼为室内观景层，91楼为室外观景台。

吉隆坡双子塔，占地面积40hm²，建筑面积28.95万 $m^2$，高452m，共88层，被中国台北101大厦超越之前曾经是世界最高的摩天大楼，但目前仍是世界上最高的双塔建筑。其两座塔楼高达88层，办公面积达到74.32万 $m^2$ 以上，还有13.935万 $m^2$ 的购物与娱乐设施，地下停车场的容纳能力为4500辆车位。

（2）酒店+办公功能的组合

典型代表：上海金茂大厦（图2-11），占地面积2.3hm²，建筑面积29万 $m^2$，高420.5m，地上88层，地下3层。金茂大厦是集办公、商务、宾馆等多功能为一体的智能化高档楼宇，第3～50层为可容纳10000多人同时办公的超大办公空间；第51～52层为机电设备层；第53～87层为金茂凯悦大酒店，其"空中中庭"净空达142m，直径27m，贯穿于第56层至塔顶层的核心区域。中庭周围设置了555间客房以及各式中西餐厅等；第86层为企业家俱乐部；第87层为空中餐厅；第88层为距地面340.1m的观光层，可同时容纳1000多名游客。

图2-10 中国台北101大厦

图2-11 上海金茂大厦

（3）商业＋办公＋酒店功能的组合

典型代表：上海环球金融中心（图 2-12），占地面积 1.44 万 m²，建筑面积 38.16 万 m²，楼高 492m，地上 101 层，地下 3 层。大楼商场位于地下 2 楼至地上 3 楼，3～5 楼是会议设施，办公室集中在 7～77 楼的区域空间内，其中有两个空中门厅，分别在 28～29 楼及 52～53 楼，酒店位于 79～93 楼，观光、观景设施位于 94～100 楼，共有三个观景台，其中 94 楼为"观光大厅"，是一个约 700m² 的展览场地及观景台，可举行不同类型的展览活动，97 楼为"观光天桥"，在第 100 层又设计了一个最高的"观光天阁"，长约 55m，地上高达 474m。

（4）酒店＋住宅＋办公功能的组合

典型代表：哈利法塔，占地面积 34.4hm²，建筑面积达 45.42 万 m²，高 828m，共 162 层。塔内各楼层的用途见表 2-11。

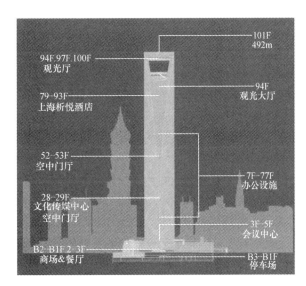

图 2-12　上海环球金融中心

哈利法塔内各楼层用途　　　　　　　　　　　　　　表 2-11

| 楼层 | 用途 | 楼层 | 用途 |
|---|---|---|---|
| B1-B2 | 停车场及设备层 | 73～75 | 设备层 |
| 大厅 | 餐厅及大堂 | 76～108 | 住宅 |
| 1 | 酒店、大堂及餐厅 | 109～110 | 设备层 |
| 2 | 酒店及大堂 | 111～123 | 办公室 |
| 3 | 酒店及餐厅 | 124 | 气象台 |
| 4 | 酒店及设备层 | 125～135 | 办公室 |
| 5～16 | 酒店 | 136～138 | 设备层 |
| 17～18 | 设备层 | 139～154 | 办公室 |
| 19～39 | 酒店 | 155 | 设备层 |
| 40～42 | 设备层 | 156～159 | 广播传送 |
| 43～72 | 住宅 | 160～162 | 设备层 |

（5）酒店＋办公＋公寓＋商业功能的组合

典型代表：中国香港国际金融中心二期，楼板面积 43.6 万 m²，楼高 415.8 m，地上 88 层，地下 6 层，设有 22 层交易楼层，多达 62 部电梯。金管局目前持有包括顶楼在内共 14 层办公室面积，分别位于 55 ～ 56 楼、77 ～ 88 楼，部分楼层出租给证券公司及国际结算银行等相关金融机构。整个国际金融中心的公共休憩地方共有 14 万 m²，停车场车位则有 1800 个。

### 2.3.1.3　千米级摩天大楼建筑各复合功能之间的关系

1. 各复合功能相互间的内在联系

建筑的功能也就是建筑的使用要求，建筑的功能决定建筑各房间的大小及其相互间的联系方式等。千米级摩天大楼建筑的宏大体量决定其必然是一个多功能复合型的综合体建筑，其复杂的内部功能之间也存在着多种多样的内在联系。各功能所占的面积比例及其布局方式很大程度上受制于各项功能之间的关系。

以办公功能这一千米级摩天大楼最为适用的功能为出发点，投资者都会关注这样一个问题，强大的办公功能会吸引众多企业和公司前来租买写字间，而大多数公司都会存在着与外界客户的业务联系，很多外地客户和境外客户就出现住宿的要求，这就很容易表现出对酒店、公寓和餐饮功能的需求。面对巨大的经济利润的吸引，千米级摩天大楼的投资者往往会开发酒店功能，以达到获取更多利润的目的。

而酒店功能常常与商业功能是分不开的。入住酒店的宾客通常都不是本地人，到了一个新的城市，很容易萌生购物消费的想法，商业功能就同酒店功能产生了极为密切的联系。同时，现代社会高强度的工作模式导致越来越多的公司白领渴求居住地点离公司尽可能最近，以减少上下班的奔波并节约时间，这就促使公寓功能在综合体建筑中的加入。这样一来，办公职员和居住人员又体现出了对休闲娱乐功能的追求，工作之余，看电影、喝咖啡、运动健身、洗浴美容等需求很自然地带动了建筑中休闲娱乐功能的丰富和发展。

也就是说，建筑的各复合功能之间存在着相互依存的内在联系，所以在进行千米级摩天大楼建筑的功能布局时，就要充分考虑这些功能的内在联系，合理进行功能分区。

但从目前来看不宜布置住宅功能，一方面千米级大楼的巨大体量使得部分住宅自然采光较差，一方面同样使得其自然通风条件弱于普通住宅，还有一方面是出于对建筑本身的安全性考虑其厨房不适于采用燃气。综合考虑千米级摩天大楼建筑不宜布置住宅功能。

2. 各复合功能相互间的影响

千米级摩天大楼体量巨大、功能复杂，各复合功能之间也存在着相互的影响和制约的关系，只有对这些影响进行客观的分析，才能对千米级摩天大楼的使用功能进行更加合理的布局。

具体地说，建筑的商业功能是为完成交易过程提供场所，那么商业功能面对的就是一个广大的群体，只要有交易和消费需求的人都是商业功能的服务对象。那么建筑的商业空间一定是一个开放性的、对外的空间，它服务于社会大众。而公寓功能和办公功能相对来说就私密许多。办公功能只针对在此建筑内工作和来此洽谈业务的人群开放，公寓更是只面对在此居住的业主，属于个人的私密空间，拒绝他人打扰。这些功能空间都聚集在一座建筑中，相互制约，而又相互依存。那么在进行千米级摩天大楼功能布局时，就要考虑各功能之间的相互影响，合理规划功能流线，既要方便业主使用，又要便于物业管理，使大厦的各功能空间成为一个和谐的有机整体。

3. 千米级摩天大楼建筑功能复合的优势

从目前来看，越来越多的超高层建筑开发商愿意采取复合功能的经营模式，千米级摩天大楼建筑也应该综合这种功能复合的优势，充分发挥千米级摩天大楼建筑在高度和规模上的特点，使千米级摩天大楼建筑改善所在地区的经济效益和社会面貌。

千米级摩天大楼建筑功能复合的优势有以下几点：

（1）从开发商的角度出发

从开发商的角度来考虑，功能的复合具有商业聚合效应，形成优势互补。开发商不但能从办公等主要功能中获取利润，还能从相关的酒店、商业、公寓等功能空间中获取经济效益。同时，由于复合功能的建筑投资一项工程就具有多项内容，极大地降低了投资的风险。对于地段不太理想的用地，或者新的开发区地段，附近配套设施不全面，如果投资单一功能的大型建筑，很可能会影响大厦的出租出售，而复合功能的建筑，自身配套设施齐全，容易形成气候，不易造成销售上的困难。

（2）从业主的角度出发

从业主和顾客的角度来考虑，功能的复合给人们的生活和工作带来了极大的便利性，复合的功能越多，这种便利性也就越大。千米级超高层建筑功能的复合，使许多公司的职工和客户可以在同一座大厦内工作和居住，公司业务和工作时间以外的活动都能够在同一座建筑内解决，大大方便了人们的生活，也提高了工作效率。

（3）从交通的角度出发

从城市交通的角度考虑，目前我国城市交通存在着不便捷和经常拥堵等现状，更多的公司和企事业单位愿意选择多功能的综合性写字楼，以减少交通上不必要的麻烦。这样一来，人们工作、生活、洽谈业务都不再需要来回奔波，楼上楼下就能够全部解决，很大程度上缓解了城市交通的压力。

（4）从节能的角度出发

从土地资源和能源的角度考虑，多种功能的复合囊括了人们办公、休闲、睡眠、餐饮、购物、停车等几乎所有的生活需要，建筑内各种设施合理使用，很大程度上节约了能源和土地资源的利用。比如说在用电量上，大厦白天和晚上都需要用电，且不存在明显的用电高峰，从而相对地减少了变配电设备和电力增容的投资。

（5）从城市的角度出发

从城市的角度考虑，千米级摩天大楼建筑功能的复合，避免了一些中央商务区（例如美国休斯敦、达拉斯等城市）一到晚上就成为"死城"的现象。由于许多城市过分强调功能的分区，中央商务区只是办公楼的集中区，住宅区只是住宅楼的集中区，这样一来，中央商务区表面看来白天是个繁华的区域，到了晚上就一片死寂，没有一丝生气。复合功能的千米级建筑可以弱化这种写字楼化的城市区域，有利于城市保持它长久的活力与生机。

（6）从自身的角度出发

另外，从千米级摩天大楼建筑自身出发，由于其高度复合的功能，通常是一座城市或一个地区的"城中之城"，建筑很容易聚集高度的公众参与性和社会性，成为市民工作、居住、休闲、购物的最好去处，无论对政府、对市民、还是对开发商都是一件具有划时代意义的好事，正如郦道元在《水经注》所用的词汇称道的那样"尽善尽美"。

## 2.3.2　超高层建筑的相应功能

### 2.3.2.1　国内超高层建筑功能简介

（1）上海中心大厦

地点：上海陆家嘴地区；建成年份：2017年；用地面积：30368m²；容积率：18.9；建筑面积：574058m²；建筑高度：632m；建筑层数：地下5层，地上124层塔楼和7层裙房；功能构成：商业，娱乐，会议，办公，酒店；功能介绍：国际标准的24h甲级办公、超五星级酒店和配套设施、主题精品商业、观光和文化休闲娱乐、特色会议设施五大功能。

上海中心塔楼的9个区每一个都有自己的空中大厅和中庭，夹在内外玻璃墙之间。1号区将是零售区，2号区到6号区将为办公区，酒店和观景台坐落于7号区到9号区。空中大厅的每一层都将建有自己的零售店和餐馆，成为一个垂直商业区（图2-13、图2-14）。

图 2-13　上海中心效果图

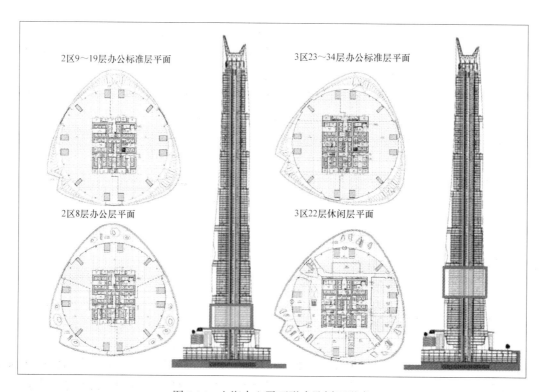

图 2-14　上海中心平面形式及剖面形式

（2）武汉绿地中心

地点：武汉市；建成年份：2017年；建筑面积：32.14万 m²；建筑高度：636m；建筑层数：

地下 6 层（包括 1 个夹层），地上 125 层；平面类型：三瓣形。功能构成：集超五星级酒店、高档商场、顶级写字楼和公寓等于一体的超高层城市综合体。

功能介绍：包含占地 30 万 m² 的楼面面积，其中 20 万 m² 的办公空间，5 万 m² 的奢华公寓，4.5 万 m² 的五星级酒店，27 层带有塔楼绝美风景的私人俱乐部（图 2-15）。

（3）广州新电视塔

地点：广州市；建成年份：2009 年 9 月；用地面积：175460m²；建筑面积：114054m²（地下室 69779m²）；建筑高度：600m（主体 450m）；建筑层数：139 层；功能构成：观光、发射、展示、娱乐。

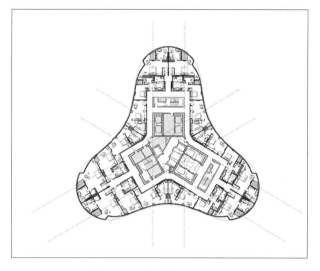

图 2-15　武汉绿地中心平面

2011 年 9 月 1 日，位于广州塔顶部的世界上最高的横向摩天轮面向公众开放。该摩天轮位于塔顶 450 ～ 454m 处，主要由观光球舱、轨道系统、登舱平台、控制系统等构成。整套摩天轮拥有 16 个观光球舱，每个球舱直径 3.2m，可容纳 4 ～ 6 名乘客。舱围绕倾斜的椭圆形塔顶缓缓旋转，游客可在其中鸟瞰广州全貌（图 2-16）。

建筑功能介绍：

全塔共有如下功能区域：

G 功能段（450m）激光灯，每天锁定不同颜色，市民只要看塔尖就知道今天是星期几。

F 功能段（428 ～ 433.2m）：主要为室内观光大厅。

E 功能段（407.2 ～ 422.8m）：旋转餐厅。

D 功能段（334 ～ 355m）：主要为高空茶室。

C 功能段（147 ～ 168m）：主要为旅游观景区和休闲区。

B 功能段（84 ～ 116m）：特效电影和高科技游乐厅。

A 功能段（-5 ～ 32m）：主要为游客大厅、礼仪大厅、旅游商场、多功能厅和停车场。塔身底部隐藏了一个地下功能区，连接地铁、公交车站以及一个通往珠江北岸的地下行人隧道。地下层同样被规划建设多样的服务设施，包括博物馆、美食区、商业区和一个拥有 600 个车位的停车场。

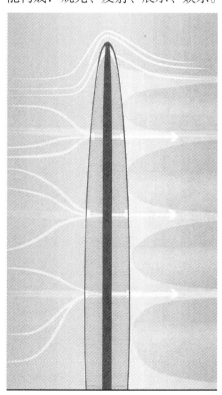

图 2-16　广州新电视塔剖面形式

塔身中段距地面 80 ～ 170m 的区域，包含一个四维影院，一个游乐场、饭店、咖啡厅以及有茶座的室外花园。步行楼梯设在距地面 170m 处，由此开始螺旋上升，游客可以攀登将近 200m 的高度，全程穿越塔的腰部。楼梯之上就是塔顶，塔顶同时包含了技术区和观光区：一个双层的旋转餐厅，一个风阻尼器和一个上层观景台。从上层观景台游客可以通过楼梯继续向上攀登，来到塔顶最高的一个圆形露天观景平台，俯瞰广州的市容。

（4）天津 117（天津高银 CBD）

地点：天津高新区软件及外包基地综合配套区—中央商务区一期；建成年份：2016年；容积率：3.44；建筑面积：369000m²；建筑高度：596.7m；建筑层高：4.3m（办公）、5.14m（交易层）、3.98m（酒店）；建筑层数：地上117层，地下3层；平面类型：方形；功能构成：甲级写字楼、六星级酒店。

建筑功能介绍：

7～30层为低区办公，建筑面积3870m²；31～61层为中区办公，建筑面积3289m²；64～92层为高区办公，建筑面积2731m²；94层为酒店大堂，层高9m；95～112层为酒店标准层；113层为酒店行政套房；114层为酒店总统套房；115层为会所，116层为餐厅，117层为酒吧（图2-17、图2-18）。

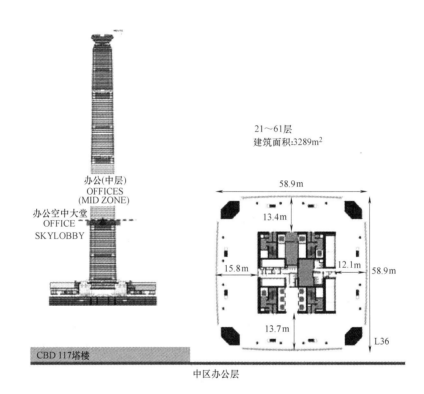

图2-17　天津117剖面与平面形式

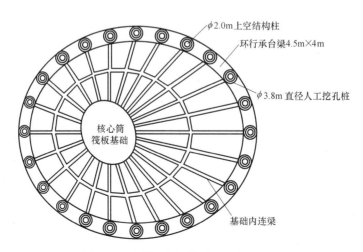

图2-18　广州新电视塔平面示意

（5）深圳平安国际金融中心

地点：深圳市福田区；建成年份：2016年；用地面积：18931.7m²；建筑面积：459187m²；塔顶高度：600m，主体高度：528m；建筑层数：地上118层，其中裙楼10层；平面类型：近方形；功能构成：商场、写字楼及酒店的大型商业综合项目（图2-19）。

（6）中国台北101大厦

地点：中国台北市信义区西村里信义路五段7号；建成年份：2003年10月；用地面积：30278m²；建筑面积：412500m²；建筑高度：508m；建筑层数：101层（地下3层）。

裙楼建筑功能：

B1：各类商店，还设有上千个座位的美食广场。

1F：101大道，世界品牌都可在这里见到。

2F：时尚大道，与购物中心有空桥连接。

3F：名人大道，顶尖的名牌精品，最多的品牌旗舰店，高雅舒适的购物环境，与全世界同步的流行趋势。

4F：都会广场，挑高40m，占地500多m²，精心设计的采光及景观。周围是露天咖啡座，另外还有多家欧式、泰式与中华料理餐厅。

5F：金融中心。

6F：为健身中心，室内攀岩、拳击台等（图2-20）。

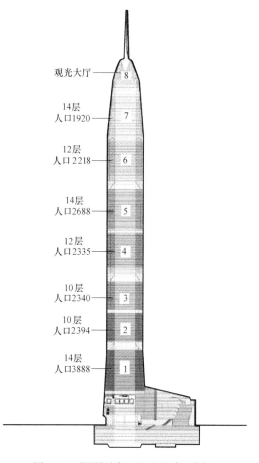

图2-19 深圳平安国际金融中心剖面

图2-20 中国台北101大厦

（7）上海环球金融中心

地点：上海陆家嘴金融贸易区；建成年份：2008年；用地面积：30000m²；建筑面积：381600m²；建筑高度：492m；建筑层高：2.8m（写字楼标准层）；建筑层数：地上101层，地下

3 层；平面类型：方形渐变成六边形；结构形式：核心筒、巨型柱；功能构成：甲级写字楼、超五星级酒店；造价：73 亿。

建筑功能介绍：大楼楼层规划为地下 2 楼至地上 3 楼是商场，3～5 楼是会议设施，7～77 楼为办公室，其中有两个空中门厅，分别在 28～29 楼及 52～53 楼，79～93 楼是酒店，将由凯悦集团负责管理，90 楼设有两台风阻尼器，94～100 楼为观光、观景设施，共有三个观景台，其中 94 楼为"观光大厅"，是一个约 700m² 的展览场地及观景台，可举行不同类型的展览活动，97 层为"观光天桥"，在第 100 层又设计了一个最高的"观光天阁"（图 2-21、图 2-22）。

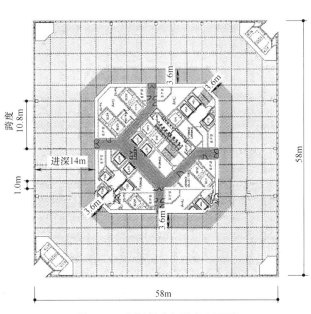

图 2-21　上海环球金融中心平面

图 2-22　上海环球金融中心

（8）中国香港环球贸易中心

建设地点：中国香港西九龙柯士甸道西 1 号；建成年份：2008 年 7 月～2011 年 5 月；建筑面积：504350m²；建筑高度：484m；建筑层高：2.850～3.150m；建筑层数：118 层。

建设功能介绍：

环球贸易广场内的 10～99 楼为甲级写字楼，总楼面面积达 23.25 万 m²。甲级写字楼由低至高划分为 5 个区域，区域 1 及 2 的净楼底高度为 2.85m，而区域 3 至 5 的净楼底高度则达 3.15m。此外，根据大楼的结构，每层总楼面面积随着所处的高度递减，10 楼的总楼面面积为 3614m²，而 99 楼的每层总楼面面积则只有 2900m²。大楼内设置先进的高智能设备，服务于跨国企业、金融机构和本地、外资及内地的大企业。环球贸易广场最顶部的 15 层内，是六星级酒店——中国香港九龙丽嘉酒店，可提供 312 间房间（图 2-23）。

公众观景层：环球贸易广场内的 100 楼设有公众观景层，2010 年年底对外开放。游客可在此环观维多利亚港的景色。

大型主题商场：逾 10 万 m² 的大型主题商场坐落于环球贸易广场的建筑群中。商场的第一期于 2007 年 10 月 1 日正式开幕。开发商将其打造成为一个汇聚购物、饮食、娱乐及文化的地点。商场内按照中国传统的五大元素分为"金"、"木"、"水"、"火"和"土"五个主题区域。每个主题区配以不同的建筑特色、艺术品和斜坡来营造出不同的室内环境。

相邻的住宅及服务式住宅：由两座约 270m 高的摩天大厦组成的天玺（UnionSquare 第六期）坐落于环球贸易广场毗邻，分别提供 10 万 $m^2$ 豪华住宅和 10 万 $m^2$ 的豪华服务式出租住宅及一个六星级酒店。其中，该酒店拥有 394 间，由国际知名的 WHotels 酒店集团管理。

停车场：整个项目（连同 UnionSquare 第六期）将提供共 1700 个车位，其中 500 个车位专为环球贸易广场的租户而设，而余下的 1200 个车位供访客使用。

#### 2.3.2.2 国外已建 400m 以上建筑的功能简介

（1）哈利法塔

建设地点：阿拉伯联合酋长国迪拜；建成年份：2010 年 1 月 4 日竣工启用；建筑面积：454249$m^2$；建筑高度：828m；建筑层数：160 层，结构形式：钢筋混凝土结构；功能构成：酒店、住宅、办公。见图 2-24。

建筑功能介绍：

图 2-23　中国香港环球贸易中心

B1、B2 层停车场及设备层，大厅：餐厅及大堂，1 层酒店、大堂及餐厅，2 层酒店及大堂，3 层酒店及餐厅，4 层酒店及设备层，5～16 层酒店，17、18 层设备层，19～39 层酒店，40～42 层设备层，43～72 层住宅，73～75 层设备层，76～108 层住宅，109、110 层设备层，111～123 层办公室，124 层气象台，125～135 层办公室，136～138 层设备层，139～154 层办公室，155 层设备层，156～159 层广播传送，160～162 层设备层。

（2）国家石油公司双塔大楼

建设地点：吉隆坡市中市 KLCC 计划区，建成年份：1996 年，容积率：0.85，用地面积：400000$m^2$，建筑面积：341760$m^2$，建筑高度：452m（屋顶 378.6m），建筑层数：88 层，平面类型：其平面是两个扭转并重叠的正方形，用较小的圆形填补空缺，功能构成：超甲级写字楼、酒店，见图 2-25。

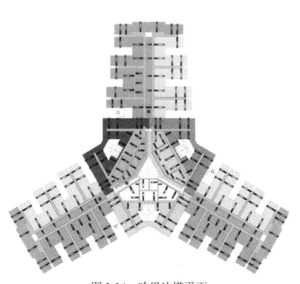

图 2-24　哈里法塔平面

图 2-25　吉隆坡双子塔

功能介绍：楼内以办公为主。

（3）西尔斯大厦

建设地点：美国芝加哥，建成年份：1974年，建筑面积：418000m²，建筑高度：443m（527.3m含天线），建筑层数：地上110层，地下3层，平面类型：方形建筑功能介绍：以办公为主，见图2-26，图2-27。

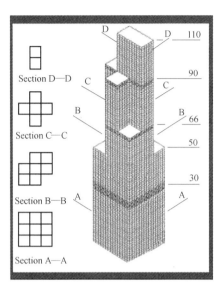

图2-26　西尔斯大厦体型

图2-27　西尔斯大厦

### 2.3.2.3　未建成400m以上超高层建筑

（1）一千零一夜塔

建设地点：科威特苏比亚；建筑高度：1001m；建筑层数：250层；建筑功能：7座"垂直村"，即办公室、饭店、休闲设施和住宅单元等。见图2-28。

（2）777大厦

建设地点：中国青岛开发区；建筑高度：700m以上；总建筑面积：55万m²；建筑功能：顶级写字楼、酒店式公寓、顶层观光厅、金融中心裙楼等，见图2-29。

（3）苏州中南中心

建设地点：中国苏州金鸡湖湖西CBD核心区；建筑高度：主体上人高度为598m，塔冠最高点为729m；建筑层数：138层；占地面积：16573m²；总建筑面积：37.2万m²。

建筑功能：主体包括高层观光、会所、7星酒店、公寓、5星酒店、办公等功能空间；裙房包括商业、娱乐、休闲，宴会厅及会议等功能。地下室以餐饮商业、后勤配套、设备用房以及地下停车为主，见图2-30。

（4）王国塔

建设地点：沙特阿拉伯；建筑高度：超过1000m；建筑面积：50万m²；建筑功能：容纳各种办公室空间，以及公寓，酒

图2-28　一千零一夜塔

店和一个在第 157 层的观景台，见图 2-31。

图 2-29　青岛 777 大厦

图 2-30　苏州中南中心

图 2-31　王国塔

（5）迪拜 1 号

建设地点：迪拜朱梅拉公园；建筑高度：1000m。

建筑功能：两个世界级酒店（五星和六星）、办公楼、零售商业空间以及世界上最高的豪华复式单元公寓，并在最高的塔楼内设立了世界上最高的专用会所和景观台。

结构形式：天桥在 3 个塔楼之间传递剪力和外倾力，使之成为一个巨型的结构整体，实现共同的受力作用。另在 3 个塔楼的顶部设置了摆动阻尼系统。见图 2-32、图 2-33。

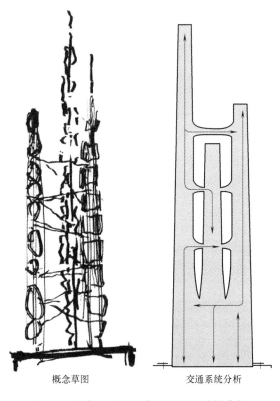

概念草图　　　　　交通系统分析

图 2-32　迪拜 1 号　　　　　　图 2-33　迪拜 1 号概念草图和交通系统分析

（6）日本千米塔

建设地点：日本东京湾以外大约 2km；建筑高度：840m；建筑层数：170 层；建筑功能：公寓、酒店、办公空间、百货公司、停车场、休闲设施，见图 2-34、图 2-35。

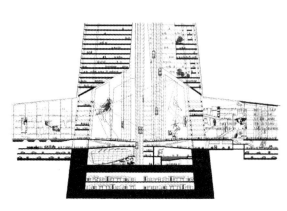

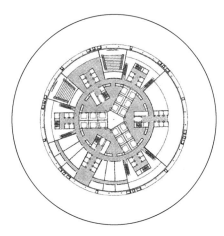

图 2-34　东京千米塔局部剖面　　　　　　图 2-35　东京千米塔平面图

### 2.3.3 超高层建筑各部分功能所在建筑层数位置的比较

目前超高层建筑中的功能面积及层数信息提取见表 2-12～表 2-14。

世界前 35 名超高层建筑（CTBUH 2010 年 5 月统计）　　　　表 2-12

| 排名 | 状态 | 建筑名称 | 所在城市 | 高度（m） | 英尺 | 楼层 | 竣工年份 | 结构材料 | 功能 |
|---|---|---|---|---|---|---|---|---|---|
| 1 | 规划 | Murjan 大厦 | 麦纳麦（巴林） | 1022 | 3353 | 200 | — | | 多功能 |
| 2 | 规划 | 一千零一夜塔 | 丝绸之城（科威特） | 1001 | 3284 | 234 | | 组合 | 宗教/酒店/公寓/办公 |
| 3 | 规划 | 沙特阿拉伯王国大厦 | 吉达（沙特阿拉伯） | 1001 | 3284 | | | | 多功能 |
| 4 | 搁置 | 纳赫勒大楼 | 迪拜（阿联酋） | 1000 | 3280 | 200 | — | 混凝土/钢筋 | 酒店/公寓/办公 |
| 5 | 完工 | 比斯迪拜塔 | 迪拜（阿联酋） | 828 | 2717 | 163 | 2010 | 混凝土/钢筋 | 办公/公寓/酒店 |
| 6 | 规划 | 梦想中心群岛主楼 | 首尔（韩国） | 665 | 2182 | 136 | 2016 | — | 酒店/办公 |
| 7 | 在建 | 平安国际金融中心 | 深圳（中国） | 648 | 2126 | 115 | 2015 | — | 办公 |
| 8 | 规划 | 塞欧丽特大厦 | 首尔（韩国） | 640 | 2101 | 130 | 2015 | 组合 | 酒店/公寓/办公 |
| 9 | 在建 | 上海中心大厦 | 上海（中国） | 632 | 2074 | 128 | 2014 | 组合 | 酒店/办公/展会/零售 |
| 10 | 搁置 | 芝加哥螺旋塔 | 芝加哥（美国） | 610 | 2000 | 150 | | 组合 | 公寓 |
| 11 | 规划 | Oryx 大厦 | 多哈（卡塔尔） | 600 | 1969 | | | | |
| 12 | 规划 | 迪拜一号 | 迪拜（阿联酋） | 600 | 1969 | | — | | 公寓/酒店/办公 |
| 13 | 在建 | 天津高银金融117大厦 | 天津（中国） | 597 | 1959 | 117 | 2014 | 组合 | 酒店/办公 |
| 14 | 规划 | 卡拉奇港大厦 | 卡拉奇（巴基斯坦） | 593 | 1946 | | | | 办公 |
| 15 | 在建 | 麦加皇家钟塔饭店 | 麦加（沙特阿拉伯） | 591 | 1939 | 85 | 2011 | 混凝土/钢筋 | 酒店 |
| 16 | 在建 | 仁川双子星大厦 | 仁川（韩国） | 587 | 1926 | 151 | 2015 | 组合 | 公寓/酒店/办公 |
| 17 | 规划 | 乐天总部大厦 | 首尔（韩国） | 556 | 1823 | 123 | 2014 | — | 酒店/公寓/办公 |
| 18 | 搁置 | 多哈会议中心大厦 | 多哈（卡塔尔） | 551 | 1808 | 112 | — | 混凝土/钢筋 | 公寓/酒店 |
| 19 | 规划 | 印度塔 | 孟买（印度） | 550 | 1804 | 125 | | | 多功能 |
| 19 | 规划 | 公园大道 1 号 | 迪拜（阿联酋） | 550 | 1804 | 116 | | | 多功能 |
| 19 | 规划 | 迪拜大厦塔 1 | 迪拜（阿联酋） | 550 | 1804 | 97 | | 组合 | 办公 |
| 22 | 在建 | 世贸中心一期（自由塔） | 纽约（美国） | 541 | 1776 | 105 | 2013 | 组合 | 办公 |
| 23 | 规划 | 现代环球贸易中心 | 首尔（韩国） | 540 | 1771 | 110 | 2015 | — | 办公 |
| 24 | 规划 | 广州珠江东塔 | 广州（中国） | 530 | 1739 | 116 | 2016 | | 酒店/公寓/办公 |
| 24 | 规划 | 周大福滨海中心 | 天津（中国） | 530 | 1739 | 96 | | | 公寓/酒店/办公 |
| 26 | 规划 | 海云台旅游度假中心 | 釜山（韩国） | 517 | 1696 | 118 | | | 多功能 |
| 27 | 在建 | 迪拜 Pentominium 大厦 | 迪拜（阿联酋） | 516 | 1692 | 122 | 2013 | 混凝土/钢筋 | 公寓 |
| 28 | 规划 | 釜山乐天大厦 | 釜山（韩国） | 510 | 1674 | 107 | 2015 | 混凝土 | 公寓/酒店/办公 |
| 29 | 规划 | 千年塔国际商务中心 | 首尔（韩国） | 510 | 1673 | 130 | | — | 多功能 |
| 29 | 搁置 | 世界之塔 | 迪拜（阿联酋） | 510 | 1673 | 108 | 2015 | 组合 | 酒店/办公 |
| 29 | 在建 | 卡塔尔国家银行大厦 | 多哈（卡塔尔） | 510 | 1673 | 104 | | | 办公 |
| 29 | 规划 | 深圳大中华双塔　塔 1 | 深圳（中国） | 510 | 1673 | | | | |
| 29 | 规划 | 深圳大中华双塔　塔 2 | 深圳（中国） | 510 | 1673 | | | | |
| 34 | 完工 | 台北 101 | 台北（中国台湾） | 508 | 1667 | 101 | 2004 | 组合 | 办公 |
| 35 | 搁置 | 莫斯科联邦大厦 | 莫斯科（俄罗斯） | 506 | 1660 | 93 | 2016 | 混凝土 | 酒店/办公 |

表2-13

超高层建筑各部分功能所在楼层统计

| 序号 | 建筑 | 项 | 商业 | 餐饮 | 健身、俱乐部 | 娱乐、酒吧 | 酒店 | 办公 | 精品办公 | 公寓 | 观光 | 会展、多功能 | 设备机房 | 停车 |
|---|---|---|---|---|---|---|---|---|---|---|---|---|---|---|
| 1 | 上海金茂大厦 | 楼层位置 | 3~6 | 54、55、87 | 57、86 | 53、56 | 53~87 | 3~50 | | | 88 | 1、2 | 51、52 | B1~B3 |
| | | 面积 | | | | | | | | | | | | |
| | | 占比 | | | | | | | | | | | | |
| 2 | 上海中心大厦 | 楼层位置 | B2~4 | | | | 84~110 | 9~81 | 112~117 | | 118~121 | 1~4 | B2 | B3~B5 |
| | | 面积 | | | | | 47380 | 201212 | 10650 | | 6065 | | | |
| | | 占比 | | | | | | | | | | | | |
| 3 | 西尔斯大厦 | 楼层位置 | | | | | | ~110 | | | | | | |
| | | 面积 | | | | | | | | | | | | |
| | | 占比 | | | | | | | | | | | | |
| 4 | 上海环球金融中心 | 楼层位置 | 3~6 | | | | 79~93 | 7~77 | | | 94~100 | 3层~5层 | | |
| | | 面积 | | | | | | | | | | | | |
| | | 占比 | | | | | | | | | | | | |
| 5 | 京基金融中心 | 楼层位置 | B1~4 | | | | 75~100 | 6~72 | | | | 5层 | | |
| | | 面积 | 83500 | | | | 46000 | 175000 | | | | | | |
| | | 占比 | | | | | 20.91 | 79.55 | | | | | | |
| 6 | 天津117（天津高银CBD） | 楼层位置 | | 116 | 116 | 117 | 94~114 | 7~92 | | | | | | |
| | | 面积 | | | | | | | | | | | | |
| | | 占比 | | | | | | | | | | | | |
| 7 | 吉隆坡国家石油公司双塔大 | 楼层位置 | | | | | 四季酒店（可能独立设置） | 办公为主 | | | | | | |
| | | 面积 | | | | | | | | | | | | |
| | | 占比 | | | | | | | | | | | | |
| 8 | 中国香港国际金融中心二期 | 楼层位置 | | | | | | 办公为主 | | | | | | |
| | | 面积 | | | | | | | | | | | | |
| | | 占比 | | | | | | | | | | | | |
| 9 | 广州国际金融中心大厦 | 楼层位置 | | 1~3、71、72、99、100 | 69 | | 67~100 | 1~66 | | | | | | |
| | | 面积 | | | | | | | | | | | | |
| | | 占比 | | | | | | | | | | | | |
| 10 | 武汉绿地中心 | 楼层位置 | | | | | | | | | | | | |
| | | 面积 | | | 25000 | | 45000 | 200000 | | 50000 | | | | |
| | | 占比 | | | | | | | | | | | | |
| 11 | 中国香港环球贸易中心 | 楼层位置 | 1~10 | 101 | 20 | | 102~118 | 10~99 | | | 100 | | | |
| | | 面积 | 100000 | 3000 | 1500 | | | 250000 | | | 3000 | | | 1700 |
| | | 占比 | | | | | | | | | | | | |

超高层建筑各部分功能分布位置统计 表 2-14

1. 俱乐部型餐饮

| 项目 | 位置 | 名称 |
|---|---|---|
| 希尔斯大厦 | 66、67 | Metropolitan club |
| 汉考克大厦 | 95 | The Singnature Room |
| 东京六本目森大厦 | 66、67 | 六本木森新城俱乐部 |
| 上海金茂大厦 | 88 | 金茂 88 |
| 新加坡共和广场 | 66、67 | Metropolitan club |
| 中国台北 101 大厦 | 85、86、88 | 复合式餐厅 |
| 瑞士再保险大厦 | 38 | The stunning Bar and Restaurant |
| 上海汇丰银行大厦 | 46 | 餐厅、酒吧 |
| 共和大厦 | 62、65 | 塔楼俱乐部 |
| 北京京城大厦 | 50 | 京城俱乐部 |
| 北京华润大厦 | 28-29 | 美洲俱乐部 |

2. 会议设施

| 项目 | 位置 | 名称 |
|---|---|---|
| 吉隆坡双子座大厦 | 4 | 国际展览 / 会议中心 |
| 东京六本目森大厦 | 40、49 | 森新城国际会议中心 |
| 上海环球金融中心 | 3 ～ 5 | 国际会议中心 |
| 上海金茂大厦 | 2 | 金茂国际会议中心 |
| 中国台北 101 大厦 | 88 | 88 风云会议中心 |
| 西尔斯大厦 | 33 | 西尔斯大厦会议中心 |

3. 商场购物

| 项目 | 位置 | 名称 |
|---|---|---|
| 吉隆坡双子座大厦 | B1 ～ 4 | 270 家门店商场 |
| 东京六本目森大厦 | 副楼 | 零售及商场 |
| 上海环球金融中心 | B2 ～ 3 | 商场 |
| 上海金茂大厦 | 1 ～ 6 | 金茂时尚生活广场 |
| 中国台北 101 大厦 | 1 ～ 5 | 商场 |
| 汉考克大厦 | 1 ～ 5 | 汉考克购物中心 |

4. 健身俱乐部

| 项目 | 位置 | 名称 |
|---|---|---|
| 吉隆坡双子座大厦 | 4 | 健身中心 |
| 东京六本目森大厦 | 副楼 | 森新城健身俱乐部 |
| 上海环球金融中心 | 79 ～ 93 | 裙房、柏悦酒店 |
| 上海金茂大厦 | 裙房 | 健身俱乐部、君悦酒店 |
| 中国台北 101 大厦 | 裙房 | 健身俱乐部 |
| 汉考克大厦 | 1、2 | 美容美发、美甲、SPA |
| 西尔斯大厦 | 1、2、66 | 大都会健身俱乐部 |

| 5. 观光设施 | | |
|---|---|---|
| 项目 | 位置 | 名称 |
| 吉隆坡双子座大厦 | 41、42 | 天空之桥 |
| 东京六本目森大厦 | 52 | 新城观光厅 |
| 上海环球金融中心 | 94、100 | 空中观光廊 |
| 上海金茂大厦 | 88 | 金茂 88 观光厅 |
| 中国台北 101 大厦 | 89、91 | 室内室外观光厅 |
| 汉考克大厦 | 94 | Hancock Observatory |
| 西尔斯大厦 | 103 | 观光俱乐部 |
| 6. 展览设施 | | |
| 项目 | 位置 | 名称 |
| 东京六本目森大厦 | 51、52 | 森新城展览中心 |
| 上海环球金融中心 | 94 | 汽车展示中心 |
| 中国台北 101 大厦 | 88 | 展览中心 |
| 吉隆坡双子座大厦 | 1～3 | 国际展览中心 |
| 7. 音乐厅 | | |
| 项目 | 位置 | 名称 |
| 吉隆坡双子座大厦 | 3 | 865 座音乐厅 |
| 上海金茂大厦 | 2 | 金茂音乐厅 |
| 8. 画廊、美术馆 | | |
| 项目 | 位置 | 名称 |
| 吉隆坡双子座大厦 | 3 | 画廊 |
| 东京六本目森大厦 | 51 | 森美术馆 |

如表 2-12～表 2-14 所示，在早期的超高层建筑中办公类建筑占绝大多数，而且相当一部分的超高层办公建筑都是以办公为主的多功能综合体。下面以近年来国内新设计、建成的超高层办公综合体为例，分析其功能构成，可以看出，一个较为典型的办公综合体功能由下至上的分布大体如下：地下停车库；地下一层商业、餐饮；首层各功能入口大厅；公共功能区（提供公共服务功能，常有餐厅、会议中心、商业购物、交易厅等）；办公区（常分为低区办公、中区办公、高区办公等）；酒店或公寓（酒店及酒店式公寓）；顶部的餐厅或观光厅。

随着社会经济的发展，超高层建筑在高度上越来越高，建筑规模越来越大，建筑功能也越来越复杂，已经由简单的单一功能趋向于近似小型城镇的多功能复合综合体。超高层建筑的内部功能由最初的办公，演变到现在的商业、办公、酒店、居住、后勤服务、会展、观光、餐饮等功能，随着超高层建筑规模的增加，也将不断地出现城市属性的功能，例如文化设施、公共活动配套功能等。

考虑到不同功能的人均面积指标不同，各功能区的垂直分布一般遵循：标准层使用人数多的功能区靠下布置，人数少的靠上布置。当一个超高层标准层面积从下到上变化不大的时候，体现为人员密度大的靠下，人员密度小的靠上。

## 2.3.4 千米级摩天大楼剖面设计

千米级摩天大楼建筑生态、节能设计与剖面设计息息相关．因为千米级摩天大楼建筑不是封闭的实体，应该把它理解成一个复杂的生态有机体，就像人要呼吸一样，它也是有呼吸的，我们在剖面设计中应该结合地域的气候条件，因地制宜，从剖面的特殊角度入手，做好千米级摩天大楼建筑生态节能设计。千米级摩天大楼建筑剖面设计中需要考虑建筑的通风和采光。从剖面中我们可以分析空气的流动状态和路径，这些生态性的应用我们一般从共享的交通核心处入手，在交通核心与外界的直接联系处设置可以直接采光通风的共享空间，这样即使是一层有多个使用单位，也会有好的自然风和采光。在外边缘可以采用侧开的阳台，中间设置共享空间，这样可以使内部的共享空间有很好的通风，也大大改善空间的采光状况。

1. 底部剖面

与场地共生的底部共享空间：在千米级摩天大楼建筑底部设置共享空间是设计中最常见的手法，因为它能够与场地环境达到最大程度的协调，便于与城市空间的交流，吸引城市人群，同时可以和高层裙房部分的功能相互利用，能比较有效地利用空间。这个共享空间的体量和尺度的确定是以整个建筑的规模和地区的经济水平相互制约的，很多发展中国家在高层居住建筑发展之初，一般将共享的空间高度控制在多层的范围内，目的是更有效地争取面积节约资金，但随着经济水平的提高，人们对于场所环境营造的心理感受越来越重视，共享空间的尺度越来越大，手法也越来越丰富。

剖面设计要结合地势，两者结合起来会形成丰富而富有特色的空间形式。虽然对千米级摩天大楼建筑而言，剖面形式变化过多会给结构带来很多负面影响，但是可以考虑在塔楼建筑的底层裙房部分与地势结合，通常可以形成富有地域特色的建筑形式。

如由何镜堂主持设计的"东莞西城楼文化中心"工程。该工程选址在东莞市中心广场，毗邻历史文化区，设计尊重历史环境和地域特点，并采用层层退台和叠级剖面形式，使城市广场得到延伸。由他主持设计的江门五邑大学教学主楼，采用"位移"的剖面设计和底层架空手法，形成各层大小不等的休息平台，呼应地域的气候特点，可以起到遮阳的作用，另外给学生课间休息提供了场所，底层架空，又为师生提供室内外庭园活动场所，营造了一个既有时代感又具有南方水乡特色的新型校园环境。这种针对地域的环境特性在剖面形态的设计中作出呼应的设计手法，使得建筑独具岭南文化特有的空间魅力。

此外，一些超高层建筑的空中花园的位置确定跟建筑的功能分区相互协调设置，比如在大连名仕财富中心的设计中把空中花园放了二层，这样能与裙房部分的商业、餐饮功能更好地结合，但在大连地区很少在高层建筑中看到几十米高的大中庭，这与地区的经济发展水平有很大的关系。

千米级摩天大楼建筑的剖面设计应力求简化结构的传力路线，降低建筑物的重心，避免在竖向上抗侧力结构的刚度有较大的突变。如何布置大空间厅室是千米级摩天大楼建筑剖面设计中的一个重要问题。在塔楼的底层设置高大的厅室，如宴会厅、交谊厅、餐厅等，一方面会使结构传力复杂，要以断面尺寸很大的水平构件来承受上面各层的竖向荷载；另一方面，也会使建筑物重心上移，对千米级摩天大楼结构抗倾覆不利。层数很高而不宜采用一般框架结构体系时，底层大空间则又会与剪力墙、刚体等的布置发生矛盾。因此，在这种情况下，一般都将大空间作脱开处理，使大空间的结构布置与高层主体相对独立。

当厅室空间不是很大，而地段用地又紧张，作单层脱开处理有困难时，也可以采用框支剪力墙结构并考虑抗震设防，即将底层部分做成框架。在高层建筑的顶层设置大厅空间，其屋顶的水平承重结构比较容易解决。但当考虑抗震设防要求时，以不在顶层设置较大厅室而使剪力墙竖向贯通建筑全高为好。

2. 标准层剖面

许多超高层建筑的剖面设计会与平面设计结合起来，去塑造特殊意义的造型结构，这些特殊意义的造型结构往往与某些地域环境的因素建立起一定联系，以此来表达对地域的尊重。比如南非约翰内斯堡斜街 11 号大厦采用菱形的平面，其和折线形剖面组合起来形成钻石型的形体结构，然后又在建筑外装饰材料上选用三种不同的反射玻璃幕墙，使整个建筑形体犹如钻石般晶莹剔透，让人与南非丰富的钻石资源直接联系起来，形成鲜明的地域印象（图 2-36）。

还有很多建筑生态、节能设计与剖面设计息息相关，因为建筑不是封闭的实体，应该把它理解成一个复杂的生态有机体。就像人要呼吸一样，它也是有呼吸的。在剖面设计中应该结合地域的气候条件及场地环境，从剖面的特殊角度入手，结合建筑生态节能设计营造建筑内部良好的微气候环境。

如德国法兰克福银行总部大楼的设计，大厦的三边轮流安排三层高的花园，为工作人员提供了舒适的自然生态环境，并且还尽可能地节约了能源（图 2-37）。从剖面中可以很直观地分析空气的流动状态和路径，设计中的生态性应用从共享的交通核心处入手，在交通核心与外界的直接联系处设置可以直接采光通风的共享空间，这样即使是一层有多个使用单位，也会有好的自然风和采光。在外边缘采用侧开的阳台，中间设置共享空间，这样可以使内部的共享空间有很好的通风，也大大改善空间的采光状况。

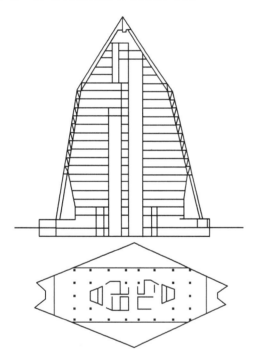

图 2-36　南非约翰内斯堡斜街 11 号
大厦建筑剖面与平面　　　图 2-37　德国法兰克福银行总部大楼

在剖面设计中我们可以对整体空间在功能上进行统筹分配，从空中腾出部分空间作空中花园，因为空中的视野更加独特而开阔。但是空中花园的平面形态受到标准层平面的较大限制，并且要结合竖向交通核心的位置，它的位置可以出现在高层建筑的底部、中部、屋顶等任何部分。

## 2.3.5　建筑的顶部设计

千米级摩天大楼建筑顶部，承载着建筑造型以及提升建筑高度的功能。因为这类建筑一般都是作为城市的标志出现的，建筑顶部的空间视野非常开阔，所以顶部除了造型本身的特点之外，一般设计为旅游观光、餐饮以及高级酒店、高级办公等功能。

（1）顶部观光层：上海浦东的金茂大厦，第88层为观光层。上海环球金融中心，其中94楼为"观光大厅"，是一个约700m²的展览场地及观景台，可举行不同类型的展览活动，97楼为"观光天桥"，在第100层又设计了一个最高的"观光天阁"。广州新电视塔，E功能段（428～433.2m）：主要为室内观光大厅。

（2）顶部餐厅和酒吧：天津117，115层为会所，116层为餐厅，117层为酒吧。

（3）顶部高级酒店、办公：京基金融中心，第75～100层为世界顶级酒店管理公司，喜达屋集团旗下的超五星级瑞吉酒店，拥有270间豪华客房。

## 2.4 相关配套功能研究

### 2.4.1 场地与主体建筑的关系

#### 2.4.1.1 建筑的选址及室外交通组织

首先建筑用地应优先选择以商务功能为主的重要功能区，商务、商业专业聚集区，与商务有关的特色街区、地区公共服务中心及有可能布局超高层建筑的重要待发展区域进行布局。尤其要结合中央商务区、中心区等高端产业功能区进行优先选址。其次，应考虑可能的需要建设新增地标性建筑的区域。

千米级超高层建筑往往会采用多个出入口和立体化组织交通流线的方法。通过首层、地下层和地上的架空廊道与不同层面的城市交通网络相连接，以达到通畅便捷和步行、车行的互不干扰。在美国、加拿大、日本等地的很多超高层建筑的交通组织都是如此。总而言之，当今超高层建筑的底部空间设计，已从单纯考虑建筑与周围环境之间的关系，发展到进行整体的城市空间设计，其交通组织和公共活动领域的创造也日趋立体化、开放化。

自20世纪40年代初，世界上第一个一体化设计建设的美国洛克菲勒中心（图2-38）超高层建筑群建成以来，综合性多功能的超高层大楼便深受人们的欢迎，超大规模的数幢超高层建筑一体化建设的综合项目便再度悄然兴起。这类超高层建筑设计的最大特色，就是以一个公共活动中心将大楼的底部连结成一个整体。公共活动中心可为一个巨大的中庭或室内步行商业街，它既是人们交往、娱乐、购物、休闲的场所，又有从内部到外部组织空间流线、连接各栋建筑的作用。同时，它还是建筑空间与城市空间的结合部，是机动车、轨道交通和步行系统与建筑多层次多重衔接的结点。

图2-38 洛克菲勒中心广场

日本的"横滨皇后广场"（图2-39）及美国纽约的"世界金融中心"即是这种超大规模综合开发项目的范例。"横滨皇后广场"以一条长达300m的立体化步行商业街将3幢超高层办公大楼、1幢超高层旅馆、1幢大型百货商店及1幢音乐城连成一个整体。在商业街的一侧设有一个

图 2-39 横滨皇后广场

地下 3 层、地上 5 层的规模巨大的中庭，新建的地铁车站与中庭相通，自然光线直接倾泻到地下，一改地铁车站封闭、阴暗的感受，留给人以立体都市空间的深刻印象。

这种按整个街区统筹考虑交通组织和公共活动空间的设计方法，进一步将城市公共空间"室内化"、"集约化"和"立体化"，空间设计的重点也由建筑的内部转向外部，并使千米级超高层建筑群的使用空间服务于城市街道，其预示着今后千米级超高层建筑设计新的发展趋势。

#### 2.4.1.2 室外集中场地

千米级超高层建筑体量巨大，容易给街道空间形成一种突兀的压迫感，使人感觉像是从一个大空间突然进入一个狭小空间。所以在设计时需对其进行适当的后退设计，并在其退后的用地上设计一个尺度巨大的广场空间，这个广场就建筑本身来说起到了缓冲作用，后退的空间往往可成为城市的标志节点，使城市空间变化丰富。

有的建筑师甚至设计成下沉式的广场，例如日本建筑师矶崎新设计的日本筑波中心的下沉式广场（图 2-40），独特的广场空间造型，以人和环境为设计重点，不仅为公众提供了一个舒适的安静的休闲场所，而且使建筑塔楼的形象特征更加突出。这种广场设计往往易给人留下深刻的印象。

千米级超高层建筑的室外场地设计需参考周围街道尺度，是指建筑临街面的尺度对街道行人的视觉影响。这也是人对建筑近距离的感知，是建筑设计中重要的环节，由临近街道的建筑尺度来确定，考虑到街道行人的舒适度，千米级超高层建筑主塔楼尺度会非常巨大，应使其后退裙房部分，使底层的裙房置于沿街广场部位，进一步减少建筑对街道的压迫感。

图 2-40 筑波中心的下沉式广场

### 2.4.2 地下车库的设计

#### 2.4.2.1 车库的规模

在不同城市不同区域的车位比规定都是不一样的。车位配比该设置多少，必须根据不同城市的具体情况来定。最好的办法是去实地调查周边的商铺、超市、写字楼和其他剧院的车位比，然后判断出人流量和停车比例跟那些地方比较是会更多还是更少，再根据这个来确定车位比到底该如何设置。

（1）西方国家的停车标准

依据美国公用物业停车标准作为测算基础，其停车位标准规范为行政办公每100m² 3～5个、中型零售业每100m² 5个、公寓每户1.5个。按照标准停车位每个35～50m²（包括停车位所占面积、车库行车道路、转弯半径、行车进出引道等）计算，一栋大型高端写字楼停车位面积将超过建筑使用面积；即使按照欧洲的高端写字楼停车位标准（每平方米2～3.5个）计算，高端写字楼的停车位面积也基本与建筑使用面积持平。

（2）我国停车位配比规定

我国规定停车场用地总面积按规划人口的每人0.8～1m²设计。一座写字楼每100m²的建筑面积配备机动车位的指标是0.5个，娱乐性质建筑的指标是1.5～2个，餐饮性质的指标是2.5个。剧院的车位不是按平方米来的，是按人头来计算的，关键是看有多少座位，一般来剧院的观众自驾车的比例比较高。如国家大剧院机动车停车位共设有1000个，其中贵宾车位80个，供内部工作人员使用车位120个，提供社会车辆停靠车位为800个。每辆机动车按1.5人配比，共有约1200人采用自驾车方式进入剧场，占大剧院总容量数（5500人）的20%左右，一般的剧院没有这么高。在一般的省会城市，暂时按临街商业每万平方米40个测算，写字楼1个/300m²，综合性超市100个车位，剧院40个左右。商业购物中心最低配置10000m²至少要配置100个。

### 2.4.2.2　车库通道的宽度

一般汽车库均采用后退停车，大多数司机也一般采用后退停车，因此车道宽度结合双车道通车宽度，大于5.5m即可，但鉴于如今部分城市发展较快，因此车型会相对大一些，故一般不小于6m。

### 2.4.2.3　车库的坡道

（1）坡道的形式

直坡道式：由水平停车楼面组成，层间用直坡道相连，坡道可设于库内外，车库布局简单整齐，交通路线明确，但车位占地面积较多。

斜坡楼板式：车库由坡度很缓的连续倾斜停车楼面组成，立面为连续斜面，可能时应设快速螺旋出车坡道。

错层式：二个以上水平停车段组成并相错半层，层间短坡道相连，用地经济，交通线对部分车位有影响。

螺旋式：水平停车楼面，层间圆形坡道联系，坡道分单双行，布局简洁，交通路线明确，造价较高，每车位占面积较大。

（2）坡道的宽度

因不同的坡道形式，坡道的宽度会有所不同。直线型单车道宽度应大于3.5m，直线型双车道宽度应大于7m；曲线型单车道宽度应大于5m，曲线型双车道宽度应大于10m。

（3）坡道的坡度（表2-15）

汽车库内通车道的最大坡度　　　　　　　　　　　　　　　　表2-15

| 坡度　通道形式　　车型 | 直线坡道 | | 曲线坡道 | |
|---|---|---|---|---|
| | 百分比（%） | 比值（高∶长） | 百分比（%） | 比值（高∶长） |
| 微型车<br>小型车 | 15 | 1∶6.67 | 12 | 1∶8.3 |

续表

| 坡度　通道形式　车型 | 直线坡道 | | 曲线坡道 | |
|---|---|---|---|---|
| | 百分比（%） | 比值（高:长） | 百分比（%） | 比值（高:长） |
| 轻型车 | 13.3 | 1:7.50 | 10 | 1:10 |
| 中型车 | 12 | 1:8.3 | | |
| 大型客车 大型货车 | 10 | 1:10 | 8 | 1:12.5 |
| 绞接客车 绞接货车 | 8 | 1:12.5 | 6 | 1:16.7 |

（4）车库的柱网的选择

车库的柱网选择应综合考虑停车位布置和停车方式、通道的布置和通行方向及上部结构要求，以求更加合理地利用有限的面积，设置出更多的车位。见表2-16。

柱间最小净距尺寸　　　　　　　　　　　　　表2-16

| 停车类型 | 小轿车 | | | 载重车，中型客车 | | |
|---|---|---|---|---|---|---|
| 两柱间停车数（辆） | 1 | 2 | 3 | 1 | 2 | 3 |
| 最小柱距（m） | 3.0 | 5.4 | 7.8 | 3.9 | 7.2 | 9.9 |
| 车库类别 | 多层车库和地下车库 | | | 地下车库 | | |

注：表内尺寸系指一般常用车型，特殊车型可适当增大。

（5）停车位

车库内停车方式应排列紧凑、通道短捷、出入迅速、保证安全和与柱网相协调。可采用平行式、斜列式（有倾角30°、45°、60°）和垂直式。平行式停车时汽车纵向净距为1.2～2.4m；垂直、斜列式停车时汽车间纵向净距为0.5～0.8m；汽车间横向净距为0.6～1.0m；汽车与柱间净距为0.3～0.4m；汽车与墙、护栏及其他构筑物间净距纵向为0.5m，横向为0.6～1.0m。见表2-17、图2-41。

小轿车每车位占用面积　　　　　　　　　　　表2-17

| 停车段方式 | 通道宽度 $W$（m） | | | | $a$ | 停车段宽度 $F$（m） | | | 每车位面积 $A$（m²） | | | 国名 |
|---|---|---|---|---|---|---|---|---|---|---|---|---|
| | $a$ | 45° | 60° | 90° | | 45° | 60° | 90° | 45° | 60° | 90° | |
| 单行 $W_1$ | | 3.68 | 5.47 | 7.23 | 单行 $F_1A_1$ | 16.3 | 18.5 | 19.4 | 32.2 | 29.8 | 27.2 | 中 |
| | | 3.97 | 5.49 | 7.32 | | 16.0 | 18.3 | 18.9 | 31.2 | 29.0 | 27.0 | 美 |
| | | 3.05 | 5.49 | 6.10 | | 13.4 | 16.4 | 15.9 | 22.7 | 23.1 | 19.4 | 英 |
| | | 3.20 | 4.50 | 7.00 | | 13.8 | 15.7 | 17.0 | 24.5 | 22.8 | 21.3 | 德 |
| | | 4.75 | 6.10 | | | 17.0 | 18.9 | 19.8 | 32.2 | 29.8 | 27.2 | 日 |
| | | 3.00 | 5.20 | 6.00 | | 13.7 | 17.1 | 16.6 | 22.3 | 22.7 | 19.1 | 俄 |
| 两排停车 一条通道 | 双行 $W_2$ | 5.89 | | 7.23 | 双行 $F_2A_2$ | 18.5 | | 19.5 | 36.6 | | 27.3 | 中 |
| | | | | 7.32 | | | | 18.9 | | | 26.0 | 美 |
| | | 4.88 | | 7.32 | | 15.3 | | 17.1 | 26.4 | | | 英 |
| | | | | | | | | | | | | 德 |
| | | | | 7.60 | | | | 19.8 | | | 27.2 | 日 |
| | | | | | | | | | | | | 俄 |

| 停车段方式 | 通道宽度 W（m） | | | | $a$ | 停车段宽度 F（m） | | | 每车位面积 A（m²） | | | 国名 |
|---|---|---|---|---|---|---|---|---|---|---|---|---|
| | $a$ | 45° | 60° | 90° | | 45° | 60° | 90° | 45° | 60° | 90° | |
| 四排停车 两条通道 | | | | | 单行 $F_3A_3$ | 31.9 | 36.4 | 39.5 | 31.0 | 28.7 | 27.2 | 中 |
| | | | | | | 30.0 | 35.2 | 37.8 | 29.2 | 28.0 | 26.0 | 美 |
| | | | | | | 25.0 | 31.5 | 31.7 | 21.6 | 22.2 | 19.3 | 英 |
| | | | | | | 26.8 | 30.1 | 34.0 | 23.8 | 21.9 | 21.3 | 德 |
| | | | | | | 31.9 | 36.4 | | 31.0 | 28.7 | | 日 |
| | | | | | | 25.9 | 33.1 | 33.2 | 21.0 | 21.9 | 19.1 | 俄 |

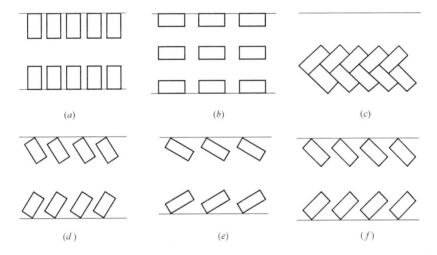

图 2-41　车位排列形式

（a）垂直式；（b）平行式；（c）倾斜交叉式；（d）60°倾斜式；（e）30°倾斜式；（f）45°倾斜式

由于汽车的发展，要将汽车全部停在地面是根本办不到的。以 10000m² 建筑用地作为例子，假设地上容积率是 3 的话，地上要建 30000m²，北京绿化要求 30%，密度一般只能做到 40%，由于北京退红线要达到建筑的大门及消防环路至少也要占 15%，剩下最多只剩下 15%，即最多剩下 1500m²。而车位要求建筑每 10000m² 要 65 辆车，即使设计得最经济的话，每辆车只用 25m²，也要 65×3×25=4875m²。超过 1500m² 很多，只能在地下来解决。有时容积率高达 5～6，加上密度更大。车库设在地下，以每辆车 40m² 来计的话，约占总建筑面积的 20%。很多图纸要占到 30%，甚至到 35%，即每辆车要占 70m²。因此车库设计已在建筑设计中占很重要地位了。以下一些内容，一不注意就会损失很多面积：

（1）地下车位与结构的柱距有关，很多人习惯用柱距，但由于地面建筑的高度不同造成柱子的直径不同，因此用柱距净尺寸为依据最合理。车库停车最基础的数据是车的大小，一般以 1800×4800 来计算。

（2）地下车库最少要两组坡道，车库应尽量集中。

（3）地下车库防火单元允许 4000m²，很多楼梯可不下去，以节省面积。

（4）转圈坡道占面积很多，应尽量少用。

（5）地下车库尽量设计成单行线会增加一些停车位。

（6）车库应尽量不和其他机房放在同一层，因为层高不同，而其他机房在同层的面积一定少于 50%，面积即使不损失，起码空间也要损失，坡道也要加长。

最好不要将所有的地面功能都与车库相通,尽量完全分开。地下车库的人流应该首先用垂直交通达到地面,在公共的大厅进出,也可单独设一小的地下车库电梯厅,其出入的人流从电梯厅转入各自门厅,使大楼得到比较理想的安全管理。

货物的地下运输通道与大量的客车通道最好分别设置,如遇困难,可先合并使用,到了地下以后中途进入单独通道,使货物的货区与客车分离,保证客、货不通。综合楼由于功能复杂,重要的是研究其分合的关系。综合楼的设计,在与业主沟通的过程中,发现大楼各种功能的比例常有变化,这可能是由于业主在运作大量的资金投入时有所顾虑导致的,所以在设计时要考虑其各种功能的相对可换性,那就要求其使用空间的深度要适合旅馆、公寓来考虑。因为写字楼的深度弹性较大,而旅馆、公寓的深度其弹性较小。能做到弹性变化,可使我们的被动变成主动。

# 2.5 结论

## 2.5.1 总体结论

(1)居住区配套设施见表 2-18。

居住区配套设施 表 2-18

| 项目 | 居住区 | | |
|---|---|---|---|
| | 建筑面积（m²） | 用地面积（m²） | 容积率 |
| 总指标 | 1688～3293<br>（2228～4213） | 2172～5559<br>（2762～6329） | 0.777163904 |
| 教育 | 600～1200 | 1000～2400 | 0.6 |
| 医疗卫生<br>（含医院） | 78～198（178～398） | 138～378（298～548） | 0.597315436 |
| 文体 | 125～245 | 225～645 | 0.555555556 |
| 商业服务 | 700～919 | 600～940 | 0.977659574 |
| 社区服务 | 59～464 | 76～668 | 0.694610778 |
| 金融邮电<br>（含银行、<br>邮电局） | 20～30（60～80） | 25～50 | 0.6 |

| 项目 | 居住区 | | |
| --- | --- | --- | --- |
| | 建筑面积（m²） | 用地面积（m²） | 容积率 |
| 市政公用<br>（含居民存<br>车处） | 40～150（460～820） | 70～360（500～960） | 0.416666667 |
| | | | |
| | | | |
| | | | |
| 行政管理及其他 | 46～96 | 37～72 | 1.333333333 |

（2）城市公共设施配套见表2-19。

**城市公共设施配套** 表2-19

| 项目 | 城市规模 | 人均建设用地面积（m²） |
| --- | --- | --- |
| 行政办公 | 小城市 | 0.8～1.3 |
| 商业 | 小城市 | 3.2～4.2 |
| 金融 | 小城市 | 0.1～0.2 |
| 文化娱乐 | 小城市 | 0.8～1.1 |
| 体育 | 小城市 | 0.6～0.9 |
| 医疗卫生 | 小城市 | 0.6～0.7 |
| 教育 | 小城市 | 2.5～3.2 |
| 社会福利 | 小城市 | 0.2～0.4 |

（3）各个配套功能人均建筑面积计算见表2-20。

**各个配套功能人均建筑面积** 表2-20

| 项目 | 城市规模 | 人均建设用地面积（m²） | 功能容积率 | 人均建筑面积（m²） |
| --- | --- | --- | --- | --- |
| 行政办公 | 小城市 | 0.8～1.3 | 1.3 | 1.3 |
| 商业 | 小城市 | 3.2～4.2 | 1 | 3.6 |
| 金融 | 小城市 | 0.1～0.2 | 0.6 | 0.12 |
| 文化娱乐 | 小城市 | 0.8～1.1 | 0.5 | 0.5 |
| 体育 | 小城市 | 0.6～0.9 | 0.5 | 0.4 |
| 医疗卫生 | 小城市 | 0.6～0.7 | 0.6 | 0.39 |
| 教育 | 小城市 | 2.5～3.2 | 0.6 | 1.68 |
| 社会福利 | 小城市 | 0.2～0.4 | 0.7 | 0.21 |

（4）结合主体功能的公共平台配套功能选取见表2-21。

（5）主体功能估算人数见表2-22、表2-23。

公共平台功能

表 2-21

| 服务区段功能 | 行政办公 | 商业 | 金融 | 文化娱乐 | 体育 | 医疗卫生 | 教育 | 社会福利 | 绿化空间 | 观光旅游 |
|---|---|---|---|---|---|---|---|---|---|---|
| 100m 平台 办公 | | 超市、餐饮 | 银行网点 | 书吧、影院、展览 | 乒乓球、羽毛球、健身 | | | | 公共绿地 | |
| 200m 平台 办公 | | 超市、餐饮 | 银行网点 | 书吧、影院、展览 | 乒乓球、羽毛球、健身 | 卫生所 | | | 公共绿地 | |
| 300m 平台 办公、公寓 | | 超市、餐饮 | 银行网点 | 书吧、影院、展览 | 乒乓球、羽毛球、健身、篮球 | | 幼儿园 | | 公共绿地 | |
| 400m 平台 办公、公寓 | | 超市、餐饮 | 银行网点 | 书吧、影院、展览 | 乒乓球、羽毛球、健身、游泳、篮球 | | | | 公共绿地 | |
| 500m 平台 办公、公寓 | | 超市、餐饮 | 银行网点 | 书吧、影院、展览 | 乒乓球、羽毛球、健身、篮球 | 卫生所 | 幼儿园 | | 公共绿地 | |
| 600m 平台 公寓 | | 超市、餐饮 | 银行网点 | 书吧、影院、展览 | 乒乓球、羽毛球、健身、游泳、篮球 | | 小学 | | 公共绿地 | |
| 700m 平台 公寓 | | 超市、餐饮 | 银行网点 | 书吧、影院、展览 | 乒乓球、羽毛球、健身、篮球 | | 幼儿园 | | 公共绿地 | |
| 800m 平台 公寓 | | 超市、餐饮 | 银行网点 | 书吧、影院、展览 | 乒乓球、羽毛球、健身、篮球 | 卫生所 | | | 公共绿地 | |
| 900m 平台 酒店 | | 大堂、餐饮、商务中心 | 银行网点 | | 乒乓球、健身、游泳、高尔夫 | | | | 绿地公园 | |
| 1000m 平台 观光、高档办公 | 观光、高档办公 | 餐饮、商务中心 | 银行网点 | | 乒乓球、羽毛球、健身 | | | | 公共绿地 | 观光 |

主体功能估算人数 表 2-22

| | | 面积（m²） | 使用功能 | 面积（m²） | 人均指标/人 | 使用人数 |
|---|---|---|---|---|---|---|
| 地下 | | 655346 | | | | |
| 0～100m | 公共区 | 0 | 商业 | 418846 | 0.204 | 85445 |
| | 避难区 | 0 | | | | |
| | 功能区 | 418846 | | | | |
| | 总计 | 418846 | | | | |
| 100～200m | 公共区 | 28765 | 办公 | 161360 | 15 | 10757 |
| | 避难区 | 11738 | | | | |
| | 功能区 | 161360 | | | | |
| | 总计 | 201863 | | | | |
| 200～300m | 公共区 | 26737 | 办公 | 151504 | 15 | 10100 |
| | 避难区 | 11121 | | | | |
| | 功能区 | 151504 | | | | |
| | 总计 | 189362 | | | | |
| 300～400m | 公共区 | 24871 | 办公 | 47525.33 | 15 | 3168 |
| | 避难区 | 11049 | | | | |
| | 功能区 | 142576 | 公寓 | 95050.67 | 25 | 3802 |
| | 总计 | 178496 | | | | |
| 400～500m | 公共区 | 25834 | 办公 | 46613.33 | 15 | 3108 |
| | 避难区 | 10750 | | | | |
| | 功能区 | 139840 | 公寓 | 93226.67 | 25 | 3729 |
| | 总计 | 176424 | | | | |
| 500～600m | 公共区 | 25116 | 办公 | 45696 | 15 | 3046 |
| | 避难区 | 10451 | | | | |
| | 功能区 | 137088 | 公寓 | 91392 | 25 | 3656 |
| | 总计 | 172655 | | | | |
| 600～700m | 公共区 | 23554 | 公寓 | 124656 | 25 | 4986 |
| | 避难区 | 9928 | | | | |
| | 功能区 | 124656 | | | | |
| | 总计 | 158138 | | | | |
| 700～800m | 公共区 | 18960 | 公寓 | 113328 | 25 | 4533 |
| | 避难区 | 8684 | | | | |
| | 功能区 | 113328 | | | | |
| | 总计 | 140972 | | | | |
| 800～900m | 公共区 | 21833 | 公寓 | 101472 | 25 | 4059 |
| | 避难区 | 7790 | | | | |
| | 功能区 | 101472 | | | | |
| | 总计 | 131095 | | | | |

续表

| | | 面积（m²） | 使用功能 | 面积（m²） | 人均指标／人 | 使用人数 |
|---|---|---|---|---|---|---|
| 900～1000m | 公共区 | 20642 | 五星酒店 | 53564 | 80 | 670 |
| | 避难区 | 7343 | | | | |
| | 功能区 | 80346 | 六星酒店 | 26782 | 125 | 214 |
| | 总计 | 108331 | | | | |
| 1000m | 公共区 | 23228 | 高档办公 | 23228 | 30 | 774 |
| | 避难区 | 0 | | | | |
| | 功能区 | 25504 | | | | |
| | 总计 | 48732 | | | | |

人数统计　　　　　　　　　　　　　　　　　　表 2-23

| 功能 | 计算人数 |
|---|---|
| 酒店 | 1769 |
| 公寓 | 24768 |
| 办公 | 30957 |
| 其他 | 85280 |
| 共计 | 142773 |

（6）公共平台配套建议面积见表2-24。

公共平台配套建议面积　　　　　　　　　　　表 2-24

| | 服务区段人数（人） | 行政办公 m² | 商业 m² | 金融 m² | 文化娱乐 m² | 体育 m² | 医疗卫生 m² | 教育 m² | 社会福利 m² | 绿化空间 m² | 观光旅游 m² |
|---|---|---|---|---|---|---|---|---|---|---|---|
| 人均用地面积 | | 1 | 3.6 | 0.15 | 0.9 | 0.75 | 0.65 | 2.85 | 0.3 | | |
| 100m 平台 | 10800 | | 38880 | 1620 | 9720 | 8100 | | | | 方案设计 | |
| 200m 平台 | 10100 | | 36360 | 1515 | 9090 | 7575 | 13585 | | | 方案设计 | |
| 300m 平台 | 7000 | | 25200 | 1050 | 6300 | 5250 | | | | 方案设计 | |
| 400m 平台 | 6900 | | 24840 | 1035 | 6210 | 5175 | | | | 方案设计 | |
| 500m 平台 | 6700 | | 24120 | 1005 | 6030 | 5025 | 13390 | | | 方案设计 | |
| 600m 平台 | 5000 | | 18000 | 750 | 4500 | 3750 | | | | 方案设计 | |
| 700m 平台 | 4600 | | 16560 | 690 | 4140 | 3450 | | 70965 | | 方案设计 | |
| 800m 平台 | 4100 | | 14760 | 615 | 3690 | 3075 | 8905 | | | 方案设计 | |
| 900m 平台 | 900 | | 3240 | 135 | | 675 | | | | 方案设计 | |
| 1000m 平台 | 2300 | | 8280 | 345 | | 600 | | | | 方案设计 | 15000 |

## 2.5.2　千米级摩天大楼功能类型选择

1. 不适合单一性功能

单一性功能超高层，是以一种功能联合其他相关功能组合，或者把服务于同种职能的多种功能集中于一体。例如超高层公寓、超高层住宅、超高层办公、超高层酒店等。单一性功能高层建筑依赖与城市区域功能特点，建筑面积受各方面因素的影响，往往面积有一定的限值。整个社会在向多元化、信息化方向发展的同时，人类的生活方式也趋于快节奏、丰富和复杂化。建筑的功能需要也由单一的静态封闭状况,演变为多功能组合、多层的系统。

千米级摩天大楼建筑高度非常高、建筑面积非常大,单一功能系统不再合适,而复合型功能的多样性,更适合千米级摩天大楼建筑超大建筑面积的合理利用。

2. 复合型功能的选择

复合型功能的千米级摩天大楼建筑可以是两种功能的复合,也可以是三种及以上功能的复合。

通过前面资料案例的统计,未来的千米级摩天大楼建筑主要功能包括:商业、酒店、公寓、普通办公、精品办公以及地下停车等功能。复合功能的种类选择,不仅取决于千米级摩天大楼建筑功能多元化发展的趋势,同时取决于千米级摩天大楼建筑的面积规模。面积规模超大的千米级摩天大楼建筑,一般功能种类很多(图2-42、图2-43)。复合型功能千米级摩天大楼建筑,还需要考虑单个功能的规模大小,对城市以及建筑本身所产生的负荷影响。

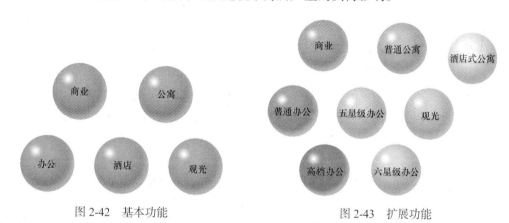

图 2-42　基本功能　　　　　　　　　图 2-43　扩展功能

千米级摩天大楼建筑,地上建筑面积规模巨大。复合型功能选择多种,从结构上符合多元化、信息化的功能系统体系,从规模上符合各自功能的合理经营特征,适应性更强。

千米级摩天大楼地上部分主要功能选择,应该包含300m以上超高层建筑中的所有适宜性功能。复合型功能由商业、酒店、公寓、办公、观光五种主体功能组成,从功能细分上又扩充为商业、五星级酒店、六星级酒店、酒店式公寓、普通公寓、精品办公、普通办公、观光八种功能类型。

## 2.5.3　功能位置定位

1. 功能位置特性

应该首先从功能特性的角度出发,确定对建筑位置有明确要求的功能。

商业模式分为两种,一种是对外经营的商业,一种是依附于其他功能(比如酒店餐饮)的商业(图2-44)。对外型商业考虑人流、使用、商业宣传等特点,布置在千米级摩天大楼建筑的地上部分的最低位置,部分商业(比如沃尔玛超市等)延伸至地下一层。依附性商业根据依附功能类型及商业特点,布置在其功能适宜的楼层。

观光功能多位于建筑的顶部位置,视野开阔,位于城市制高点,对城市景观一览无余。

2. 从景观角度考虑

不同的建筑功能相对景观的需求度不同。比如办公功能跟酒店功能相比,虽然办公拥有好的景观可以提升办公的品质,但是好的景观对酒店的影响更大(图2-45)。好的开阔的景观位置,可以增加酒店旅客的入住率,而且往往酒店的位置越高、景观朝向越好,价位越贵。一般来说,越偏于休闲的功能，越需要好的景观，正如苏轼在《端午遍游诸寺得禅字》所言："忽登最高塔，眼界穷大千。"

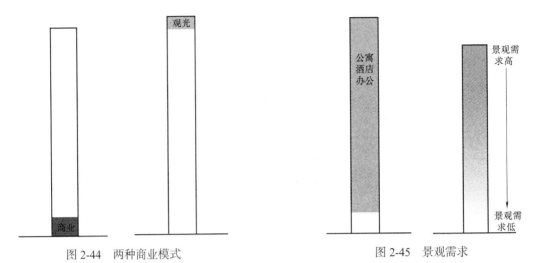

图 2-44　两种商业模式　　　　　　　　　图 2-45　景观需求

随着社会需求的发展，相同的功能也有不同的发展。前面对于 300m 以上的超高层研究中发现，除了普通办公，现在衍生出高档办公的功能。相对普通办公，高档办公人员密度更小，品质更高，对环境品质的需求自然也就更高。

3. 功能位置

结合不同功能的特性、景观因素以及交通因素综合考虑。酒店、高档办公、观光功能适合布置于千米级摩天大楼建筑的高区；普通公寓、酒店式公寓适合布置于千米级摩天大楼建筑的中高区；普通办公位于千米级摩天大楼建筑的中低区；商业适合布置于千米级摩天大楼建筑的最底部（图 2-46）。

图 2-46　功能位置

# 3 千米级摩天大楼建筑形式研究

## 3.1 千米级摩天大楼建筑的平面形式

### 3.1.1 超高层建筑常见的平面形式

超高层及高层建筑和一般建筑物比较的话，存在着垂直荷载、地震影响与平时以及暴风时的水平荷载与一般的建筑物相比都比较大的特点，同时超高层建筑的功能相对于普通高层，要比较复杂。标准层的面积要比普通高层以及一般建筑物高大。通过对国内外的相关案例的整理与分析，超高层建筑常见的平面形式可分为单塔式、多翼式、多塔组合等几种形式。

单塔式的平面形式较为常见，国内外建成的实际项目工程中，以单塔的平面形式居多。核心筒位于平面的中心位置，使用功能位于主体的外围。

国内的实际案例如上海中心大厦，其平面的主体是一个圆形的单塔形式，在其外围，布置有三个边厅。天津 117 大厦，平面的形式是一个方形的单塔形式。上海环球金融中心的平面底部为方形，到顶部逐渐变为六边形。

1. 上海中心大厦

地点：上海陆家嘴地区，建成年份：2014 年，用地面积：30368m²，容积率：18.9，建筑面积：574058m²，建筑高度：632m，建筑层数：地下 5 层，地上 124 层塔楼和 7 层裙房，功能构成：商业，娱乐，会议，办公，酒店。见图 3-1。

2. 天津 117 大厦（天津高银 CBD）

地点：天津高新区软件及务外包基地综合配套区 - 中央商务区一期

建成年份：2014 年，容积率：3.44，建筑面积：369000m²，建筑密度：35.77%（总建筑密度），建筑高度：596.7m。见图 3-2。

3. 上海环球金融中心

地点：上海陆家嘴金融贸易区，建成年份：2008 年，用地面积：30000m²，容积率：3.44，建筑面积：381600m²，建筑密度：48%，建筑高度：492m，建筑层高：2.8m（写字楼标准层），建筑层数：地上 101 层，地下 3 层，平面类型：方形渐变成六边形。见图 3-3。

多翼式的平面形式是在中心的主体基础上向外部伸出多个翼缘，常见的形式主要有三角形、五角形。常见于高度较高，标准层平面比较大，功能比较复杂的建筑项目中，多翼的布局，由于有多个翼缘向外部伸展出去，每个翼缘均能有较好的采光和通风，这样的平面形式，有利于相关功能的组织。建成的案例有哈利法塔、武汉绿地中心。

1. 哈利法塔

地点：阿拉伯联合酋长国迪拜，建成年份：2010 年 1 月 4 日竣工启用，建筑面积：454249m²，建筑高度：828m。见图 3-4。

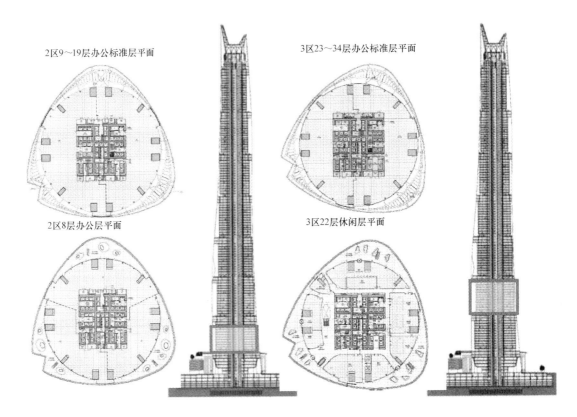

图 3-1　上海中心平面形式及剖面形式

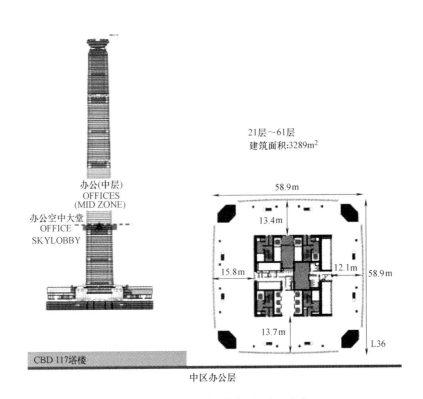

图 3-2　天津 117 大厦剖面与平面形式

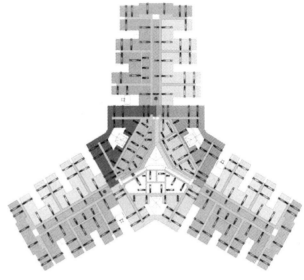

图 3-3　上海环球金融中心平面图　　　　　　图 3-4　哈利法塔平面图

2. 武汉绿地中心

地点：武汉市，建成年份：2017 年，建筑面积：32.14 万 m²，建筑高度：636m，建筑层数：地下 6 层（包括 1 个夹层），地上 125 层，平面类型：三瓣形。见图 3-5。

多塔组合的平面形式相对于多翼式的平面形式，是将各个翼缘分开成单独的塔楼进行布置，各个塔之间可以考虑进行连接或不进行连接。

实际的案例如迪拜 1 号。

迪拜 1 号，建设地点：迪拜朱梅拉公园，建筑高度：1000m，见图 3-6。

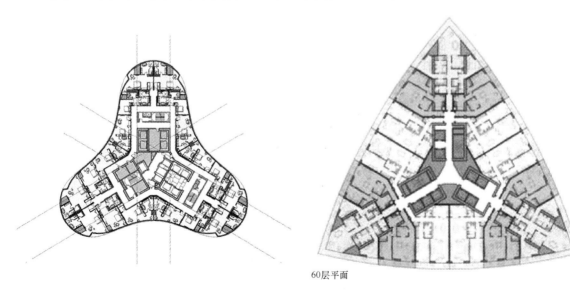

60层平面

图 3-5　武汉绿地中心平面图　　　　　　图 3-6　迪拜 1 号平面图

## 3.1.2　千米级摩天大楼建筑平面形式的影响因素

1. 功能对平面形式的影响

千米级摩天大楼建筑的功能组成对平面形式产生一定的影响，千米级摩天大楼建筑的功能比较复杂，标准层平面面积相对于普通的超高层建筑的标准层要大很多。标准层面积过大，就带来了功能使用上的问题、采光通风的问题。所以千米级摩天大楼建筑的平面形式由传统意义上的单塔，逐渐转变为多翼和多塔组合的平面形式，这样的平面形式拥有更多的对外界面，有利于功能的使用和组织。

2. 建筑造型对平面形式的影响

千米级摩天大楼建筑的建筑造型是对平面形式的另外一个影响因素，千米级摩天大楼建筑由于其高度，决定其建成之后即为地标性建筑，所以超高层建筑的造型形式多变，结合建筑造型的收分变化，不同高度处的平面形式多为不同。如上海环球金融中心的底部平面形式为正方形平面形式，由于其特殊的建筑造型，顶部的平面形式也逐渐变为六边形平面形式。

3. 结构对平面形式的影响

千米级摩天大楼建筑的结构形式也是平面形式的另外一个影响因素，千米级摩天大楼建筑由于其高度的影响，所采用的结构形式也不同于普通的超高层建筑，所以结构形式也对建筑的平面形式有一种特殊的影响。

### 3.1.3 千米级摩天大楼建筑平面形式的选择

对千米级摩天大楼建筑的平面形式，进行了三种形式的研究，方案一为单塔的平面形式。见图3-7。

方案二的平面形式为前面归纳的多翼的平面形式。由于千米级摩天大楼建筑的标准层面积较大，每层的功能房间需要采光通风，在设计中采用多翼缘的平面布置形式。见图3-8。

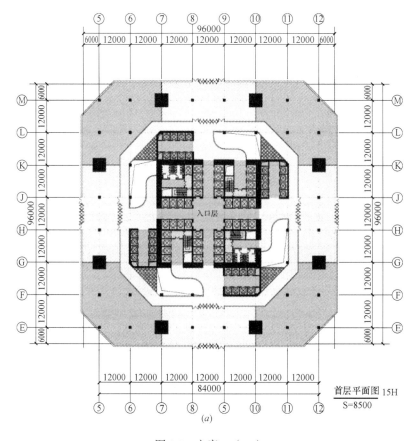

图3-7  方案一（一）

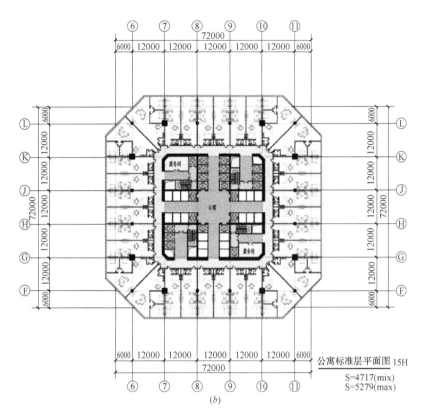

图 3-7 方案一（二）

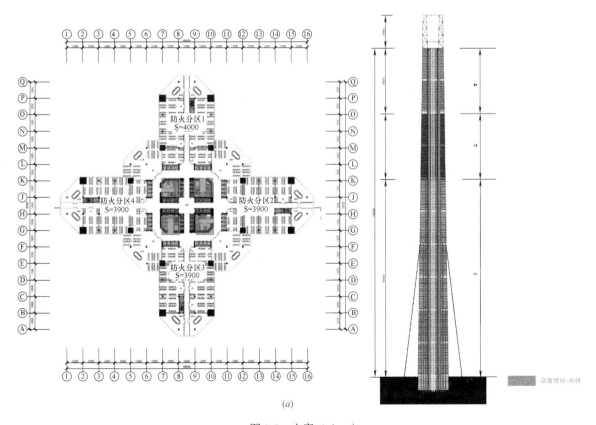

图 3-8 方案二（一）

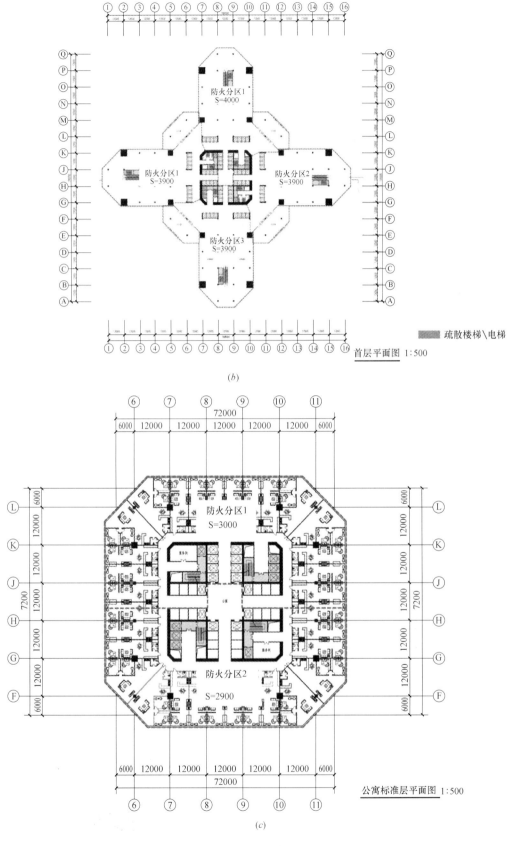

首层平面图 1:500

(b)

公寓标准层平面图 1:500

(c)

图 3-8　方案二（二）

62

千米级摩天大楼建筑的方案三的平面形式为多塔组合的形式，主体分为三个塔楼，中间为交通核心筒，四个筒体通过每隔百米设置的平台进行连接。各部分功能相对独立。见图3-9。

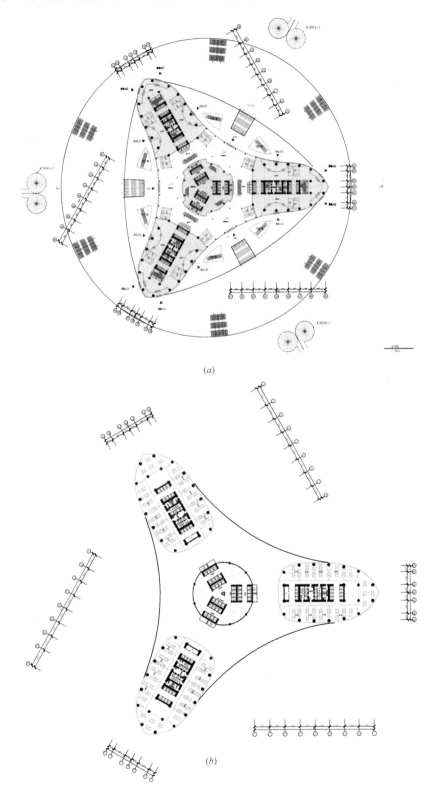

(a)

(b)

图3-9 方案三

## 3.2 千米级摩天大楼建筑形式对城市的影响

### 3.2.1 文化性与标志性

文化性：文化本身只是一个抽象的概念，而城市空间只是具体化的客观存在，它不可避免地充当了文化的载体，使文化具有形象性与可视性。在目前"文化趋同"的浪潮中，城市正逐步失去它固有的历史痕迹和文化底蕴。千米级摩天大楼建筑标志性的创作在继承文化遗产的同时，与现代属性共融共生，将完善城市文化的可持续性发展。

文化对环境取向有很大差异，造成差异的因素很多，比如环境自身特征、宗教和社会价值观以及社会体制下的现状等。人们对环境的态度不是固定不变的，绝不能忽略"存在"的社会文化环境状况，需要在社会文化诸多因素作用下选择信息、概括信息。在文化信息量不断扩大，超高层建筑大量兴建的同一过程中，高层建筑标志性反映出的文化差异是其个性表达的关键原动力，它也将是城市文化最直接的传播者。

标志性：千米级摩天大楼建筑标志性本身也要依据重要程度在层次上予以区分，使城市在空间表象上富有层次，形成一定的等级划分。有了层次和等级才能使整个城市的空间和景观，既有秩序又富于变化。由于其等级不同，辐射范围和空间控制区域则不同。与之相匹配的城市空间也就不同。

### 3.2.2 导向性与层次性

导向性：超高层建筑标志性代表着一种空间的标识与象征，它对人的行为路线具有很强的引导作用。"地上标志在观察者的眼中。认为是外向的参考点。有实在的物体，简单而尺度上的变化很大。似乎对某一个城市比较熟悉的人，愈来愈依赖地上标志作为向导，来共享其独特、专一的特色。"我们把城市引喻成为一个网络，把系统内各个交叉相关的组成部分作为一个整体加以描述，共同配合，组成网络中的诸要素，把关注点放在不同的网络终端，使整个网络显示出内在的关联性，形成有机的整体。超高层建筑标志性所要承担的就是各个网络终端的支点与构架，对城市个性化的建构提供有力的支持。

层次性：具有标志性的建筑作为城市表象的重要载体，具有很多非纯粹功能的因素。"展示"是这类建筑的重要方面，对城市总体空间和城市性格的形象化考虑，大于对其本身内部功能的关注。它的表达性、象征性和统领性是尤为重要的。显然，它不是填塞城市的普通建筑，而是城市塑形的关键构件，是城市空间和景观的主导。高层建筑标志性是隶属于其中的一种重要的形式，在这些标志性中，根据文化、位置等多方面因素对标志性的层次进行划分，从纵向深度刻画城市的内涵和外放其固有的文化张力。

### 3.2.3 城市天际线

现代城市中，超高层建筑在高度上的优势使其对天际线节奏变化的影响愈来愈大。随着城市建设速度的加快，旧有的天际轮廓已经逐渐改变，超高层建筑的融入使新的城市天际线逐步形成。而在地标建筑形成过程中，相近的体量、相似的风格使城市天际线显得缺乏层次，重点不突出，有待于在超高层建筑标志性的建构中加以改进，使天际轮廓线显得活跃、富于变化，也使城市的文化风格特征具备鲜明的个性。

## 3.3 千米级摩天大楼建筑造型设计考虑的因素

### 3.3.1 环境因素

超高层建筑造型设计需要考虑两个方面环境因素——城市人文环境和城市物理环境。

一个城市的人文环境由许多因素综合形成，超高层建筑作为物质载体能够反映出城市的文化内涵和社会文化心理，其实现途径包括外部形象的文化表达、空间组织的内涵彰显、技术与情感的动态平衡以及城市文脉的开拓创新。借助超高层建筑的庞大体量，城市的文化内涵被成倍放大，并传递到城市各个角落，而那些经久不衰的建筑也必然是在文化表达上最大限度地获得大众认可的建筑。

城市物理环境是城市文化环境的基础保障，高尚的人文环境离不开舒适的物理环境。超高层建筑的建设通常会使城市的基础设施水平、局部区域的城市交通网络和市政工程质量得到改善，但却很难避免对城市自然环境的负面影响，因此在普遍追求绿色建筑的今天，超高层建筑的生态化设计受到前所未有的重视，减少其对自然环境的影响是每个建筑师都应肩负的责任。

### 3.3.2 场地因素

场地条件对大厦的设计也有着很重要的影响。在 SOM 结构设计总监马克·萨克逊的《思考摩天大楼：结构即建筑》（"Considering The Tower: Structure as type Architecture"）一书中，他列举了大厦设计时主要的场地条件考虑因素，如风、地震和岩土工程技术等。所有这些场地条件要么是规范定义的，要么是从具体场地条件中衍生的，它们都要被全面地分析模仿以便得出最佳的预期效果。马克指出："200m 或是更高的结构，即使是钢筋混凝土结构（比钢结构重）和位于地震敏感带的建筑结构通常都是由风的作用控制的，而不是由地震控制。这并没有降低对结构延性、构造和冗余度的要求，但却意味着结构会有超过 5s 时间的基本周期，相对于短周期的低矮结构，它受到的地震力更大。较差的土地条件、近断层效果和潜在地震都是要考虑的因素，它们可能会改变主导行为。"

不管是作为总体规划的一部分还是作为一个单独的开发项目，场地范围都在超高层项目中扮演重要的角色。它们将如此高的密集度集中到一个单一的场地内，所以对它们与城市的融合要加以细致分析。

超高层建筑会给局部区域带来"热岛效应"、日照遮挡等环境问题。智能化管理和经济问题也很突出，并且给其所在地区的交通、市政基础设施等带来显著压力。对这些大规模项目的环境影响进行分析有着重要作用。例如一个新项目对于已有道路系统的影响，或是对基础服务设施的影响就很重要，如能源、卫生或电信线路等。就城市范围来说，这些项目的成功与否不仅仅是由它们与城市肌理的融合来决定的，还要看它们是不是能成为城市未来发展的催化剂。

国内外大都市的超高层建筑一般在城市主要功能区内集中建设，尤其是中央商务区、城市新区内，该地区往往也是城市主要公共活动中心，拥有相对完善的交通及市政等基础设施支持，尤其是以轨道交通为代表的大容量公共交通网络较为完善。区域周边有大片开敞空间可以作为高强度建设的缓冲区或实现容积率的空间转移，同时有利于塑造城市轮廓线、天际线的区域，如海岸线、江河岸线等。

超高层建筑的选址，首先应优先选择以商务功能为主的重要功能区、商务、商业专业聚集区、与商务有关的特色街区、地区公共服务中心及有可能布局超高层建筑的重要待发展区域进行布局。尤其要结合中央商务区、金融街等高端产业功能区进行优先选址。其次应考虑可能的建设机会区域及需要新增地标区域。

### 3.3.3 功能因素

在单一建筑内大面积楼层面积的聚集将创造绝佳的机会。就摩天大楼的面积而言，可以说它是一个垂直的城市。从项目角度看，超高层建筑分为两种：单一功能的大楼，30% 的楼层面积用作单一功能；综合利用大楼，包含两种或多种功能。

大多数单一功能的超高层建筑都是办公楼。例如作为超高层建筑典范的芝加哥西尔斯大厦是一个 416000m$^2$ 的办公楼，为 16500 人提供日常服务。造成大多数单一功能的建筑都是办公楼的另一个原因是建筑结构和空间规划。楼越高，基底就越宽，于是就有了较大的楼层面积。例如世界贸易中心大厦的每个标准层面积都超过 3500m$^2$。这个面积的楼层比较适用于办公，而不适合住宅。进深过大的空间不利于自然采光和通风，因此也就不适合用于住宅功能。

约翰·汉考克大厦是最早的综合利用大厦之一。它将商业、停车、办公、设施、住宅、观景台和餐厅融入到一座体量当中。人们甚至工作和居住都可以不离开大楼。综合利用的概念是为了将大厦所提供的巨大面积打破成微小的项目元素，从而变得更具商业价值。实际上，这些综合性建筑就像多个建筑的堆砌。另外，综合性利用的塔楼给建筑师带来独特的设计挑战。它需要创新的解决方式，以实现高效的结构，在垂直结构内满足不同项目元素的需求，例如金茂大厦。

一个位于低层的 A 级办公大楼，提供高效的现代化办公空间，随着它慢慢上升则转变为顶部的一个酒店，这时一个中庭就替代了办公塔楼的核心筒，创造出一个五星级酒店。这是一个缓慢优雅的变化，它从大面积平面转为小面积平面。结构层尺度的转变是非常正常的，同时结构系统也会随着功能的转变而发生变化。一般情况下，大厦内部会有一个转换层，为结构的转化提供空间，同时也可以充当服务性空间。

纽约的时代华纳中心容纳众多不同的功能，这个位于哥伦比亚圈占据中央公园西南角的 260000m$^2$ 的大楼包括一个平台和两个塔楼。项目包含有高级商业购物区、健身俱乐部、食品超市、米其林星级餐厅，带有大礼堂和一个独立表演空间的爵士中心、涵盖广播工作室的时代华纳中心总部、其他公司总部、五星级文华东方酒店和高级公寓等难以尽数的功能。可以说，时代华纳中心是垂直城市的经典之作。

摩天大楼是机器，它们需要运转。效率参数在设计和考核摩天大楼时至关重要。效率适用于不同的领域，关于效率的讨论必须要清楚被考核的参数。例如在高层住宅里，追踪可销售公寓面积所占标准层楼层面积的比例是一种检测楼层平面是否合理分布的有效方法。另外，办公楼的效率一般是由各个功能区所占楼层净面积的比例来衡量的。办公建筑的分区包括几个核心的功能，如盥洗室、电梯大厅、当地为楼层服务的 MEP 空间，但不包括所有的机械、垂直交通和出口楼梯系统。这个衡量方法是在检测楼层的表现能力，是相对于一个单层办公空间来说的。理论上讲这种单层办公空间具有 100% 的工作效率，但是使用者可能想知道可计划区内的使用率（这里是指覆盖地毯的区域在总面积中占到的比例），而这个数据会生成不同的效率比率。可租用空间的利用率会因为具体城市的出租行为和测量传统不同发生重大改变，所以任何关于可租用空间利用率的讨论都要事先声明测量和评价手段。纽约房地产委员会（REBNY）为此定义了可租用空间利用率的衡量方法，以期为测量纽约的建筑提供合理参考，但这并不适用于有着不同出租情况的其他城市。

### 3.3.4　消防安全因素

消防安全因素也是千米级摩天大楼的建筑造型的影响因素。千米级超高层建筑的消防疏散问题，不同于普通超高层、高层建筑的疏散。人不可能从一千米的高度，直接疏散到地面。需要结合建筑造型，在建筑的适当位置形成可以用于安全疏散的室外空间。

### 3.3.5　人居环境因素

人居环境因素是影响千米级摩天大楼建筑造型的又一因素。千米级摩天大楼建筑作为一个垂直的城市空间，应该考虑营造宜居的人居环境和人与自然接触的机会。这就需要在建筑的某些部位设置可供人休息的平台和室外空间，这些空间可以结合建筑的整体造型进行统一的考虑。

### 3.3.6　其他因素

（1）文化因素

随着摩天大楼的建造离开自己的出生地，其新的发展方向也在新的环境里不断诞生。上海的金茂大厦（1999 年完工）就是在中国文化下促成的产物。它阶梯状层层攀升的形式反映了中国传统的宝塔形象，与亚洲文化中的塔类建筑非常相似。

这一形式与摩天大楼初期的形式相差无几，那时设计师是参考哥特时期大教堂的垂直性来定义这种新兴建筑形式的。

（2）地域性因素

位于吉达的国家商业银行（1984 年完工）可能是世界上最独特的建筑之一了。从外面看，建筑浑然一体，外表是大块的石灰石。三角形巨型主体上唯一的开口是那些显露漂浮花园的多层窗户。"V"字形的办公楼层面向这些花园，避开了阳光的剧烈照射。这座大楼在可持续方面起到了先锋作用，具体表现在对严酷的沙漠气候的整体应对策略。此外，建筑通过整体的形式反映出中东地区的院落结构，同时细节和空间的样式呼应着伊斯兰文化中的几何特性。

## 3.4　千米级摩天大楼建筑形体设计

突出、强调建筑物的竖向线条是当代建筑师常采用的手法，它能使建筑物产生一种飘逸而上的感觉，常常使人联想到勃勃的生机和气息。简单的竖向线条排列的建筑方面并不困难，但是，与环境结合是建筑外观处理上常遇到的主要问题。这就依靠建筑师根据建筑物所处具体位置、建筑背景等方面进行综合考虑。

突出平整外形的设计造型较多体现在办公、宾馆建筑，在繁华喧杂的建筑群中，运用平面整体性为主立面，在平整外形的基础上再追求某些线条、门窗的变化，使建筑物脱颖而出，给人一种清朗、简朴的造型，表达一种大度、高尚的意境。反而有些办公建筑采用复杂、多变的主立面会带给人们一种繁琐、心烦的感觉和视觉效果。

棱柱形建筑多用于高层和超高层设计，通常是表皮统一整体的清新、高耸平顶的棱柱形。棱柱形建筑有许多种，有的在棱柱形的外部作游戏线型现代风格处理，形成柔和的味道，有的则在复杂的实体外表增加浅浅的锯齿形式。

中国香港中银大厦是一种组合的棱柱形建筑。其构成因素是三棱柱，著名华人建筑大师贝聿铭从中国古代哲学中寻求灵感，从民间谚语"芝麻开花节节高"中得到启发，使建筑体现了某种隐喻，表达了人们追求步步高的美好愿望。

## 3.4.1 建筑的几何造型及组合

### 1. 统一的整体

超高层建筑的造型往往并非是单一的简单集合性，而是由多种体量共同组成的复杂形体或群体。美国艺术心理学家鲁道夫·阿恩海姆认为在任何情况下都应该把握住事物的整体和统一性，如果不能做到这一点，就谈不上创造或者欣赏。这体现在超高层建筑上即为应该进行整体形象构思，而不是过分地突出某一造型元素。同时他还认为整体并不是由各部分的相加而得到的。也就是说超高层建筑在设计里面构图中除了考虑开窗、遮阳、屋顶等功能要求之外，也要考虑创造出一种协调的整体效果。建筑形体设计的目的就是要解决这种整体和细节的关系，从整体出发来构思细部，同时通过细部的不断变化，把各个部分有机地组合在一起。超高层建筑在设计的开始，就应该要有这种统一与整体的意识，使得细节与整体能够相互呼应。

图 3-10　西格拉姆大厦

### 2. 简化的形式

密斯·凡·德·罗曾经提出"少即是多"的设计原则，他用玻璃和钢这种新建筑材料开拓了新一代超高层建筑的造型风格——简洁、明快，又充分体现新技术。他所做的纽约西格拉姆大厦便是这方面的代表，全部玻璃幕墙板式超高层建筑的新手法，在当时成为风行的样板（图 3-10）。竖立的长方体，简洁精致，整齐划一和垂直向上的气势，很好地体现了其"少即是多"的主张。形式的简化并不是简单，超高层建筑设计中的简化，是建筑师运用尽可能少的结构特征把丰富的内容和多样化的形式组成一个有序整体的过程，是用少量的建筑造型元素表达丰富的建筑内涵。

由于超高层建筑其特殊的尺度和形体特征，使得超高层建筑外形设计通常会用不同的尺度在不同的位置进行不同的造型，以设计更好的建筑造型。许多优秀的超高层建筑其实在各位置中间没有明显的界限，上下贯穿塑造完整的形象。同时，在超高层建筑的创作中，注意立面和细部的处理，才能对超高层建筑形体有更完善的表达。

超高层建筑在外观上多呈现出几何或多种几何体组合的形式，如同前面提到的以密斯为代表的板式超高层建筑的模式，在这一类型的建筑形式设计过程中，其平、立、剖面图也是以某些集合形体表现出来。但是无论是三维的几何体还是二维的几何图形，通常都不会给人带来具体的联想。

早在古罗马时期维特鲁威的《建筑十书》中就对建筑形体的几何美有了认识，后来建筑师们又热衷于把几何和数字关系运用到建筑形式中，如正方形、三角形、黄金分割比例等。以埃及的金字塔为例，这一三角锥形，一方面是一个完整的几何形体，具有雕塑的特质；另一方面，它的墓室功能，也赋予了三角锥这一空间意义，便成为建筑。它的形式非常的单纯，但却极富有纪念性。

密斯设计的纽约西格拉姆大厦、芝加哥湖滨公寓等，线条精致而纤细，表现了几何精确的美感，同时各几何形体的相互链接也表现了准确性和丰富性。法国德方斯无止境大厦、贝聿铭设计的美国新国家美术馆、东京的新千年大厦等，也都表达了现代主义的简约美学概念，即是利用简单纯粹的几何形体，赋予建筑物几何比例规则的理性美。

3. 主体形式的多样性

21 世纪以来，超高层建筑设计的日新月异给城市建设中的景观带来了极大的影响，巨大的体量占据着城市的上部空间，具有很强的存在感。在超高层建筑发展的过程中，由于技术、材料、设计手法等的局限，"板式"和"塔式"的摩天大楼曾经一度占据了一个时代，外部环境的相似，使人们很容易迷失在这些钢筋混凝土的世界中。随着社会的进步、技术的发展以及新的结构形式的出现，人们对于超高层建筑形式创造的重心开始有了逐步的转移：造型的独特性以及具有地标感的辨识度，成为建筑设计师们在满足了其功能和结构条件后所考虑的超高层建筑造型设计的第一要素。因为独特的造型形体和高层建筑形象更容易在同一环境下脱颖而出，造成与环境背景的分离，同时具有一定的主题性，诱导人们从建筑的外显（Appearance）识别建筑的内涵。对超高层建筑主题性的追求，不但要对高层建筑的体量、材料、色彩等造型形式要素进行处理，使其能够更加容易被辨识和理解；同时还需要创造富有表现力的建筑轮廓，使得建筑本体与周围背景的分界线变得清晰。

## 3.4.2　超高层建筑的细部处理

在当今的超高层建筑创作中，已不单纯是理性主义统治之下的一种纯粹而简洁的美学。密斯的"少即是多"曾经统帅一时，路斯的名言"装饰即罪恶"也让现代主义建筑师们挥之不去，白色派代表人物迈耶亦是用纯粹的手法去表现建筑。然而这些并不能抑制细部处理在建筑中所发挥的重要作用。

在 KPF 的作品中，精妙绝伦的细部处理比比皆是，对超高层建筑的发展起到了巨大的影响与推动作用。我们不应该只看到某一细部的本身，却忽略了细部与尺度、建筑整体的关联性。在建筑师的术语中，"尺度"是一个十分重要的名词，它是指装饰或小件与大件之间的关系，它带给人们的是直接的视觉冲击，而细部的形式与大小正是影响建筑尺度的关键所在。在一篇"关于建筑的细部"的文章中提出："细部的问题在于建筑整体与局部之间的本质关系……细部的重要性在于细部是建筑作品本身与建筑所要表达的含义之间的关联部分。"由此可见，细部既体现着秩序，又反映出审美意识。

精彩准确的细部处理会使建筑的尺度与比例合理，同时又提高了建筑的品味。金茂大厦层次丰富的外观及顶部的细部刻划，使人联想到黄浦江的波浪，滚滚向前。阶梯状造型以逐渐加快的节奏向上伸展，直到高耸的塔尖，尺度的变化增加了建筑的高度感。这些标志性的细部处理都源于人们对建筑尺度的认同。

## 3.4.3　屋顶顶部的造型

超高层建筑的各部位中，顶冠部分的标志性处理对天际线的影响尤为显著。美国的凯文·林奇曾提到:"与其说是超高层建筑构成城市天际线的变化,不如说是超高层建筑的顶冠形式使之具有鲜明的特征和较强的可识别性。这一标志特征同时也是超高层建筑标志性的重要组成部分。"

超高层建筑的顶冠是其特有的重要部分,它是人们视线集聚的焦点,是建筑性质的标志和建筑师追求的外化艺术象征。它的造型将影响到高层建筑的轮廓及城市天际线。丰富而别具匠心的顶冠造型是超高层建筑标志性塑造最便捷的途径。在表达意义方面,超高层建筑的顶冠具有比较独立的个性,但它毕竟是建筑主体的终结点,有必要与主体形成呼应。深圳地王大厦的双圆柱顶冠是主体部分的延续;伯吉事务所与约翰逊设计的 44 层匹兹堡平板公司大厦,采用新哥特式建筑形式,在顶端做了大小高低不同的四种样式的 32 个棱锥体尖顶以突出其标志性;KPF 事务所将具有现代艺术风格的构架融在顶部设计中。其顶冠处理极具时代感,好似要冲破天际,表现出该城市文化个性的巨大张力,有一种强烈的纵向心理暗示。富有特色的顶冠处理也可以成为城市文化的"代言人",例如南京邮政大楼,位于鼓楼广场。附近有 600 多年历史的明代鼓楼。为了与鼓楼对话,设计者在顶冠部分采用四坡顶及象征鼓楼门的红色构件,延续文脉,通过建筑布局这种空间语言来融汇城市的古今风采,体现了地域特色,形成了鼓楼广场新的标志。

# 4 千米级摩天大楼建筑消防体系研究

## 4.1 超高层建筑灾害实例

（1）1931年美国纽约建成了号称102层、高381m的帝国大厦（图4-1）。

1）在1945年7月28日早晨，烟雨渺渺，有五百多个小时飞行经验的美国空军中校史密斯驾驶1架B-25轰炸机从波士顿飞向纽沃克机场。飞机在浓雾中以360km/h的速度一头撞上帝国大厦79层，在墙壁上撞出一个大洞，两个发动机被撞出来，机头和油箱钻进电梯竖井引起大火。这次火灾造成19人死亡，包括79层在内的6个楼层分别遭受不同程度的破坏。

2）1990年7月16日18：30，帝国大厦51层的5105号套房再次发生火灾，热气流和烟雾迅速扩散到楼梯间和楼道里，给灭火和疏散带来了麻烦。幸亏楼内消防设备比较完善、消防供水充足，加上直升机的增援才扑灭了火灾。

3）1995年11月22日20：30，帝国大厦因电力变压器爆炸再次引起火灾，消防队到场后经3小时努力才控制住火灾。在这次火灾中有22人受伤。

图4-1　纽约帝国大厦

（2）1973年，世界贸易中心建成，它坐落在纽约曼哈顿区。世界贸易中心由2幢并立的110层摩天塔楼组成。这对高达412 m的孪生姐妹诞生于1972年和1973年，是当时世界上层数量多的建筑物。每天有6万余人在此上班，有九万余人来此参观游览。大楼每天的人流吞吐量达28万人次。

1）1975年2月14日，该楼的北楼11层发生火灾，3h后控制住火势，直接经济损失约100万美元。次年为改善消防系统，耗资达1400万美元。

2）1993年2月26日，恐怖分子在其地下车库制造爆炸，致6人死亡、1024人受伤，约200辆汽车被严重破坏并引起大火，15万人争相逃离。约700余名消防队员投入灭火抢险战斗，90min后大火被扑灭。然后大楼被关闭数周，造成约6亿美元的经济损失。

3）2001年9月11日08：46被恐怖分子劫持的美国航空公司航班号为F11的波音767-B-

223 型客机撞进世界贸易中心北楼 94～99 层；9：04 被恐怖分子劫持的美国联合航空公司航班号为 F175 的波音 767-B-222 型客机撞进世界贸易中心南楼 78～84 层。撞击后双塔燃起大火，变成名副其实的"摩天地狱"。10：01，南楼率先倒塌；10：28，北楼倒塌。2823 人死亡，经济损失约数百亿美元。

（3）1974 年 2 月 1 日上午 8 时 50 分巴西圣保罗"焦玛"办公大楼第 12 层北侧办公室的窗式空调器突发起火，窗帘引燃房间吊顶和隔墙，房间在十多分钟就达到轰燃。9：10 消防队到达现场时，火焰已窜出窗外沿外墙向上蔓延，起火楼层的火势在水平方向传播开来。烟、火充满了唯一的开敞楼梯间，并使上部各楼层燃烧起来。外墙上的火焰也逐层向上蔓延。消防队到达现场后仅半个小时，大火就烧到 25 层。虽然消防局出动了大批登高车、水泵车和其他救险车辆，但消防队员无法到达起火层进行扑救。10：30，12～25 层的可燃物烧尽之后，火势才开始减弱。火灾造成 179 人死亡，300 人受伤，经济损失 300 余万美元。当时楼内共有 756 人，其中 300 多人在火灾初期分乘 4 部电梯成功疏散，占 422 名生还者的 71%。

（4）1980 年 11 月 21 日，美国内华达州拉斯维加斯市 26 层的米高梅大饭店发生火灾，起火点在 1 层餐厅，当时饭店内有 5000 多人，由于首层通向室外的出口被大火封堵。火灾共造成 87 人死亡、650 人受伤，很多人只能通过楼梯上撤到屋顶平台等待直升机救援。

## 4.2 超高层建筑火灾特点及其分析

### 4.2.1 超高层建筑火灾特点

1. 火灾蔓延快

通常情况下，超高层建筑发生火灾时，火灾蔓延非常快。由于受气压和风速的影响，高层建筑内空气流动快，空气流动是造成火灾蔓延的重要因素，那些在普通建筑内不易蔓延的小火星在超高层建筑内部却可引发火灾。另外，大多数超高层建筑都设有多而长的竖向管井如楼梯井、电梯井、管道井、电缆井、排风管道等，一旦室内起火，这些竖直通道的烟囱效应就会使烟火很容易由建筑物的下层蔓延到上层。

2. 人员疏散比较困难

由于超高层建筑内居住的人员多而且较复杂，楼层又高，垂直疏散距离比较长，而超高层建筑唯一的疏散设施只有楼梯，因此，难以在较短时间内将人员全部撤离危险区，在慌乱中还难免发生摔死、摔伤、跳楼等惨剧。有实验表明，在一座 50 层的建筑内通过楼梯将楼内人员全部疏散完毕用了 2h11min；可在火灾中烟气在竖直方向上的流动速度是人员疏散速度的 100 多倍。人员疏散又与烟火蔓延方向相反，人们不得不在烟熏和热气流的烘烤中疏散，这就进一步增加了疏散的艰巨性和危险性，被困人群往往因来不及疏散而被烟火熏死或烧死。

3. 扑救难度大

（1）登高难度较大：超高层建筑发生火灾时，如不借助消防电梯，消防队员徒步登楼作战的极限在 10 层左右，再高将因体力消耗过大而丧失战斗力。由于经济等因素，消防电梯的设置终究有限。

（2）用水量大，供水困难：超高层建筑发生火灾时，冷却和控制火灾蔓延扩大的用水量是相当大的，从国内外超高层建筑火灾实例来看，超高层建筑火灾实际用水量需要每秒上百升至几百升。

而目前，扑救超高层建筑火灾的消火栓系统的供水量约为每秒几十升，因此，只好借助水泵接合器往超高层供水，但由于受水带耐压强度和消防车供水高度的影响，常因供水不上而贻误灭火的战机。

4.超高层建筑的消防设施复杂，维护保养困难

（1）存在建筑消防设施损坏、故障的现象。例如火灾自动报警系统的部分探测器失效、防排烟系统某个送风口打不开或风量不足、报警系统主机故障、消防水泵不能启动，一旦发生火灾，消防设施形同虚设。

（2）设施停用：如火灾报警系统因经常误报而被业主嫌烦关掉的；娱乐场所为降低照明度而关闭出口灯、指示灯，为使用方便而常开防火门、常闭排烟窗的。

（3）设施缺少：①历史遗留的大问题，如缺少自动喷水灭火系统，室内消防栓系统，整改难度又相当大；②被拆除的防火设施，如防火门、应急灯等。

（4）消防设施质量不过硬：

①隐蔽工程类，如某超高层建筑装修改造时发现，吊顶内自动喷水系统支管通过横梁时，需绕梁弯曲，施工人员为安装方便，把支管断开，横梁两边支管相互不通，导致每层有一半区域的喷水头无水。

②消防产品的质量问题，如应急灯的照明时间、防火门的耐火极限与实际不符。

5.超高层建筑火灾特点分析

超高层建筑的竖向管井较多，发生火灾时像一座座高耸的烟囱，抽拔烟火成为火势迅速蔓延的途径；层数多、火灾中人员容易出现拥挤的情况、火灾时烟气和火势向竖向蔓延快，而平时使用的电梯由于不防烟火和停电等原因停止使用，给安全疏散带来困难。

扑救超高层建筑火灾主要是立足于室内消防给水设施，由于受到消防设施条件的限制，常常给扑救工作带来不少困难；内部功能复杂，设备繁多，装修标准高，造成起火因素多。

## 4.2.2  造成起火的因素

（1）管理软件隐患

消防安全管理责任不落实。超高层建筑产权多、使用单位众多、使用单位共同管理，往往导致在消防安全管理上各自为政，致使整幢建筑的消防安全管理责任主体不明确，楼宇管理不能达成一致，管理产生缝隙。

（2）管理人员及设施不到位

超高层建筑一般都设有智能化自动消防设施，要求管理人员必须经过系统培训，具有一定的专业技能。而部分管理人员没有专业技能，不会操作大楼的消防设施，致使消防设施不能正常发挥作用。同时，高层建筑都建有消防控制室，由专门人员24h值守。但个别消防管理人员责任心不强，安全出口上锁、疏散通道堵塞，占用避难层（间），值班期间擅离职守，消防设施形同虚设，管理出现管而不理。

（3）超高层建筑装修、施工操作不当

超高层建筑施工，钢筋连接、通风、取暖、给水排水等设备安装、各类管道连接以及工程装修时都普遍使用电焊作业，电焊作业产生的火花、灼热熔珠四处飞溅散落，非常容易引起可燃物燃烧，酿成火灾事故。笔者查阅了大量超高层建筑施工工地火灾案例资料，电焊作业引起火灾的占90%以上。

（4）用火和易燃易爆危险物品管理不力

火灾发生在超高层等单位，如果储存和使用易燃易爆危险物品，一旦出现管理出现漏洞，

极易导致恶性火灾爆炸事故。

### 4.2.3 硬件设施的隐患

（1）建筑消防设计不规范

部分超高层建筑在设计过程中图简便、谋省钱，防火、防烟分区超面积，安全疏散设计不规范，消防设施不完善。部分超高层建筑装修时，采用大量可燃、易燃或高分子材料，降低超高层建筑耐火等级，发生火灾后蔓延快、产生大量有毒烟气，造成人员的伤亡。

（2）消防安全通道不畅通

超高层建筑产权、使用单位众多，消防安全管理难以到位，消防车通道不畅，直接影响火灾扑救和人员疏散。超高层建筑一般都设有消防设施，为第一时间扑救火灾提供硬件设施。如果消防设施维修不及时或不按时维护、设备不正常，不能及时发现设备故障，而延误了最佳扑救初起火灾的时间。

（3）电气线路故障

超高层建筑内用电设施设备多，由于电气线路和电气设备造成的火灾占相当大的比例。巴西圣保罗"焦玛"大楼火灾，就是因为电气线路短路引起。电气火灾常见的情形有，私拉乱接临时线路，接触不良、漏电或用电超负荷，未按规定使用取暖器、电热毯、电熨斗等电热器具，烤燃周边可燃物，电视机、空调、复印机等电器故障引起火灾，电气设备安装不良，带病或过载运行导致绝缘损坏短路起火，电气线路设备长期缺乏维护，老化过热起火，防雷、防静电设施不符合要求，雷击和静电引发火灾等现象。

## 4.3 千米级摩天大楼建筑消防体系设计

### 4.3.1 疏散楼梯间的设计

对于大型超高层建筑来说，为避免防烟失控或防火门关闭不灵时，烟气蔓及整座楼梯，使高层人员无法疏散，宜采取楼梯间错位的布置方式。即到达适当层数时该座楼梯便告终止，人员须转移到同层邻近位置的另一楼梯再行向下疏散。该楼梯宜在避难层移位，以使人员出楼梯间后的水平转移得到庇护，同时还应有明确的指示标志及诱导措施。需要注意的是，此二梯实为一梯之适当错开，故移位距离应尽量缩短，以避免水平疏散时间太长和产生不安全感。这种不连续的楼梯井能有效阻止烟气肆意扩散，已为美国等一些高层建筑所采用。不过，这也增加了设计、施工及避难的复杂性，设计者应结合该大厦的规模、层数等综合考虑，宜在垂直每隔2或3个避难层错位一次。

### 4.3.2 传统疏散

依据《建筑设计防火规范》GB 50016—2014的要求，建筑内发生火灾后，电梯被禁止用于人员疏散，楼梯是唯一能够用于疏散的途径。当前高度在200～300米级的超高层均按当前防火规范进行设计，采用楼梯疏散。

普通人下行5min便会感到体力不支，楼梯疏散时间较长，而且长时间的垂直行进，可能遭遇烟和火，使人在疏散过程中造成伤害，利用楼梯疏散特别不适合残疾人和行动不便的老人，不适用于被困在超高层建筑内的大规模的人员疏散逃生。

### 4.3.3 穿梭电梯结合疏散楼梯疏散

利用电梯运行速度快的特点，采取一定的防护措施，火灾时采用电梯进行人员疏散，能够大大加快人员的疏散速度。

疏散过程中，电梯在避难层停靠，避难层是一个相对安全的区域，疏散人员可以从避难层乘坐电梯进行疏散，也可以在避难层休息后，通过楼梯向下疏散。

下面以两个实例介绍此种疏散方式：

1. 武汉绿地中心

武汉绿地中心，位于武汉三镇之一武昌滨江商务区中心区域，总建筑面积716560m²。由美国 ASGG 建筑设计事务所、美国 JERDE 建筑师事务所、中国华东建筑设计研究总院联合设计。建筑高度636m。见图4-2。

武汉绿地中心客梯数量共31部，其中12部普通电梯，19部穿梭梯，分别负责运送前往办公区、公寓区、酒店区及观光区的人流。见图4-3～图4-6。

图4-2　武汉绿地中心

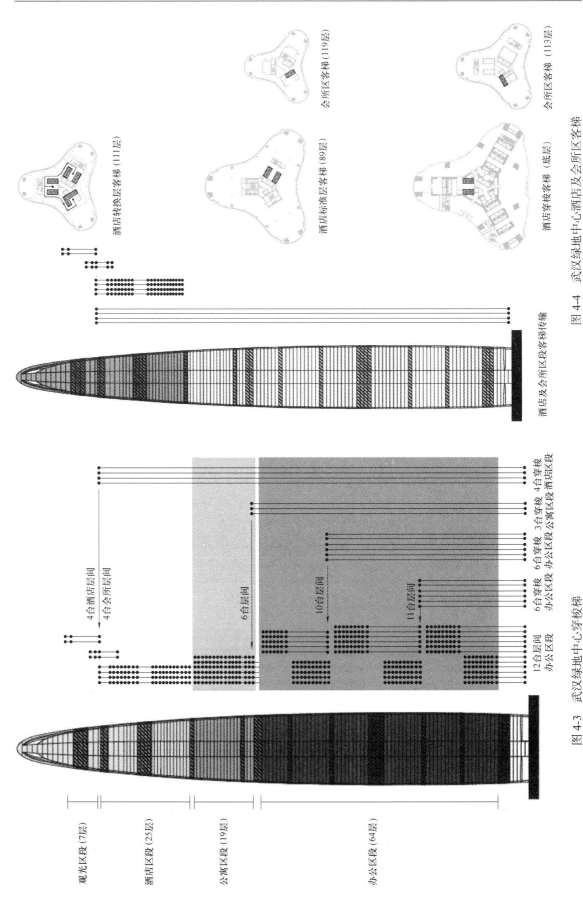

图4-4 武汉绿地中心酒店及会所区客梯

图4-3 武汉绿地中心穿梭梯

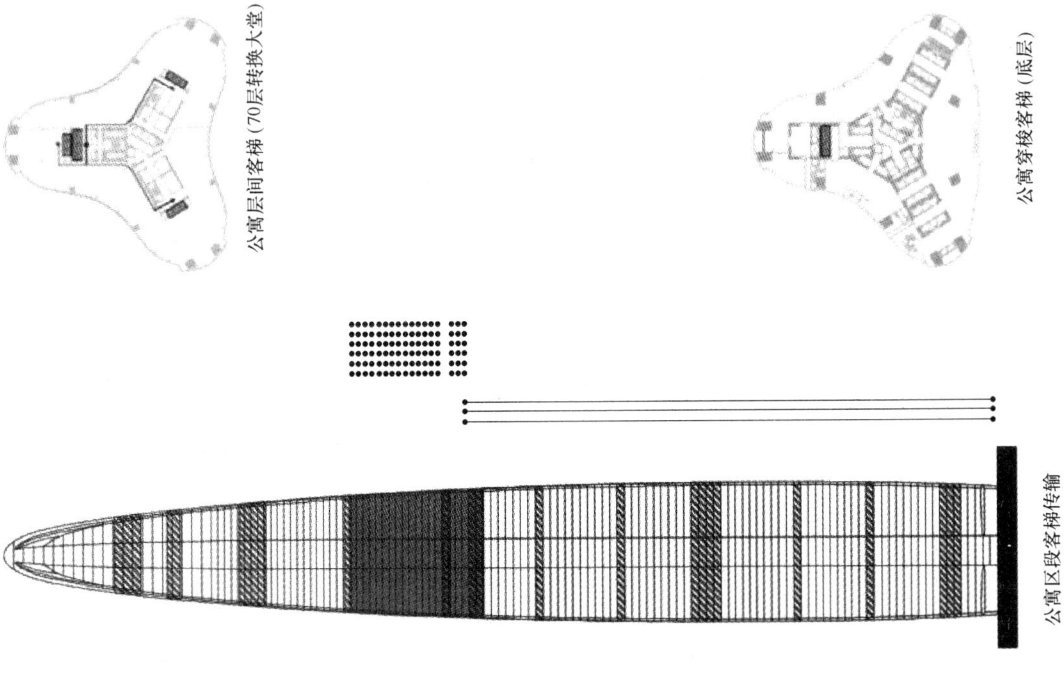

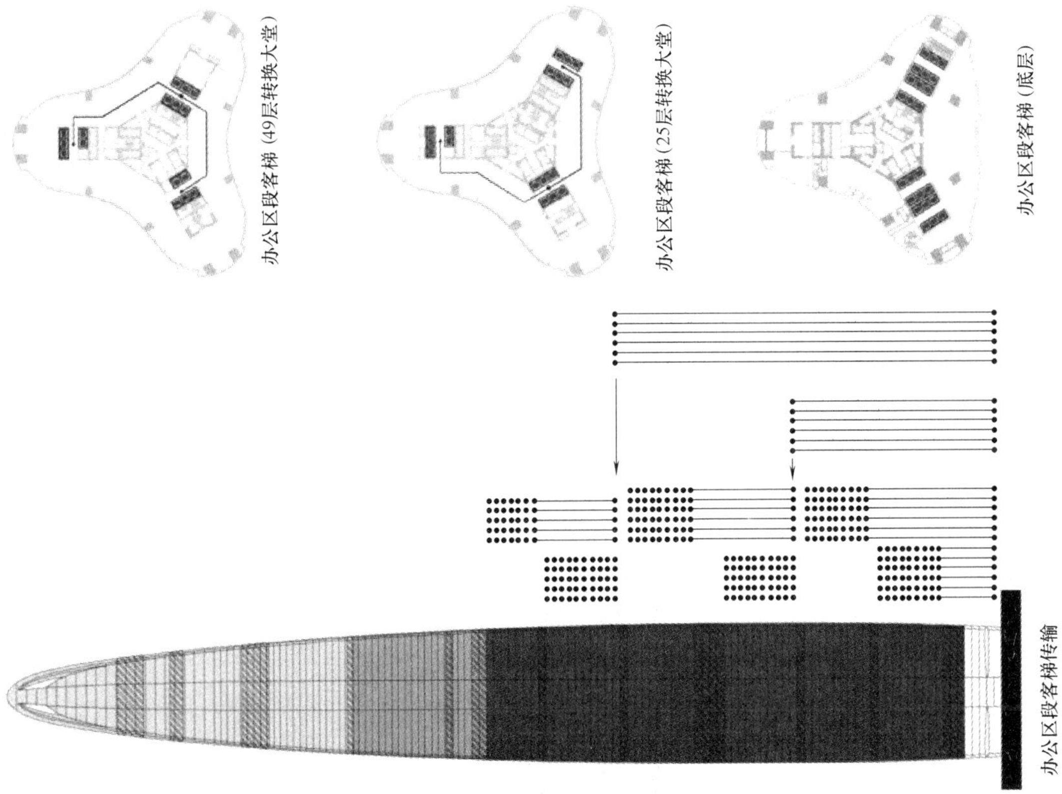

图 4-6 武汉绿地中心办公区客梯

办公区段客梯(49层转换大堂)

办公区段客梯(25层转换大堂)

办公区段客梯(底层)

办公区段客梯传输

图 4-5 武汉绿地中心公寓区客梯

公寓层间客梯(70层转换大堂)

公寓穿梭客梯(底层)

公寓区段客梯传输

办公区段共64层，12部电梯采取高低分区及分层停靠的方式，合理地对前往办公区的人流进行运送。

公寓区段由三台穿梭梯直达72层，然后可分别乘坐6部电梯到达相应的楼层。

酒店及会所区段配备4部穿梭梯，可直接从一层直达会所区一层，由此开始进行上下行的分流。有4部电梯进行酒店区人员的运送，有2部电梯进行会所区人员的运送，另外还有2部电梯进行酒店区和会所区人员的交叉运送。

在大厦的消防设计方面考虑如下：

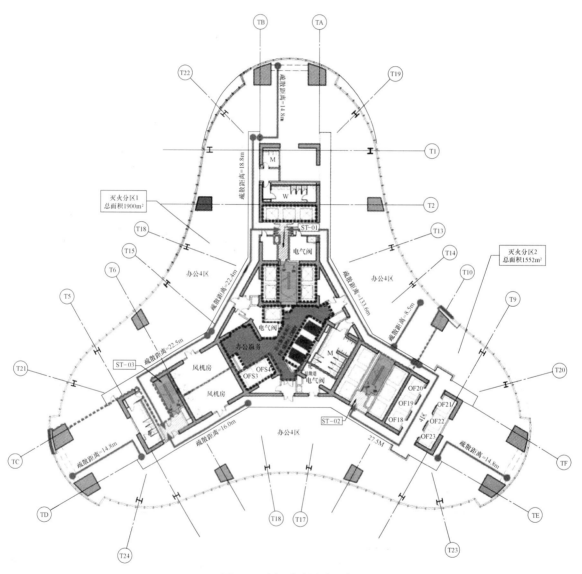

图4-7　常规消防设计示意

在建筑平面形式以及核心筒设计方面，设计师充分考虑了安全疏散的问题，防烟楼梯间的合理布置使得建筑平面中各个位置的人员在遇到危险时可以用最短的距离、最快的时间到达防烟楼梯间，从而增加危险中的生存几率。防烟楼梯间的疏散出口距离室外疏散出口较近，方便人流第一时间逃离建筑达到室外。见图4-7。

武汉绿地中心在设计的过程中还充分借鉴了一些国内外已经建成的超高层建筑中的人员荷载取值情况，并根据其数值对自身建筑的设计进行定位取值。人员荷载取值表见表4-1。

人员荷载取值表（m²/人）

表4-1

| 功能 | 美国NFPA101 | 美国设计规范IBC | 上海金茂大厦 | 上海环球金融中心 | 广州西塔 | 上海中心 | 武汉绿地中心 |
|---|---|---|---|---|---|---|---|
| 办公 | 9.3 | 9.3 | 9.3 | 9.3 | 10 | 9.3（净面积） | 9.3 |
| 酒店 | 18.6 | 18.6 | 18.6 | 床位数+20%服务人员 | 床位数+20%服务人员 | — | 床位数+50%服务人员 |
| 公寓 | — | — | — | — | — | — | 床位数+50%服务人员 |
| 普通餐饮 | 1.4或根据座位 | — | 1.3 | 1.4 | — | 1.5 | 1.3 |
| 高档餐饮 | — | 2.5～3.0 | 2.5 | 2.5 | 2.5 | 2.5 | 控制人数 |
| 大厅和接待 | 9.3 | — | 9.3 | 0 | 10 | 9.3 | 9.3 |
| 商业 | 2.8（首层商业）2.8（地下商业）5.6（2层及以上） | 2.8 | 1.3（营业厅的55%面积） | 3 | — | 3（净面积） | — |
| 休息和VIP | 4.6 | — | — | — | — | 4.6 | — |
| 无固定座位的会议室 | 1.4（净面积） | 1.4 | 1.8 | — | — | 1.4 | — |
| 固定座位的会议室 | 根据座位数 | 根据座位数 | — | 根据座位数 | 根据座位数 | 根据座位数 | — |
| 健身中心 | 器械健身：4.6 非器械健身：1.4 | 4.6 | 4.6 | 4.6 | 5 | 器械健身：4.6 非器械健身：1.4 | 控制人数 |
| 水疗中心/SPA | 泳池：4.6（基于水面面积）其他2.8 | — | — | — | — | 泳池：4.6（基于水面面积）其他2.8 | 控制人数 |
| 厨房 | 18.6 | 18.6 | 18.6 | 9.3 | 10 | 18.6 | 9.3 |
| 设备用房/后勤用房/储藏层 | 27.9 | 27.9 | 27.9 | — | 28 | 27.9 | 27.9 |
| 观光层 | — | — | 控制人数 | 控制人数 | 控制人数 | 控制人数 | 控制人数 |

在楼梯疏散场景方面也进行了计算和模拟，最终获得全楼24963人全部疏散至地面首层室外所需时间2h 27min。而各个区段的人员疏散至该区段避难层则最多需要不到14min。见表4-2。

疏散场景表　　　　　　　　　　　　　　　　　表4-2

| 疏散场景 | 疏散区域 | 疏散人数 | 疏散时间 |
|---|---|---|---|
| 疏散场景1 | 全楼整体疏散至地面首层室外 | 24963 | 2：27：42 |
| 疏散场景2 | 塔楼顶部三层人员（F123～F125）疏散至首层室外 | 518 | 52：40 |
| 疏散场景3 | 区段1疏散至该区段避难层（F1～F3） | 3462 | 13：42 |
|  | 区段2疏散至该区段避难层（F14～F23） | 3367 | 12：56 |
|  | 区段3疏散至该区段避难层（F24～F34） | 3328 | 12：36 |
|  | 区段4疏散至该区段避难层（F35～F47） | 3624 | 13：24 |
|  | 区段5疏散至该区段避难层（F48～F58） | 3247 | 13：00 |
|  | 区段6疏散至该区段避难层（F59～F68） | 2444 | 9：34 |
|  | 区段7疏散至该区段避难层（F69～F78） | 810 | 3：50 |
|  | 区段8疏散至该区段避难层（F79～F89） | 660 | 4：48 |
|  | 区段9疏散至该区段避难层（F90～F104） | 869 | 5：34 |
|  | 区段10疏散至该区段避难层（F105～F120） | 2189 | 9：50 |
|  | 区段11疏散至该区段避难层（F121～F125） | 599 | 4：48 |

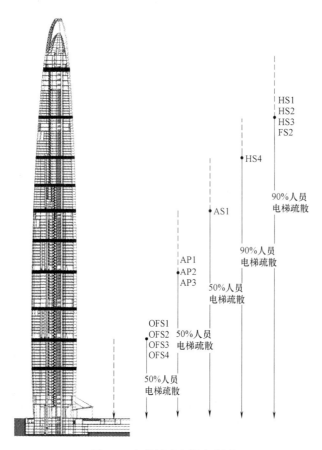

图4-8　电梯辅助疏散方案图

（1）电梯辅助疏散的必要性

1）全楼疏散事件长达2h 27min之久，超过国家规范中关于楼梯间耐火极限2h的要求。

2）火灾实际情况中，人员不可能保持足够的体力维持疏散速度乃至整个疏散过程。

3）在辅助以及预见性较弱的火灾场景下，人员高度密集的场所较易引发人员跌倒踩踏事件。

（2）电梯辅助疏散方案

电梯辅助疏散方案主要依靠疏散楼梯和穿梭梯的结合，人员首先通过疏散楼梯到达避难楼层，再通过疏散用的穿梭梯直接下至首层从而逃出室外。见图4-8。

疏散场景、人员数量及疏散时间见表4-3。

（3）疏散电梯设计参数、可靠性

1）防火措施

疏散电梯井单独设置，与其他电梯井、机房采用耐火极限不低于2h的隔墙隔开。见图4-9。

疏散场景、人员数量及疏散时间表　　　　　　　　　　　表 4-3

| 疏散场景 | 人员数量 | 电梯参数 | 疏散时间 |
|---|---|---|---|
| 选择电梯疏散的人员疏散过程 | 10361 人 | | 1：48：38 |
| 选择楼梯疏散的人员疏散过程 | 14602 人 | | 1：31：54 |
| 全楼疏散时间 | 最久时间 | | 1：48：38 |

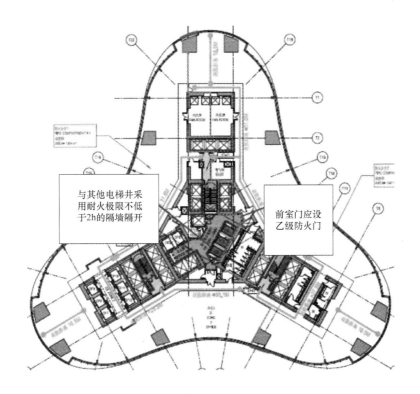

图 4-9　疏散电梯的设计

电梯井内不应设置可燃气体和甲乙丙类液体管道，并不应敷设与电梯无关的电线、电缆等。

电梯轿厢及井道内应采用不燃化处理，内部的传呼按钮等也要有防火措施，确保不会因烟热影响而失去作用。

疏散用电梯应设前室或类似于前室的扩大避难区域或者等效的防火防烟措施，与避难区相通的门应至少采用乙级防火门。

2）防水设计

电梯厅门口宜设挡水设施。

动力与控制电缆、电线应采取防水措施。

井底应设排水设施，排水井容量不应小于 2.00m³，排水泵的排冰量不应小于 10L/S。

3）防烟措施

鉴于本案的建筑高度及电梯停靠楼层设置，考虑电梯井道加压送风效果的有效性，因此建议在电梯厅内设置正压送风替代电梯井道加压送风。电梯厅内的设计参数参照消防电梯前室。

4）供电可靠性

疏散电梯应有两路电源。除日常线路所提供的电源外，供给疏散电梯的专用应急电源应采用专用供电回路，并设有明显标志，使之不受火灾断电影响，其线路敷设应符合消防设备的配电线路规定。

其他参数宜参考消防电梯。

疏散电梯的设计需要充分考虑其参数及可靠性。疏散电梯及周边设置相应的防火、防水、防烟、防断电等措施及设备。其形式及参数可以为其他超高层建筑设计提供一定的参考和指导。

（4）电梯疏散的针对性和策略性的建议

1）由于大厦采用了电梯作为辅助疏散工具，鉴于其在本项目中作为一个尝试性方案，火灾时应有专人操作。

2）建议在火灾时各高区（酒店区段及公寓区段）负责疏散的工作人员宜尽量诱导人员通过电梯疏散。

3）大厦在投入正式运营前应制定完善的应急疏散预案，根据发生概率较大的火灾场景情况制定详尽的疏散策略，另需邀请消防部门进行疏散预演。

4）大厦在投入正式运营前应制定完善的安全管理制度，明确各区段火灾安全责任人以及责任人工作职责范围。

5）大厦在投入正式运营前应向消防主管部门提交详尽的疏散方案，包括楼层疏散路线示意，以便实际火灾时消防指挥人员疏散和下达救援命令工作的快速响应。

6）大厦在投入正式运营之后，应加强日常消防安全检查和管理工作，并阶段性地组织员工进行消防安全知识培训及疏散协助工作培训。

7）大厦在投入正式运营之后，应定期举行消防演习、疏散演练，以帮助人员熟悉疏散路线。

武汉绿地中心提出火灾发生时，由专人操作电梯进行疏散，并对消防疏散策略进行定期预演，包括消防演习、疏散演练，帮助人员熟悉疏散的路线及设备。

图 4-10　上海中心大厦

2. 上海中心大厦

上海中心大厦，位于上海市浦东新区陆家嘴金融贸易区，紧挨着金茂大厦和上海环球金融中心，建筑高度 632m，总层数 124 层，总建筑面积 57.4 万 m²，建筑功能主要为金融商业、高档办公、星级酒店。见图 4-10。

上海中心电梯配置表见表 4-4。

上海中心大厦电梯数量庞大，且根据不同的运力和功能进行了分别布置，高低分区，各个分区之间通过楼电梯的转换达到快速输送人流的目的。

电梯入口分布见图 4-11。

上海中心的核心筒类似于九宫格的分布形式，其剪力墙上的开口方形对应其分区电梯对应的区域入口，使得前往不同分区的人流可以在进入建筑的同时分散开来，避免了多股人流的交叉，不但节约了时间，还便于疏散。

核心筒电梯布置见图 4-12。

上海中心大厦的电梯采用双层轿厢系统。见图 4-13。

上海中心电梯配置表 表 4-4

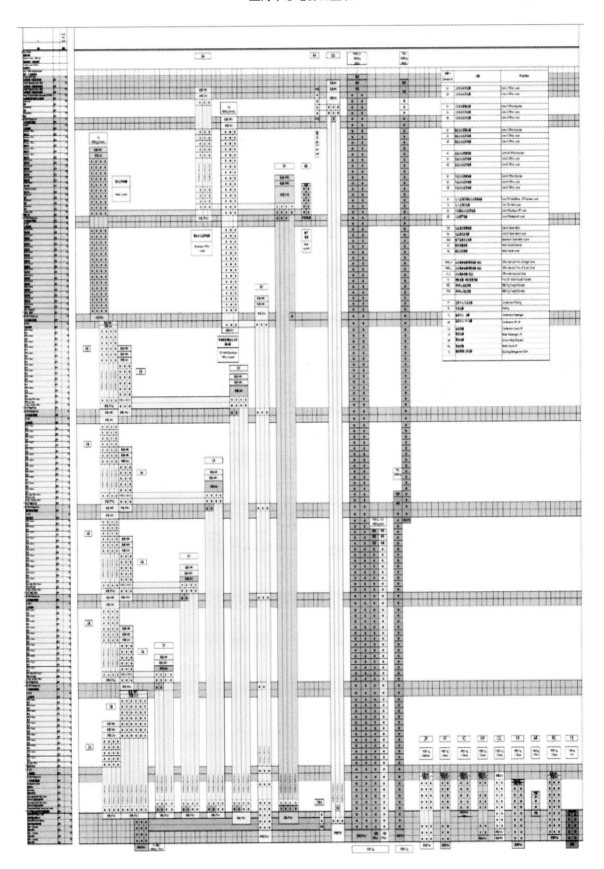

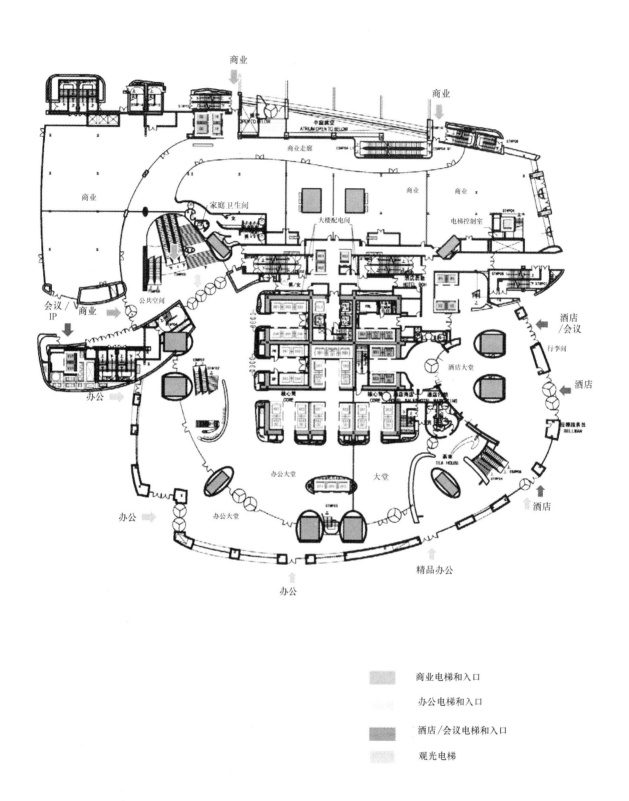

图 4-11　上海中心电梯入口分布图

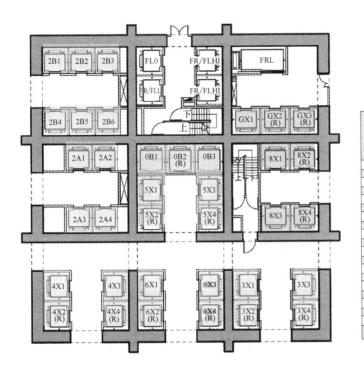

核心筒电梯布置

| 分区 | 分区总面积 | 分区人员密度 | 穿梭电梯数量 | 区间电梯数量 | 货梯数量 |
|---|---|---|---|---|---|
| 9 | 6.065 | 1560 | 3 | 1 | 1 |
| 8 | 26.626 | 2319 | 4 | 4 | 3 |
| 7 | 31.402 | 1131 | 4 | 4 | 3 |
| 6 | 34.830 | 2748 | 4 | 3+4 | 3 |
| 5 | 41.157 | 3310 | 4 | 3+4 | 3 |
| 4 | 45.187 | 3804 | 4 | 3+4 | 5 |
| 3 | 52.839 | 4667 | 4 | 3+4 | 5 |
| 2 | 27.199 | 4884 | — | 4+6 | 5 |
| 1 | 42.942 | 10047 | — | 11 | 5 |

图 4-12　核心筒电梯布置图

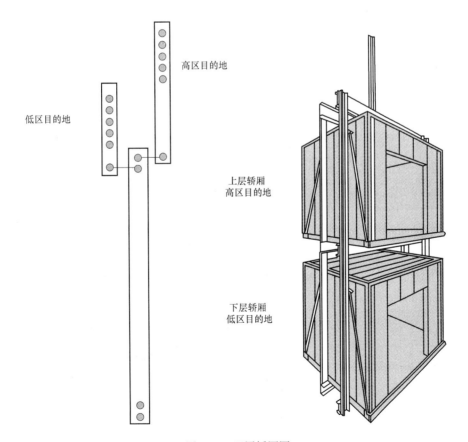

图 4-13　双层轿厢图

各个分区的电梯布置示意图见图 4-14。

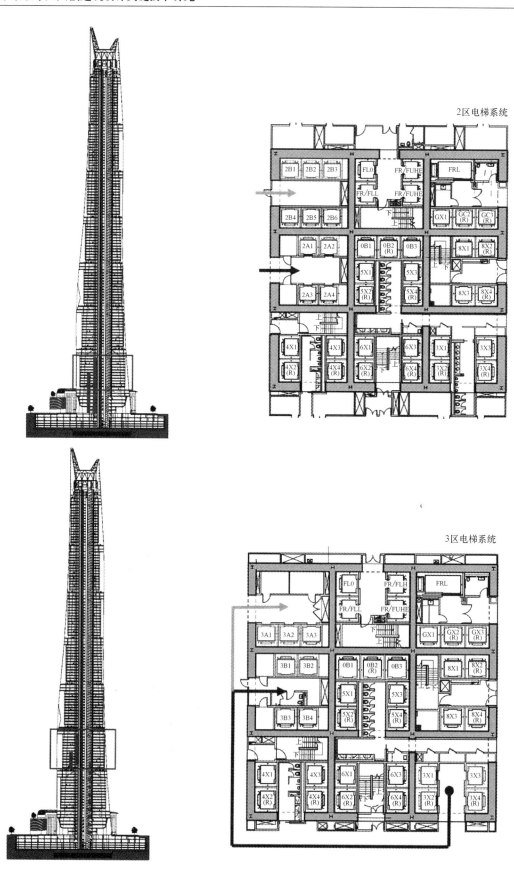

图 4-14　电梯布置示意图（一）

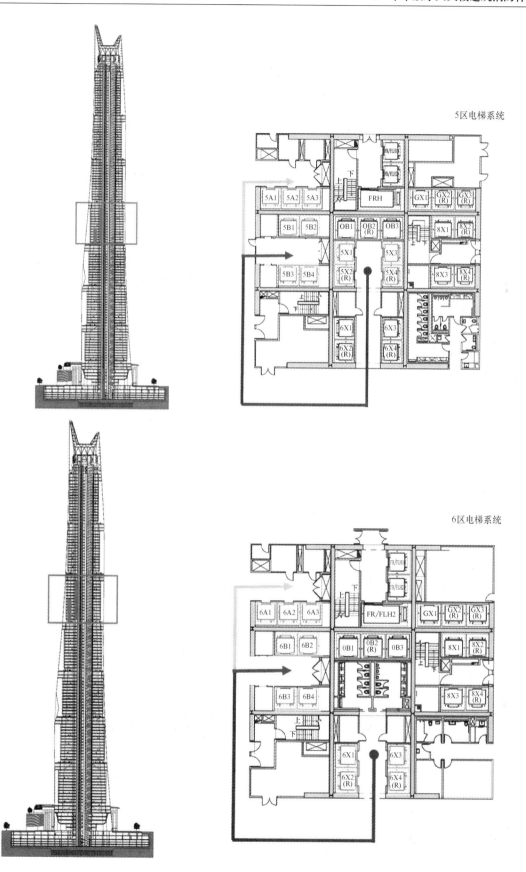

图 4-14 电梯布置示意图（二）

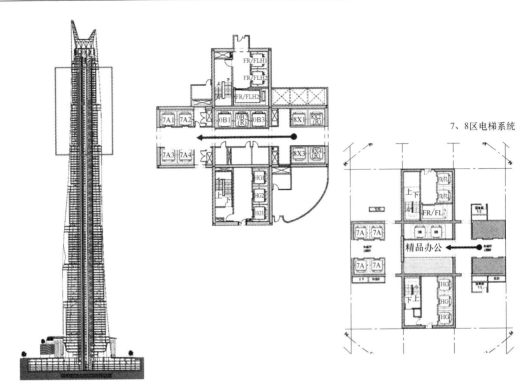

图 4-14　电梯布置示意图（三）

电梯设计的关键技术在于：

1）运行方面——紧急状态下的电梯运行策略。

2）流体力学方面——活塞效应、隧道效应、烟囱效应。

3）舒适度方面——压差问题。

4）节能方面——高速整流措施、电能反馈措施。

在疏散方面考虑见图 4-15～图 4-17。

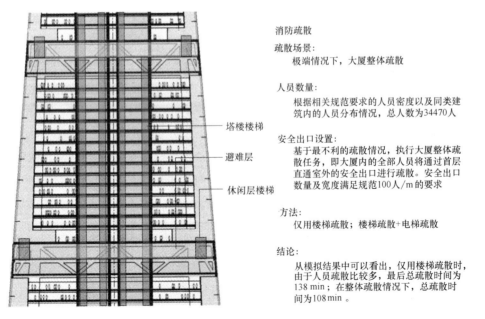

消防疏散

疏散场景：
极端情况下，大厦整体疏散

人员数量：
根据相关规范要求的人员密度以及同类建筑内的人员分布情况，总人数为34470人

安全出口设置：
基于最不利的疏散情况，执行大厦整体疏散任务，即大厦内的全部人员将通过首层直通室外的安全出口进行疏散。安全出口数量及宽度满足规范100人/m的要求

方法：
仅用楼梯疏散；楼梯疏散+电梯疏散

结论：
从模拟结果中可以看出，仅用楼梯疏散时，由于人员疏散比较多，最后总疏散时间为138 min；在整体疏散情况下，总疏散时间为108 min。

塔楼楼梯
避难层
休闲层楼梯

图 4-15　消防疏散示意图（疏散方法示意）

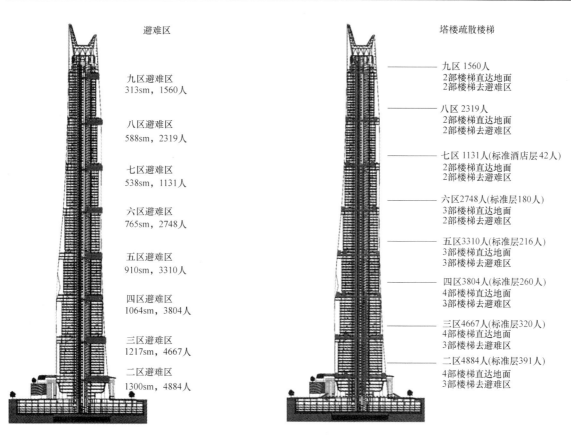

图 4-16 消防疏散示意图（疏散楼梯系统）

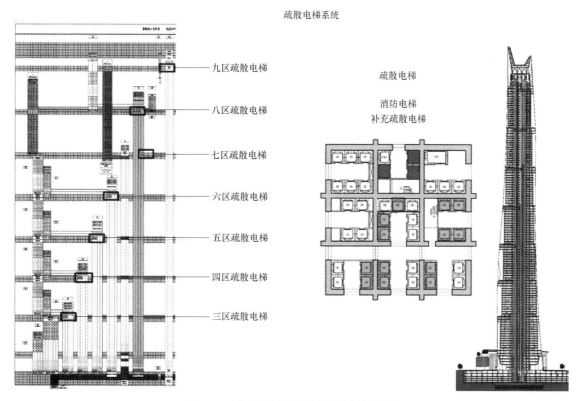

图 4-17 消防疏散示意图（疏散电梯系统）

### 4.3.4 "千米疏散系统"

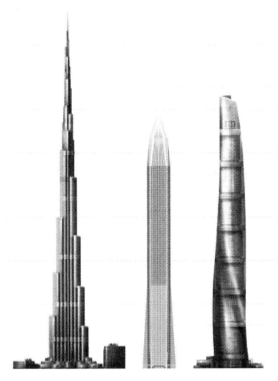

图 4-18 典型 500m 以上超高层建筑

随着建筑高度突破至千米级，传统的消防电梯设计难以突破 500m 高度，且在 60s 之内难以到达地面，利用疏散楼梯和穿梭梯疏散的模式也更加困难，那么，在电梯技术尚未成型之前，如何解决千米级建筑的人员疏散问题，将是解决千米级高层消防设计的重要环节。

通过对实际模型的计算及数据分析，采用传统借用疏散电梯辅助疏散的方式，此种方式适用于普通超高层疏散使用，在千米级超高层摩天大楼的使用上效率较低，并不适用。

典型 500m 以上超高层建筑如图 4-18 所示，千米摩天楼概念图如图 4-19、图 4-20 所示。

通过对超高层建筑疏散形式、疏散效率以及消防性能化的研究，本项目将千米级摩天大楼疏散分为两阶段考虑：约 300m 以下建筑区域，考虑人员直接通过楼梯疏散；300m 以上建筑区域，采用"千米级超高层建筑垂直交通主干—支干室外平台转换安全疏散系统"进行疏散（以下简称"千米疏散系统"）。见图 4-21。

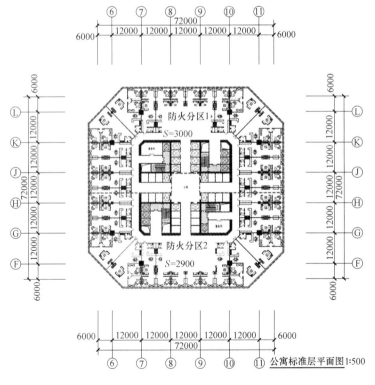

图 4-19 千米级摩天大楼概念平面图

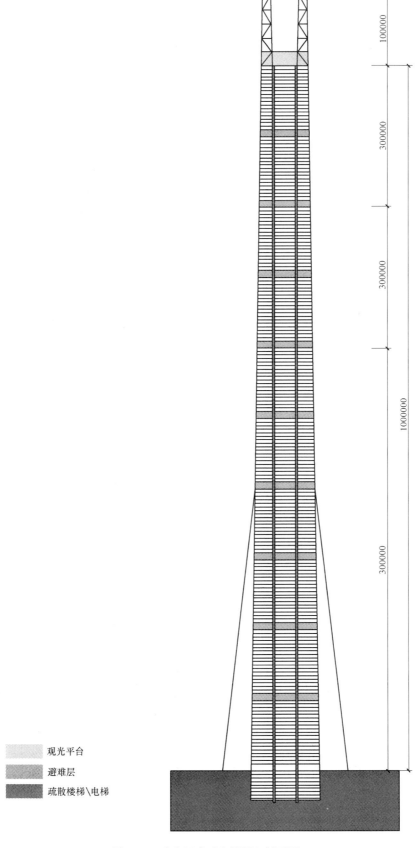

观光平台

避难层

疏散楼梯\电梯

图 4-20 千米级摩天大楼概念剖面图

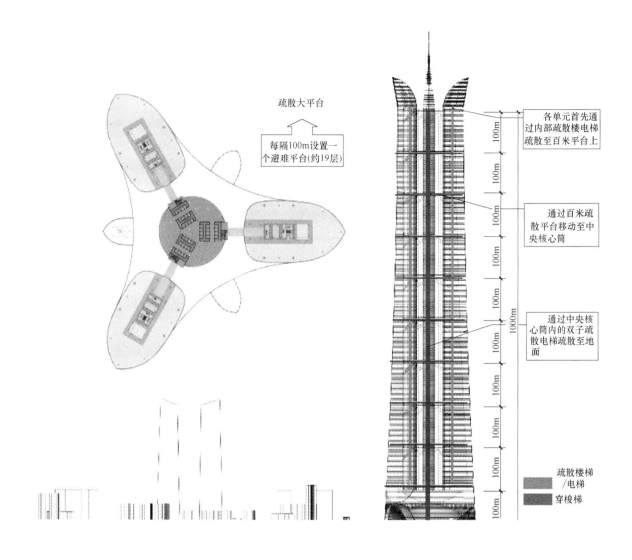

图 4-21 "千米疏散系统"疏散概念图

#### 4.3.4.1 措施特征

"千米疏散系统",解决千米级超高层及超大型综合建筑内 10 万人以上紧急疏散及消防救援问题,主要通过以下 5 种措施特征:

(1)交通系统采用中央核心筒的主干系统与各子建筑单元的支干系统相结合的方式,主干系统采用36部双轿厢电梯(胶囊电梯或双子电梯),每部电梯可容纳20人,运载速度达到20m/s,通过在不同平台的有效分布,可以在最短时间内将大楼内的人员疏散到安全区域。

采用穿梭电梯同一井道同一导轨可以安装两个轿厢,增加了乘客数量,而且该电梯低中高区分组运行,节约了 60% 的井道面积,各区间电梯数量如表 4-5 和图 4-22、图 4-23 所示。

支干系统采用楼梯及常规电梯——楼梯用于紧急疏散,电梯用于日常交通。

塔楼内每百米单元区段内按规范设置消防电梯,所有消防电梯停靠楼层设不小于 6m² 的单独消防前室或者 10m² 的合用前室,当消防电梯与普通电梯共用前室时,按照《消防电梯制造与安装安全规范》GB/T 26465 设计。

消防电梯的设置数量满足规范要求，地上部分各区域消防电梯数量和位置如表 4-6 和图 4-24、图 4-25 所示。

（2）基于电梯一次提升高度的限制，在千米塔建筑的 500m 处设置交通转换平台；并每隔 100m（≈20 层）距离设置室外疏散避难平台，避难平台的净面积满足设计避难人员避难的要求，确保发生火灾时，人员有足够的空间进行避难。独立封闭的中央核心筒保证与子建筑单元间有 13m 以上的消防间距。

中央核心筒内各区间穿梭电梯数量表　　　　　表 4-5

| 区间 | 电梯数量（部） |
| --- | --- |
| 0～300m | 6 |
| 0～400m | 6 |
| 0～500m | 24 |
| 500～700m | 4 |
| 500～800m | 4 |
| 500～900m | 2 |
| 500～1000m | 2 |

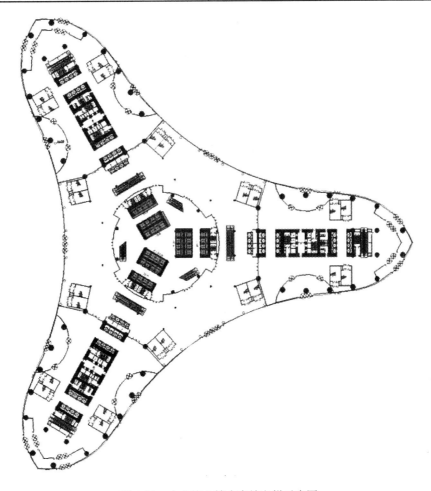

图 4-22　中央核心筒内穿梭电梯示意图

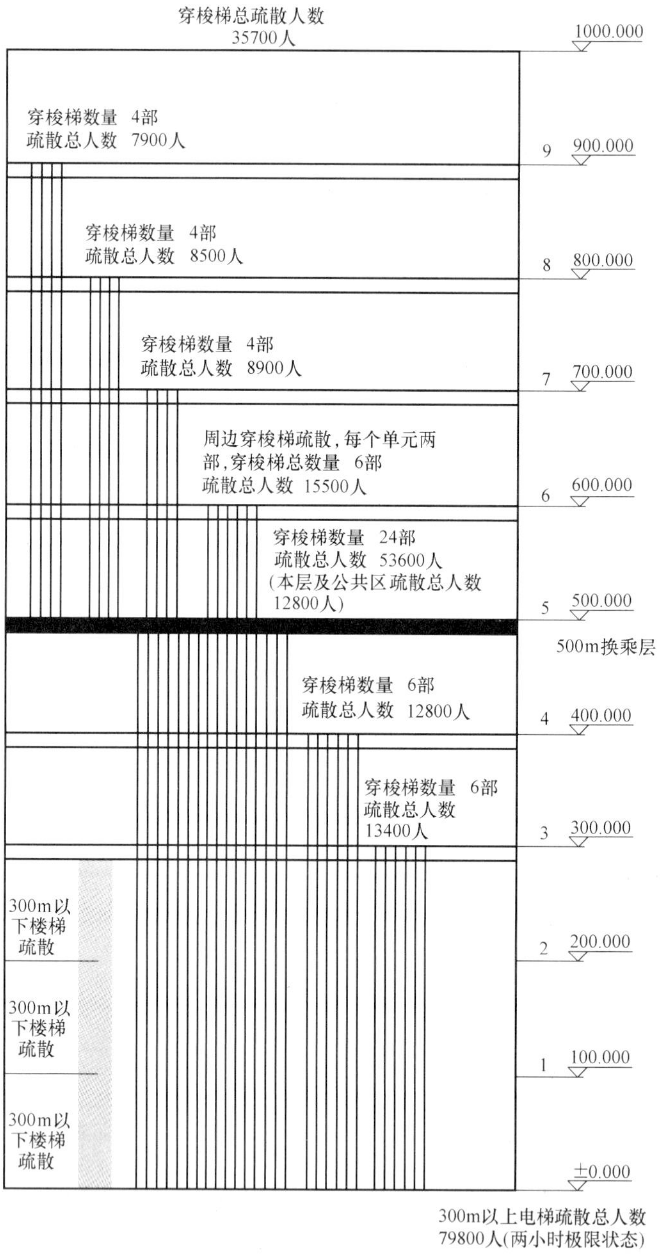

穿梭梯总疏散人数
35700人 ▽ 1000.000

穿梭梯数量 4部
疏散总人数 7900人 9 ▽ 900.000

穿梭梯数量 4部
疏散总人数 8500人 8 ▽ 800.000

穿梭梯数量 4部
疏散总人数 8900人 7 ▽ 700.000

周边穿梭梯疏散，每个单元两部，穿梭梯总数量 6部
疏散总人数 15500人 6 ▽ 600.000

穿梭梯数量 24部
疏散总人数 53600人
（本层及公共区疏散总人数
12800人） 5 ▽ 500.000

500m换乘层

穿梭梯数量 6部
疏散总人数 12800人 4 ▽ 400.000

穿梭梯数量 6部
疏散总人数 13400人 3 ▽ 300.000

300m以下楼梯疏散

2 ▽ 200.000

300m以下楼梯疏散

1 ▽ 100.000

300m以下楼梯疏散

±0.000

300m以上电梯疏散总人数
79800人(两小时极限状态)

图 4-23 中央核心筒内各区间穿梭电梯数量

**各区域消防电梯数目数量表** 表 4-6

| 区域位置 | 一栋塔楼最大标准层建筑面积（m²） | 一栋塔楼消防电梯数目（个） |
| --- | --- | --- |
| 100～200m | 3455 | 2 |
| 200～300m | 3065 | 2 |
| 300～400m | 2889 | 2 |
| 400～500m | 2598 | 2 |
| 500～600m | 2598 | 2 |
| 600～700m | 2228 | 2 |
| 700～800m | 2228 | 2 |
| 800～900m | 2228 | 2 |
| 900～1000m | 1768 | 2 |

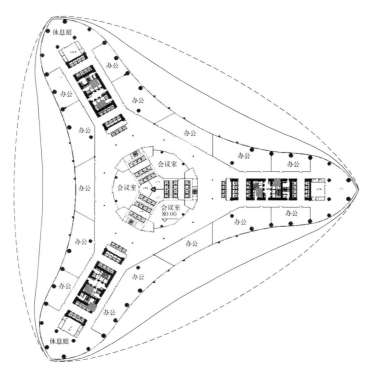

图 4-24　80m 处消防电梯示意图

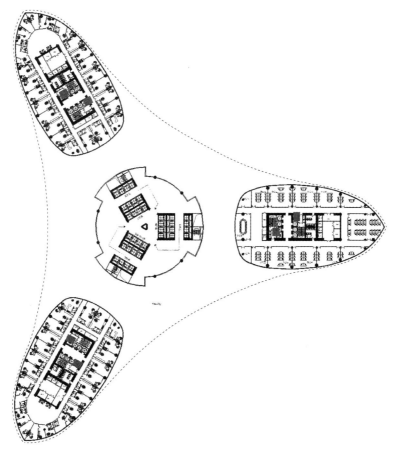

图 4-25　550m 处消防电梯示意图

避难平台见图4-26。

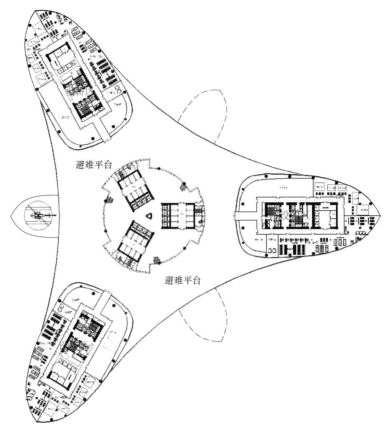

图 4-26　避难平台示意图

（3）在某个子建筑单元出现紧急情况下，支干系统保证了子建筑单元内人员在5min内通过楼梯，安全疏散到其相应的建筑子单元区段所在的室外避难平台，从而保证人员的相对安全。见表4-7。

避难平台面积表　　　　　　　　　　　　　　　　表4-7

| 避难层设置位置 | 避难平台层间距 | 服务位置 | 服务人数（人） | 所需避难平台面积（m²） | 提供避难平台面积（m²） | 面积余量 |
|---|---|---|---|---|---|---|
| 100m | | 85～180m | 21427 | 4285.4 | 7348.9 | 71.47% |
| 200m | | 185～280m | 9694 | 1938.8 | 7161.4 | 269.37% |
| 300m | | 285～380m | 7099 | 1419.8 | 7064.8 | 397.59% |
| 400m | | 385～480m | 6519 | 1303.8 | 6676 | 412.04% |
| 500m | 100m | 485～580m | 6402 | 1280.4 | 6279 | 390.39% |
| 600m | | 585～680m | 5008 | 1001.6 | 6157.1 | 514.72% |
| 700m | | 685～780m | 4382 | 876.4 | 6561.8 | 648.72% |
| 800m | | 785～880m | 3929 | 785.8 | 6564.7 | 735.42% |
| 900m | | 885～980m | 1329 | 265.8 | 7024 | 2542.58% |
| 1000m | | 985～1020m | 911 | 182.2 | 6849.5 | 3659.33% |

（4）疏散到室外避难平台人员再通过封闭独立的中央核心筒双轿厢穿梭电梯疏散到建筑地

面的安全区域，进而保证绝对安全。在 2h 内保证了建筑内部总计 14.9 万人的安全疏散。

（5）辅助疏散措施。

1）直升机停机坪

用于执行监控、救援、反恐、消防、部队空运及人员运输任务。目前国内常用的 EC155 直升机可容纳最多 13 位乘客和 2 位飞行员。根据中国香港政府飞行队同型号的飞行记录，一架直升机执行一次救护任务时间取 40min。

本项目室内最高层至室外地面约 1040m，将在每百米避难平台处设置直升机停机坪，供消防救援使用。见图 4-27。

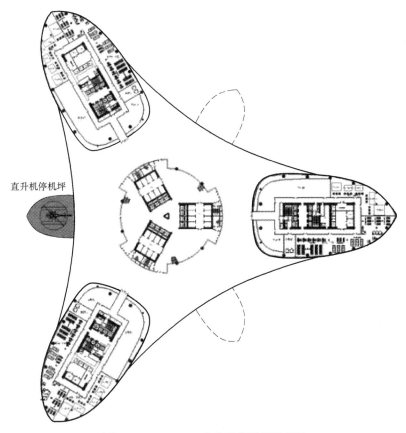

图 4-27 EC155 B1 直升机停机坪示意图

2）安全绳

在避难间应设置钢丝安全绳逃生挂钩，当紧急情况时在消防人员协助下速降到安全平台，安全绳具体要求如下：

① 钢丝安全绳放置在消火栓内，每个消火栓内存放安全绳不少于 5 根。

② 钢丝安全绳的长度不小于 60m，安全绳应采用高强度钢丝搓捻而成，末端采用金属帽将散头收拢，若绳末端连接金属件时，末端环眼内应加支架。

③ 绳体在构造上和使用过程中不应扭结，盘绕半径不宜过小。

④ 所有零部件应顺滑，无材料或制造缺陷，无尖角或锋利边缘。

⑤ 其他指标应符合《坠落防护 安全绳》GB 24543 的相关要求。

#### 4.3.4.2 "千米疏散系统"的紧急疏散的过程

300m 以下建筑区域，考虑人员直接通过楼梯疏散；见表 4-8 及图 4-28、图 4-29。

建筑内各区间段楼梯数量表 表 4-8

| 区间段 | 每栋塔楼内防烟楼梯数量（部） | 核心筒内防烟楼梯数量（部） | 塔楼内是否有断层 |
|---|---|---|---|
| 0～75m | 10 | 3 | 否 |
| 80～275m | 2 | 3 | 否 |
| 280m | 0 | 3 | 是 |
| 285～375m | 2 | 3 | 否 |
| 380m | 0 | 3 | 是 |
| 385～475m | 2 | 3 | 否 |
| 480m | 0 | 3 | 是 |
| 485～575m | 2 | 3 | 否 |
| 580m | 0 | 3 | 是 |
| 585～675m | 2 | 3 | 否 |
| 680m | 0 | 3 | 是 |
| 685～775m | 2 | 3 | 否 |
| 780m | 0 | 3 | 是 |
| 785～875m | 2 | 3 | 否 |
| 880m | 0 | 3 | 是 |
| 885～975m | 2 | 3 | 否 |
| 980m | 0 | 3 | 是 |
| 985～1000m | 2 | 6 | 否 |
| 1005～1020m | 2 | 2 | 否 |

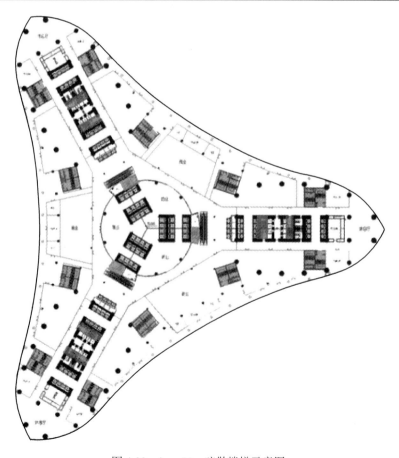

图 4-28　0～75m 疏散楼梯示意图

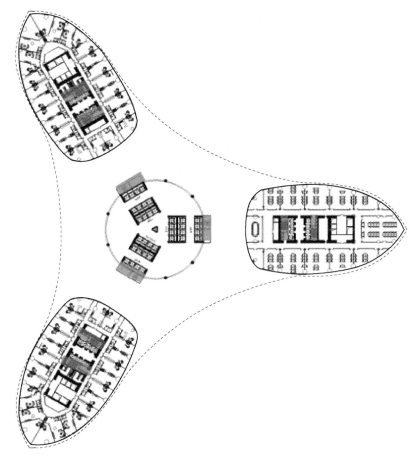

图 4-29　80m 以上疏散楼梯示意图

300 ～ 500m 区域

在建筑地面 300m 以上的塔楼中每隔 100m 设置 2 层的室外避难平台，连接各子建筑单元，即每隔约 20 层左右设为一独立的子建筑单元，其电梯和楼梯均为独立设置，利用对应避难平台的 2 层高度空间内设置电梯冲顶空间、电梯机房及上一子建筑单元的电梯基坑。当灾害发生时，300 ～ 500m 各子建筑单元内的人员首先在 5min 内，通过各自内部独立的楼梯疏散至其相应百米区段屋顶上的室外避难平台（避难平台下部 2 层的内部人员通过其内部交通楼梯上到屋面避难平台），然后通过封闭的中央核心筒内的双轿厢穿梭电梯疏散至地面安全区域。

500 ～ 1000m 区域

各单元内的人员首先在 5min 内，通过各自子建筑单元内部独立的疏散楼梯疏散到该百米区屋顶面上的室外避难平台，然后再通过封闭的核心筒的双轿厢穿梭电梯疏散至 500m 避难平台的屋顶面上，经过换乘至下一段的核心筒的双轿厢穿梭电梯，然后再疏散至地面安全区域。

避难平台下部 2 层的内部人员通过其内部交通楼梯上到屋面避难平台，再通过中心核心筒疏散到地面逃生（图 4-30）。

### 4.3.4.3　消防员进行防火扑救的方式

300m 以下区域

建筑 300m 以下单元区，消防员直接通过各子建筑单元内消防电梯上升至需要消防救助的楼层。

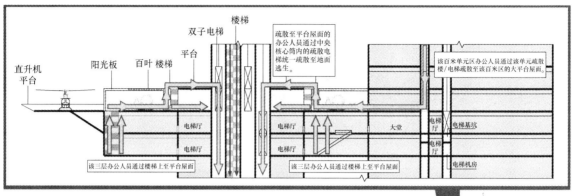

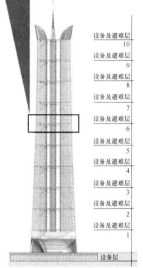

图 4-30　大平台疏散示意图

300 ～ 500m 区域

在 300 ～ 500m 单元区，消防员先通过中央交通核内的消防电梯上升至 300m 或 400m 层的室外疏散平台，然后转至相应的子建筑单元内，换乘相应的消防电梯至所需消防救助的楼层。

500 ～ 1000m 区域

500 ～ 1000m 单元区，消防员先通过中央交通核内的消防电梯上升至 500m 层的疏散平台，进行一次电梯转换——换乘上段消防电梯至相应所需消防救助区段的百米避难平台，再进入子建筑单元内部的消防电梯到达所需消防救助的楼层（图 4-31 ）。

### 4.3.4.4　消防性能化疏散策略

本建筑最高楼层距地面达 1040m，塔楼总人数大约 14 万人之多，如果在火灾时所有人员都利用楼梯疏散，不仅疏散时间长，而且在短时间内疏散的人数有限。对于身处顶层的老弱或行动不便人士，未必能有足够体力从塔楼疏散至地面，虽然有避难平台可稍作休息或等待救援，但疏散及救援时间相对较长。直升机救援对于此类人能起到一定的救援功效，也可以增设一些辅助安全疏散设施，如疏散阳台（凹廊）、自救缓降装置、救生袋、避难桥、避难梯、滑杆和安全绳等。

根据其建筑特点，本建筑人员疏散利用电梯与楼梯作为疏散设施，采用分阶段人员疏散策略，如图 4-32 所示。

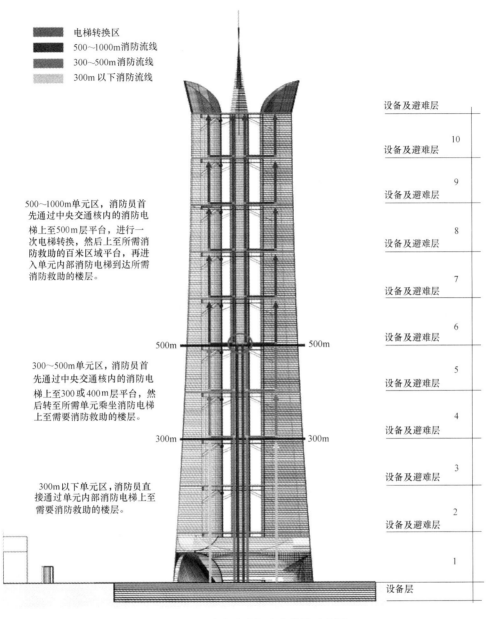

图例：
- 电梯转换区
- 500～1000m消防流线
- 300～500m消防流线
- 300m以下消防流线

500～1000m单元区，消防员首先通过中央交通核内的消防电梯上至500m层平台，进行一次电梯转换，然后上至所需消防救助的百米区域平台，再进入单元内部消防电梯到达所需消防救助的楼层。

300～500m单元区，消防员首先通过中央交通核内的消防电梯上至300或400m层平台，然后转至所需单元乘坐消防电梯上至需要消防救助的楼层。

300m以下单元区，消防员直接通过单元内部消防电梯上至需要消防救助的楼层。

500m                500m

300m                300m

设备及避难层
设备及避难层        10
设备及避难层        9
设备及避难层        8
设备及避难层        7
设备及避难层        6
设备及避难层        5
设备及避难层        4
设备及避难层        3
设备及避难层        2
                    1
设备层

图 4-31 消防员进行防火扑救示意图

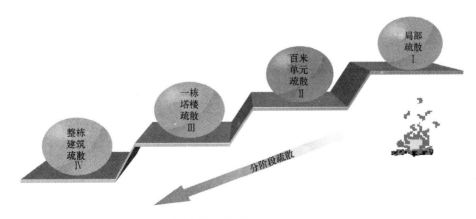

图 4-32 分阶段疏散示意图

1. 局部疏散

当某一塔楼任意楼层发生火灾时（报警局限于火灾发生楼层），将首先根据紧急广播系统预设的疏散指示进行局部人员疏散，即着火楼层和相邻上下层的所有人员必须立即疏散，如图 4-33 所示。

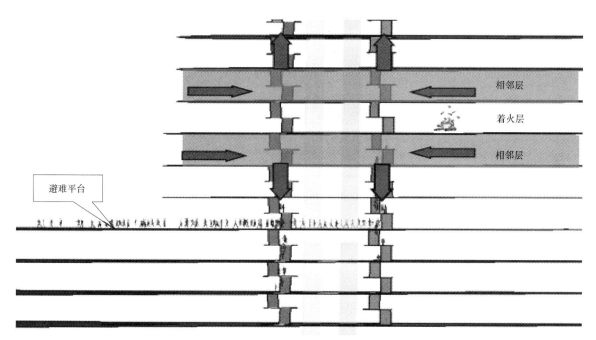

图 4-33　局部疏散示意图

2. 百米单元疏散

当着火层和相邻层疏散完时，同时联动着火层所在的分区，并发出紧急疏散指示，建筑内管理人员根据疏散预案开始对着火层所在的百米单元进行分区疏散，着火层以上楼层首先通过塔楼内楼梯疏散至最近避难平台，然后着火层以下楼层再进行疏散，见图 4-34。

3. 一栋塔楼疏散

当着火层所在百米单元疏散开始时，其他百米单元内人员通过各自楼层的疏散楼梯进行疏散，到达最近避难平台或者直接通过避难平台疏散至另外两栋塔楼，如图 4-35 所示。

4. 整体建筑疏散

当发生火灾的塔楼内人员疏散完成时，为避免承重结构破坏造成的巨大伤亡，需对建筑内其他两栋塔楼内人员进行疏散，直到所有楼层的人员全部疏散至首层室外安全区域，整体疏散方可结束。

### 4.3.4.5　人员安全疏散分析

本小节的主要目的在于利用 Pathfinder 软件，对建筑内的人员疏散过程进行分析并模拟。根据建筑特点和人员荷载情况，结合火灾模拟研究结果，计算在设定疏散场景下，建筑内各区域人员在现有疏散通道宽度和距离情况下所需要的疏散时间，为优化人员疏散方案提供设计参考依据。

1. 人员安全疏散分析的目的及判定标准

人员安全疏散分析的目的是通过计算可用疏散时间 $T_{ASET}$ 和必需疏散时间 $T_{RSET}$，从而判定人员在建筑物内的疏散过程是否安全。

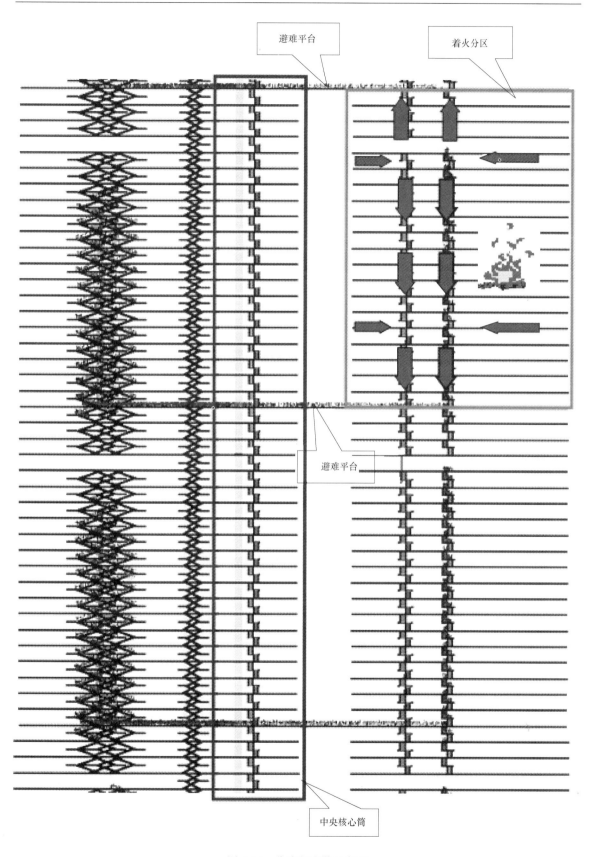

避难平台

着火分区

避难平台

中央核心筒

图 4-34 分阶段疏散示意图

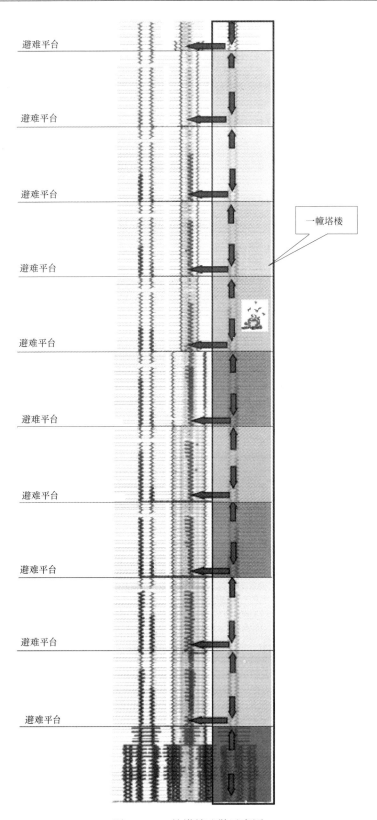

图 4-35　一栋塔楼疏散示意图

在性能化消防设计和评估中，为判定人员能否安全疏散，要证明人员能否在火灾危险来临之前疏散到安全地点。安全疏散的判定标准即为：可用疏散时间 $T_{ASET}$ 应不小于必需疏散时间

$T_{RSET}$，可用式（4-1）表述。

$$T_{ASET} \geq T_{RSET} \tag{4-1}$$

如果式（4-1）成立，则可认为人员能够安全地从危险区域疏散出去，即本建筑安全疏散系统设计符合要求。反之，则需要加强或改进消防措施。

$T_{ASET}$ 由前文所述烟气模拟计算得到，本章将对必需疏散时间 $T_{RSET}$ 进行计算。

2.疏散参数

（1）疏散人数

合理的人员疏散研究建立在较准确的人员荷载统计基础之上，不同使用功能的建筑以及不同用途的区域，其人员密度不同。人员荷载应参照现行规范，根据不同建筑的使用功能，分别按密度或按照建筑设计容量进行选取。本建筑为超大型综合建筑体，地上主体塔楼层数为190层，地下层数9层，地下4层至9层主要为停车库，地下3层为停车库和设备用房，地下1、2层为商场和设备用房。本建筑的主要使用功能为商业、办公、公寓和酒店，按规定计算各商铺内的人数，按《办公建筑设计规范》JGJ 67—2009中4.2.3条规定计算办公区内的人员数量，按《饮食建筑设计规范》JGJ 64—1989中3.1.2条规定计算餐饮区内的人员数量，详见表4-9。

建筑使用功能及各区间段的使用人数　　　　表4-9

| 区间段 | 使用功能 | 面积（m²） | 人均指标（人/m²） | 使用人数（人） |
|---|---|---|---|---|
| 0～100m | 商业 | 418846 | 0.204 | 85445 |
| 100～200m | 办公 | 161360 | 15 | 10757 |
| 200～300m | 办公 | 151504 | 15 | 10100 |
| 300～400m | 办公 | 47525.33 | 15 | 3168 |
| | 公寓 | 95050.67 | 25 | 3802 |
| 400～500m | 办公 | 46613.33 | 15 | 3108 |
| | 公寓 | 93226.67 | 25 | 3729 |
| 500～600m | 办公 | 45696 | 15 | 3046 |
| | 公寓 | 91392 | 25 | 3656 |
| 600～700m | 公寓 | 124656 | 25 | 4986 |
| 700～800m | 公寓 | 113328 | 25 | 4533 |
| 800～900m | 公寓 | 101472 | 25 | 4059 |
| 900～1000m | 五星酒店 | 53564 | 80 | 670 |
| | 六星酒店 | 26782 | 125 | 214 |
| 1000～1020m | 高档办公 | 23228 | 30 | 774 |

（2）人员类型组成

根据本项目建筑的使用功能，其人员类型组成可参照国际上通用的一般商业建筑场所推荐的数值比例构成。对于本建筑，其内部人员可简化为以下四种：成年男士、成年女士、儿童和老者，如表4-10所示。

人员类型及组成　　　　表4-10

| 场所类型 | 成年男士 | 成年女士 | 儿童 | 老人 |
|---|---|---|---|---|
| 商场区域 | 40% | 40% | 10% | 10% |
| 各功能房间工作人员 | 60% | 40% | 0 | 0 |
| 办公 | 45% | 40% | 0 | 10% |

（3）人员行走速度

国内有部分科研机构和院校曾对人员的行走速度进行过研究，并获得了部分数据，但没有权威机构对这些研究成果进行分析归纳，没有形成一套大家公认的体系。因此，在进行性能化设计时，大部分参考国外相关专家的研究成果或者国内外权威机构出版的标准和规范等。

SFPE《消防工程手册》对人员疏散参数（疏散速度、人流量、有效疏散宽度）的系统归纳，被消防安全工程界广泛采纳。该手册认为人员的行走速度是人员密度的函数：当人员密度在 $0.54 \sim 3.8$ 人 $/m^2$ 之间时，人员疏散速度可用式（4-2）表示：

$$S=k（1-0.266D）\tag{4-2}$$

式中　$k$——常数，可按表 4-11 取值；

　　　$D$——人员密度（人 $/m^2$）。

式（4-2）中常数 $k$ 的取值　　　　　　　　　　表 4-11

| 疏散路径因素 | | $k$ |
|---|---|---|
| 走道、走廊、斜坡、门口 | | 1.40 |
| 楼梯 | | |
| 梯级高度（cm） | 梯级宽度（cm） | |
| 19 | 25 | 1.00 |
| 18 | 28 | 1.08 |
| 17 | 30 | 1.16 |
| 17 | 33 | 1.23 |

根据式（4-2）可算出人员密度在 $0.54 \sim 3.8$ 人 $/m^2$ 之间时，对应的水平疏散速度和在楼梯下行时的疏散速度，见表 4-12。

SFPE《消防工程手册》确定的人员疏散速度　　　　　　　表 4-12

| 人员密度（人 $/m^2$） | < 0.54 | $0.54 \sim 1$ | $1 \sim 2$ | $2 \sim 3$ | $3 \sim 3.8$ |
|---|---|---|---|---|---|
| 水平疏散速度（m/s） | 1.2 | $1.2 \sim 1.0$ | $1.0 \sim 0.66$ | $0.66 \sim 0.28$ | $0.28 \sim 0$ |
| 楼梯下行速度（m/s） | 0.86 | $0.86 \sim 0.73$ | $0.73 \sim 0.47$ | $0.47 \sim 0.20$ | $0.20 \sim 0$ |

针对人员在楼梯间的疏散速度，加拿大的 Pauls 等学者曾对不同场所的人员进行过多次疏散试验，结果表明：人员上楼梯速度为 0.5m/s，人员下楼梯速度为 0.8m/s。也有相关的文献介绍，人员上楼梯速度为 0.4 倍的正常速度，人员下楼梯速度为 0.6 倍的正常速度。

另外，对于不同类型的人员疏散速度，苏格兰爱丁堡大学研究成果不但给出了 4 类人员（成年男士、成年女士、儿童和老者）的平均形体尺寸，还给出了 4 类人员的步行速度建议推荐值，结果表明：后三类人员，即成年女士、儿童和老者，其水平和沿坡道、楼梯上下行疏散速度分别为第一类人员成年男士的 85%、66% 和 59%。

据以上分析，将各场景内人员疏散速度按表 4-13 中数值选取。

人员疏散速度和形体特征　　　　　　　表 4-13

| 人员类型 | 步行速度（m/s） | | | 形体尺寸（肩宽 m× 背厚 m× 身高 m） |
|---|---|---|---|---|
| | 坡道和楼梯间 | | 商铺、水平走廊、出入口 | |
| | 上行 | 下行 | | |
| 成年男士 | 0.5 | 0.7 | 1.0 | $0.5 \times 0.3 \times 1.7$ |
| 成年女士 | 0.43 | 0.6 | 0.85 | $0.45 \times 0.28 \times 1.6$ |

| 人员类型 | 步行速度（m/s） | | 商铺、水平走廊、出入口 | 形体尺寸（肩宽 m× 背厚 m× 身高 m） |
|---|---|---|---|---|
| | 坡道和楼梯间 | | | |
| | 上行 | 下行 | | |
| 儿童 | 0.33 | 0.46 | 0.66 | 0.3×0.25×1.3 |
| 老者 | 0.3 | 0.42 | 0.59 | 0.5×0.25×1.6 |

（4）电梯参数

根据《电梯制造与安装安全规范》GB 7588—2003 对电梯载重量的相关要求，如表 4-14、表 4-15 所示，取塔楼内疏散电梯的乘客人数为 20 人，运行最快速度为 2.5m/s，核心筒穿梭电梯的乘客人数为 25 人，运行最快速度为 16m/s。电梯的详细参数如表 4-16 所示。

电梯额定载重量与最大有效面积关系表 表 4-14

| 额定载重量（kg） | 轿厢最大有效面积（m²） | 额定载重量（kg） | 轿厢最大有效面积（m²） |
|---|---|---|---|
| 1001① | 0.37 | 900 | 2.20 |
| 1802② | 0.58 | 975 | 2.35 |
| 225 | 0.70 | 1000 | 2.40 |
| 300 | 0.90 | 1050 | 2.50 |
| 375 | 1.10 | 1125 | 2.65 |
| 400 | 1.17 | 1200 | 2.80 |
| 450 | 1.30 | 1250 | 2.90 |
| 525 | 1.45 | 1275 | 2.95 |
| 600 | 1.60 | 1350 | 3.10 |
| 630 | 1.66 | 1425 | 3.25 |
| 675 | 1.75 | 1500 | 3.40 |
| 750 | 1.90 | 1600 | 3.56 |
| 800 | 2.00 | 2000 | 4.20 |
| 825 | 2.05 | 25003③ | 5.00 |

① 一人电梯的最小值；

② 二人电梯的最小值；

③ 额定载重量超过 2500kg 时，每增加 100kg，面积增加 0.16m²。对中间的载重量，其面积由线性插入法确定。

乘客数量计算 表 4-15

| 乘客人数（人） | 轿厢最小有效面积（m²） | 乘客人数（人） | 轿厢最小有效面积（m²） |
|---|---|---|---|
| 1 | 0.28 | 11 | 1.87 |
| 2 | 0.49 | 12 | 2.01 |
| 3 | 0.60 | 13 | 2.15 |
| 4 | 0.79 | 14 | 2.29 |
| 5 | 0.98 | 15 | 2.43 |
| 6 | 1.17 | 16 | 2.57 |
| 7 | 1.31 | 17 | 2.71 |
| 8 | 1.45 | 18 | 2.85 |
| 9 | 1.59 | 19 | 2.99 |
| 10 | 1.73 | 20 | 3.13 |

注：乘客人数超过 20 人时，每增加 1 人，增加 0.115m²。

电梯的详细参数　　　　　　　　　　表 4-16

| 电梯参数 ＼ 电梯位置 | 电梯位置 | |
|---|---|---|
| | 核心筒内 | 塔楼内 |
| 运行最快速度（m/s） | 16 | 2.5 |
| 尺寸：长（m）×宽（m） | 2×2 | 2×2 |
| 最大载人数量（人） | 25 | 20 |
| 入口宽度（m） | 2 | 2 |
| 开门和关门时间（s） | 5 | 5 |
| 加速度和减速度（m/s²） | 2.5 | 1.2 |

（5）疏散出口的有效宽度

学者 Pauls 等人对人员在疏散过程中的行为做过详细研究。研究表明，人在通过疏散走道或疏散门时习惯于与走道或门边缘保持一定的距离。因此，除非人员密度高度集中，否则，在疏散时并不是门的整个宽度都能得到有效利用。SFPE《消防工程手册》对此进行了总结并提出了有效宽度折减值，见表 4-17。

各种通道的有效宽度折减值　　　　　　　　表 4-17

| 通道类型 | 有效宽度折减值（cm） |
|---|---|
| 楼梯、墙壁 | 15 |
| 扶手 | 9 |
| 音乐厅座椅、体育馆长凳 | 0 |
| 走廊、坡道 | 20 |
| 广阔走廊、行人走道 | 46 |
| 大门、拱门 | 15 |

根据表 4-17，可计算出各疏散出口的有效疏散宽度，然后再作为初始边界条件建立各疏散场景的人员疏散模型。

### 4.3.4.6　疏散方案研究

本报告提出两种疏散方案：

（1）塔楼内利用疏散电梯在避难间停靠，将避难间的人员疏散至避难平台；

（2）塔楼内只利用楼梯疏散至避难平台。

利用 Pathfinder 分别进行模拟分析，通过这两种方案的对比，提出最佳疏散方案。

为了确定人员疏散难度所在区域，分别截取总建筑模型的一部分进行分析。结合本建筑核心筒的电梯设置情况以及楼梯的分布，分别取 0～280m 区间和 285～1020m 区间分别分析。其中，0～280m 区间内的人员通过塔楼内的楼梯进行疏散，285～1020m 区间的人员通过塔楼内楼梯疏散至避难平台，再转由核心筒内的电梯疏散。见图 4-36 。

1. 0～280m 区间的对比

本区间内塔楼楼梯无断层，可直接利用楼梯疏散至室外，火灾发生时，0～95m 区间内的人员利用塔楼内楼梯疏散至室外，100～280m 区间内的人员首先利用塔楼内的楼梯疏散，可至每百米单元内 50m 处的避难间乘坐疏散电梯（图 4-37），或直接利用塔楼内楼梯疏散（图 4-38），到达避难平台（图 4-39），最后通过核心筒内的楼梯疏散至室外。

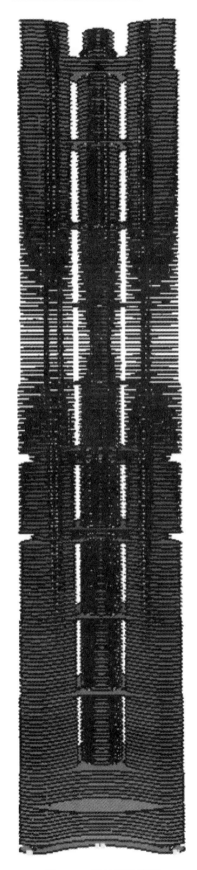

图 4-36 整体疏散模型

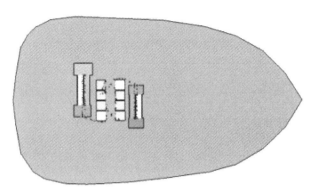

图 4-37 塔楼内利用电梯疏散

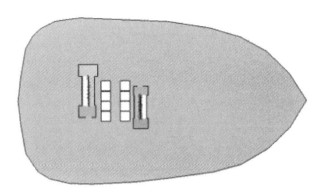

图 4-38 塔楼内利用楼梯疏散

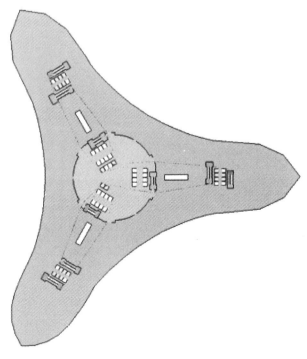

图 4-39 疏散至避难平台

当发生火灾时，0 ~ 280m 区间内的人员的疏散时间及具体情况见表4-18。

280m 区间内的人员的疏散时间 表 4-18

| 位置 | 电梯 / 楼梯疏散 | 楼梯疏散 |
|---|---|---|
| 280m 处 | | |
| | 0s | |
| 人员疏散至 280m 处楼梯间 | | |
| | 645.6s | 909.1s |
| 人员疏散至 250m 处避难间 | | |
| | 921.1s | 1096.6s |

| 位置 | 电梯/楼梯疏散 | 楼梯疏散 |
|---|---|---|
| 人员疏散至200m避难平台 | 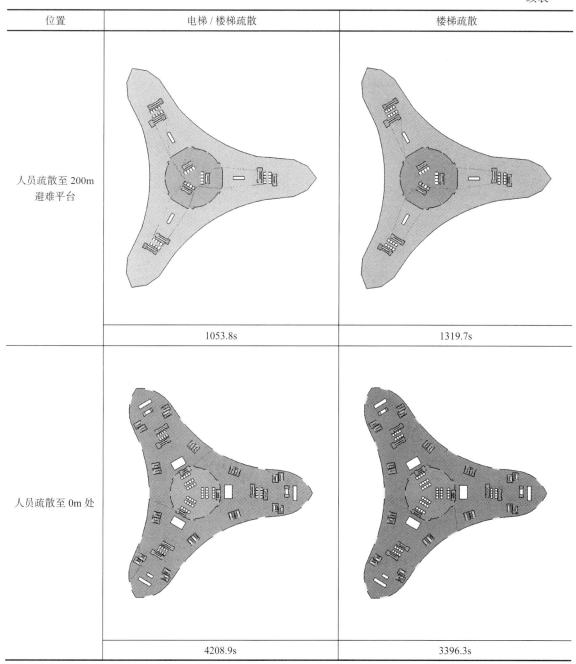 | |
| | 1053.8s | 1319.7s |
| 人员疏散至0m处 | | |
| | 4208.9s | 3396.3s |

结合疏散模拟结果，从以上分析可以得出：

在 0 ～ 280m 区间，塔楼内仅使用楼梯疏散时，整栋建筑的疏散时间为 3396.3s，使用疏散电梯作为辅助疏散时，整栋建筑的疏散时间为 4208.9s。虽然使用疏散电梯辅助疏散所用时间略长于仅使用楼梯疏散所用时间，但使用电梯辅助疏散时，人员到达避难间和避难平台的时间大大缩短，使人员更快地进入安全区域。

2. 285 ～ 1020m 区间的对比

本区间内楼梯在 80m 处断层，每个百米单元内的人首先通过塔楼内的楼梯疏散至 50m 处避难间乘坐疏散电梯，或直接疏散至避难平台，然后通过核心筒内穿梭电梯疏散。

当发生火灾时，285 ～ 1020m 区间内的人员的疏散时间及具体情况见表 4-19。

285～1020m 区间内的人员的疏散时间 表 4-19

| 位置 | 电梯 / 楼梯疏散 | 楼梯疏散 |
|---|---|---|
| 人员分布在 760m 处 | | |
| | 0s | |
| 人员疏散至 760m 处楼梯间 | | |
| | 32.5s | |
| 人员疏散至 750m 处避难间 | | |
| | 240.7s | |

续表

| 位置 | 电梯 / 楼梯疏散 | 楼梯疏散 |
| --- | --- | --- |
| 人员疏散至 700m 处避难平台 | | |
| | 493.7s | 680s |
| 人员至 500m 处换乘 | | |
| | 695.3s | 882.4s |
| 人员疏散至 0m | | |
| | 2851s | 2765s |

在 285 ～ 1020m 区间，塔楼内仅使用楼梯疏散时，整栋建筑的疏散时间为 2765s，使用疏散电梯作为辅助疏散时，整栋建筑的疏散时间为 2861s。对比 0 ～ 280m 区间的疏散时间，发现整栋建筑的疏散压力主要在 0 ～ 280m 区间段。分析本区间段的疏散时间发现：人员从避难间疏散至避难平台时，仅利用楼梯疏散用时 439.3s，而利用疏散电梯辅助疏散只用时 253s，人员到达避难平台的时间大大缩短，使人员更快地进入安全区域。

3. 整体对比

从整体上对比塔楼内设有疏散电梯辅助疏散和塔楼内只依靠楼梯疏散这两种疏散方案，表 4-20 ～ 表 4-32 给出了火灾发生时，人员的疏散时间及具体情况。

985 ～ 1020m 区间人员疏散时间　　　　　　　　　　　表 4-20

| 位置 | 楼梯疏散使用时间（s） | 电梯 / 楼梯疏散使用时间（s） |
| --- | --- | --- |
| 1020m 处楼梯间 | 29.4 | 29.4 |
| 1000m 处避难平台 | 99.7 | 99.7 |
| 500m 处避难平台 | 1390.8 | 1033.2 |
| 0m 处 | 1494.3 | 1152.5 |
| 室外 | 1537.2 | 1195.8 |

885 ～ 980m 区间人员疏散时间　　　　　　　　　　　表 4-21

| 位置 | 楼梯疏散使用时间（s） | 电梯 / 楼梯疏散使用时间（s） |
| --- | --- | --- |
| 980m 处楼梯间 | 27.8 | 27.8 |
| 950m 处避难间 | 132.1 | 132.1 |
| 900m 处避难平台 | 301.8 | 192.8 |
| 500m 处避难平台 | 1165.8 | 1136.5 |
| 0m 处 | 1277.0 | 1271.3 |
| 室外 | 1324.7 | 1316.8 |

785 ～ 880m 区间人员疏散时间　　　　　　　　　　　表 4-22

| 位置 | 楼梯疏散使用时间（s） | 电梯 / 楼梯疏散使用时间（s） |
| --- | --- | --- |
| 880m 处楼梯间 | 37.4 | 27.4 |
| 850m 处避难间 | 368.2 | 446.3 |
| 800m 处避难平台 | 585.0 | 552.7 |
| 500m 处避难平台 | 862.8 | 1571.0 |
| 0m 处 | 1112.3 | 1684.3 |
| 室外 | 1152.0 | 1721.7 |

685 ～ 780m 区间人员疏散时间　　　　　　　　　　　表 4-23

| 位置 | 楼梯疏散使用时间（s） | 电梯 / 楼梯疏散使用时间（s） |
| --- | --- | --- |
| 780m 处楼梯间 | 41.8 | 37.4 |
| 750m 处避难间 | 439.3 | 514.1 |
| 700m 处避难平台 | 661.5 | 594.5 |
| 500m 处避难平台 | 1085.0 | 1282.3 |
| 0m 处 | 1270.6 | 1430.4 |
| 室外 | 1309.2 | 1476.9 |

585～680m 区间人员疏散时间　　　　　　　　表 4-24

| 位置 | 楼梯疏散使用时间（s） | 电梯／楼梯疏散使用时间（s） |
| --- | --- | --- |
| 680m 处楼梯间 | 50.3 | 39.6 |
| 650m 处避难间 | 404.5 | 658.3 |
| 600m 处避难平台 | 631.9 | 760.5 |
| 500m 处避难平台 | 2185.8 | 2015.8 |
| 0m 处 | 2392.5 | 2105.0 |
| 室外 | 2427.1 | 2143.8 |

485～580m 区间人员疏散时间　　　　　　　　表 4-25

| 位置 | 楼梯疏散使用时间（s） | 电梯／楼梯疏散使用时间（s） |
| --- | --- | --- |
| 580m 处楼梯间 | 436.6 | 305.9 |
| 550m 处避难间 | 617.5 | 854.5 |
| 500m 处避难平台 | 848.3 | 947.8 |
| 0m 处 | 1105.6 | 1169.7 |
| 室外 | 1149.4 | 1214.6 |

385～480m 区间人员疏散时间　　　　　　　　表 4-26

| 位置 | 楼梯疏散使用时间（s） | 电梯／楼梯疏散使用时间（s） |
| --- | --- | --- |
| 480m 处楼梯间 | 479.0 | 80.1 |
| 450m 处避难间 | 632.1 | 681.7 |
| 400m 处避难平台 | 850.3 | 771.3 |
| 0m 处 | 1019.9 | 1209.2 |
| 室外 | 1054.8 | 1305.1 |

285～380m 区间人员疏散时间　　　　　　　　表 4-27

| 位置 | 楼梯疏散使用时间（s） | 电梯／楼梯疏散使用时间（s） |
| --- | --- | --- |
| 380m 处楼梯间 | 539.6 | 257.8 |
| 350m 处避难间 | 708.5 | 753.3 |
| 300m 处避难平台 | 933.4 | 840.8 |
| 0m 处 | 1801.4 | 1666.6 |
| 室外 | 1842.4 | 1705.2 |

200～280m 区间人员疏散时间　　　　　　　　表 4-28

| 位置 | 楼梯疏散使用时间（s） | 电梯／楼梯疏散使用时间（s） |
| --- | --- | --- |
| 280m 处楼梯间 | 931.8 | 657.6 |
| 250m 处避难间 | 1095.9 | 900.4 |
| 200m 处避难平台 | 1314.8 | 985.5 |
| 100m 处避难平台 | 2737.0 | 3035.0 |
| 0m 处 | 3162.4 | 3392.6 |
| 室外 | 3187.7 | 3419.6 |

195m 人员疏散时间                                                                表 4-29

| 位置 | 楼梯疏散使用时间（s） | 电梯 / 楼梯疏散使用时间（s） |
|---|---|---|
| 195m 处楼梯间 | 78.1 | 80.0 |
| 200m 处避难平台 | 156.8 | 137.2 |
| 200m 处核心筒楼梯间 | 3797.8 | 4254.4 |
| 100m 处避难平台 | 4306.8 | 4762.2 |
| 0m 处 | 4675.9 | 5125.9 |
| 室外 | 4704.4 | 5152.3 |

190m 人员疏散时间                                                                表 4-30

| 位置 | 楼梯疏散使用时间（s） | 电梯 / 楼梯疏散使用时间（s） |
|---|---|---|
| 190m 处楼梯间 | 150.2 | 139.4 |
| 200m 处避难平台 | 243.6 | 230.0 |
| 200m 处核心筒楼梯间 | 4189.6 | 4187.8 |
| 100m 处避难平台 | 4694.5 | 4563.3 |
| 0m 处 | 5052.3 | 4886.0 |
| 室外 | 5079.2 | 4914.0 |

185m 人员疏散时间                                                                表 4-31

| 位置 | 楼梯疏散使用时间（s） | 电梯 / 楼梯疏散使用时间（s） |
|---|---|---|
| 185m 处楼梯间 | 216.0 | 195.8 |
| 200m 处避难平台 | 364.1 | 327.2 |
| 200m 处核心筒楼梯间 | 4112.7 | 3551.4 |
| 100m 处避难平台 | 4722.2 | 4081.4 |
| 0m 处 | 5083.4 | 4438.7 |
| 室外 | 5111.2 | 4467.7 |

180m 区间人员疏散时间                                                            表 4-32

| 位置 | 楼梯疏散使用时间（s） | 电梯 / 楼梯疏散使用时间（s） |
|---|---|---|
| 180m 处楼梯间 | 232.3 | 198.0 |
| 200m 处避难平台 | 415.6 | 384.9 |
| 200m 处核心筒楼梯间 | 3789.3 | 3256.1 |
| 100m 处避难平台 | 4358.1 | 3728.1 |
| 0m 处 | 4741.4 | 4092.8 |
| 室外 | 4768.8 | 4120.4 |

（1）通过对 Pathfinder 模拟结果进行分析，塔楼内仅使用楼梯疏散时，整栋建筑的疏散时间为 5491.8s，使用疏散电梯辅助疏散时，整栋建筑的疏散时间为 5519.0s。其中，585～680m 和 885～1020m 区间段内的人员使用塔楼内疏散电梯作为辅助疏散所用时间较短，而 195～580m 和 685～880m 区间段内则相反，虽然这些区间段内使用疏散电梯作为辅助疏散使用时间略长于楼梯疏散，但是使用疏散电梯作为辅助疏散大大地缩短了人员疏散至楼梯间以及避难平台的时间。对于 195m 以下区间段内人员疏散模拟结果的分析发现，对其设置不同的路径，可以大大缩短疏散时间。

（2）对于每个区间段人员疏散分析发现，使用疏散电梯作为辅助疏散时，缩短了人员到达该层防烟楼梯间和避难间的时间，提高了人员疏散至避难平台的效率，具体情况见表4-33和图4-40。

整体疏散时间分析 表4-33

| 位置 | 电梯／楼梯疏散（s） | 楼梯疏散（s） | 调高效率 |
|------|------|------|------|
| 1020～1000m | 99.4 | 99.4 | 0 |
| 950～900m | 60.7 | 169.7 | 64.2% |
| 850～800m | 106.4 | 216.8 | 50.9% |
| 750～700m | 80.4 | 222.2 | 63.8% |
| 650～600m | 102.2 | 227.4 | 55.1% |
| 550～500m | 93.3 | 230.8 | 59.6% |
| 450～400m | 89.6 | 218.2 | 58.9% |
| 350～300m | 87.5 | 224.9 | 61.1% |
| 250～200m | 85.1 | 218.9 | 61.1% |

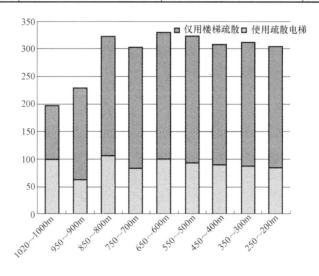

图4-40 整体疏散时间分析

（3）综合对整体建筑模型的分析，将本建筑分为几个区间段分别叙述：

1）985～1020m区间段：火灾发生时，本区间段内人员通过塔楼内防烟楼梯疏散至1000m处避难平台，再通过核心筒内穿梭电梯至500m，换乘后疏散至室外；

2）930～980m区间段：火灾发生时，本区间段内人员通过塔楼内防烟楼梯疏散至950m处避难间，在避难间乘坐疏散电梯至900m处避难平台，再通过核心筒内穿梭电梯至500m，换乘后疏散至室外；

3）885～925m区间段：火灾发生时，本区间段内人员通过塔楼内防烟楼梯疏散至900m处避难平台，通过核心筒内楼梯疏散至室外；

4）830～880m区间段：火灾发生时，本区间段内人员通过塔楼内防烟楼梯疏散至850m处避难间，在避难间乘坐疏散电梯至800m处避难平台，再通过核心筒内穿梭电梯至500m，换乘后疏散至室外；

5）785～825m区间段：火灾发生时，本区间段内人员通过塔楼内防烟楼梯疏散至800m处避难平台，通过核心筒内楼梯疏散至室外；

6）730～780m 区间段：火灾发生时，本区间段内人员通过塔楼内防烟楼梯疏散至 750m 处避难间，在避难间乘坐疏散电梯至 700m 处避难平台，再通过核心筒内穿梭电梯至 500m，换乘后疏散至室外；

7）685～725m 区间段：火灾发生时，本区间段内人员通过塔楼内防烟楼梯疏散至 700m 处避难平台，通过核心筒内楼梯疏散至室外；

8）630～680m 区间段：火灾发生时，本区间段内人员通过塔楼内防烟楼梯疏散至 650m 处避难间，在避难间乘坐疏散电梯至 600m 处避难平台，通过核心筒内楼梯疏散至 500m 处，换乘穿梭电梯疏散至室外；

9）585～625m 区间段：火灾发生时，本区间段内人员通过塔楼内防烟楼梯疏散至 600m 处避难平台，通过核心筒内楼梯疏散至 500m 处，换乘穿梭电梯疏散至室外；

10）530～580m 区间段：火灾发生时，本区间段内人员通过塔楼内防烟楼梯疏散至 550m 处避难间，在避难间乘坐疏散电梯至 500m 处避难平台，通过核心筒内穿梭电梯疏散至室外；

11）485～525m 区间段：火灾发生时，本区间段内人员通过塔楼内防烟楼梯疏散至 500m 处避难平台，通过核心筒内楼梯疏散至室外；

12）430～480m 区间段：火灾发生时，本区间段内人员通过塔楼内防烟楼梯疏散至 450m 处避难间，在避难间乘坐疏散电梯至 400m 处避难平台，通过核心筒内穿梭电梯疏散至室外；

13）385～425m 区间段：火灾发生时，本区间段内人员通过塔楼内防烟楼梯疏散至 400m 处避难平台，通过核心筒内楼梯疏散至室外；

14）330～380m 区间段：火灾发生时，本区间段内人员通过塔楼内防烟楼梯疏散至 350m 处避难间，在避难间乘坐疏散电梯至 300m 处避难平台，通过核心筒内穿梭电梯疏散至室外；

15）285～325m 区间段：火灾发生时，本区间段内人员通过塔楼内防烟楼梯疏散至 300m 处避难平台，通过核心筒内楼梯疏散至室外；

16）230～280m 区间段：火灾发生时，本区间段内人员通过塔楼内防烟楼梯疏散至 250m 处避难间，在避难间乘坐疏散电梯至 200m 处避难平台，通过核心筒内楼梯疏散至室外；

17）185～225m 区间段：火灾发生时，本区间段内人员通过塔楼内防烟楼梯疏散至 200m 处避难平台，通过核心筒内楼梯疏散至室外；

18）0～180m 区间段：火灾发生时，本区间段内人员通过塔楼内防烟楼梯直接疏散至室外。

4. 疏散安全性判定

保障人员生命安全是消防性能化设计最重要的目标，人员疏散是否安全，需要将不同火灾场景下的火灾环境与人员疏散的状况联系起来分析。

下面将本项目各区域通过计算机人员疏散模拟软件进行计算得到的所需的安全疏散时间（$T_{RSER}$），与各火灾场景下的环境可提供安全时间（$T_{ASET}$）进行比较，以判断各区域内人员疏散的安全性，见表 4-34。

**人员疏散安全性判定**　　　　　　　表 4-34

| 火源位置 | 火灾场景 | 自动灭火系统 | 机械排烟系统 | 可用疏散时间 $T_{ASET}$（s） | 必需疏散时间 $T_{RSET}$（s） | 疏散安全性判定 |
|---|---|---|---|---|---|---|
| B | B01 | 失效 | 有效 | 1638 | 1266.6 | 安全 |
|  | B10 | 有效 | 失效 | >1800 |  | 安全 |
|  | B11 | 有效 | 有效 | >1800 |  | 安全 |
| C | C01 | 失效 | 有效 | 1504.8 | 195.3 | 安全 |
|  | C10 | 有效 | 失效 | 1666.6 |  | 安全 |
|  | C11 | 有效 | 有效 | 1612.8 |  | 安全 |

| 火源位置 | 火灾场景 | 自动灭火系统 | 机械排烟系统 | 可用疏散时间 $T_{ASET}$（s） | 必需疏散时间 $T_{RSET}$（s） | 疏散安全性判定 |
|---|---|---|---|---|---|---|
| E | E01 | 失效 | 有效 | 685.8 | | 安全 |
| | E10 | 有效 | 失效 | 1699.2 | 216.5 | 安全 |
| | E11 | 有效 | 有效 | 1652.4 | | 安全 |
| F | F01 | 失效 | 有效 | 1270.8 | | 安全 |
| | F10 | 有效 | 失效 | 1276.2 | 161.4 | 安全 |
| | F11 | 有效 | 有效 | 1598.4 | | 安全 |

通过对建筑内人员的疏散模拟分析，并与火灾烟气模拟计算结果进行对比，可以得到如下结论：

在自动喷水灭火系统和机械排烟系统均有效的情况下，对于各个设定火灾场景和疏散场景，建筑内各层人员可利用时间均较长。因此，可以判断当前设计的消防设施能满足建筑人员安全疏散的需求。

建筑内的消防系统是人员安全疏散的重要保障，建议加强对建筑内的消防设施进行检测和维护，或采取必要的技术措施，以保证火灾时能够启动。

#### 4.3.4.7　不确定性分析

1.疏散过程中的人员不确定性分析

本报告采用水力模型来计算人员的疏散时间。其假设为：疏散人员具有相同的特征，都具有足够的身体条件自行疏散到安全地点，人员疏散行走同时且井然有序。这与实际发生火灾时的情况有较大出入。因此，本报告在计算疏散时间时考虑了一定的安全系数（安全系数 = 1.5），就是为了弥补这些不确定性因素所带来的影响。

在预测疏散时间时，重要之处在于人员的特性参数，包括对建筑物的熟悉程度、人员的身体条件及行为特征、人员的数量及分布等。

（1）对建筑物的熟悉程度

对于那些熟悉建筑物的人员，在发生火灾时能够较为容易地确定合理疏散路径。而那些不熟悉建筑物的人员，在紧急情况下往往倾向于依赖其习惯或寻找并沿他们进入建筑物的路线逃生。

（2）警惕性

人员的警惕性越高，越有利于早期发现火灾以及迅速作出决定，采取避难与疏散行走。这种警惕性受诸多因素的影响，例如：年龄、社会阅历、受教育程度等。一般受教育程度越高或社会阅历越深，其安全意识相对要高，发生火灾时也往往能够做出比较理性的判断。

（3）活动能力

人员的行走速度受较多因素的影响，例如性别、年龄及身体健康状况等。研究表明：人的年龄超过65岁时，行走速度有一定的减缓，少儿的行走速度比成人的速度要慢。但是总体年龄对人员疏散时间的影响不很明显。此外，人员的行走速度还较大程度上受疏散路线内人员密度的影响。

（4）社会关系

观察表明：在疏散过程中，人总是习惯于和自己有某种联系的人结伴构成一个群体，比如家庭成员、同事等。有时这会有助于快速发现火情，但并不一定会促使人员赶快疏散。群体的速度往往受其中行动最慢的人的影响。

本工程为千米级超高建筑，发生火灾时，火灾产生的烟气及热辐射可能对人员的生理及心理上造成更大影响，使一部分人员产生恐慌，影响其决策的正确与合理程度。这种恐慌心理最终还可能由少部分人波及大部分人，从而造成更大的混乱，在整个疏散过程中不太可能完全出现井然有序地疏散的现象。

2. 火灾蔓延的不确定性分析

火灾蔓延区域和面积的大小受到多种不确定因素的影响，如：

（1）可燃材料和可燃物本身的对火反应特性等；

（2）可燃物的形状、摆放方式和堆积形式等；

（3）可燃物之间的相对空间位置；

（4）火灾时的通风状况；

（5）其他燃烧物体以及高温体、热烟气层的热回馈；

（6）灭火救援和消防系统的作用效果；

（7）空间内的防火分隔方式与面积大小。

火灾蔓延不仅受众多不确定因素的影响，而且火灾蔓延的全过程机理尚未完全研究透彻，目前还缺乏准确预测火灾蔓延的数学模型，火灾模拟计算所需参数还不丰富。因此，本报告中对火灾蔓延的分析仅针对典型可燃物及常规情况下的火灾蔓延情形。基于上述原因，为了使消防设计更加安全，本报告中采取了较保守的分析方法，考虑了最不利的起火位置和引燃条件。

### 4.3.4.8 结论与建议

（1）通过 Pathfinder 软件对人员疏散进行模拟分析，以塔楼内部仅用楼梯和辅以电梯的两种情况下的两种疏散方式进行对比：

塔楼内仅使用楼梯疏散时，整栋建筑的疏散时间为 5491.8s；使用疏散电梯辅助疏散时，整栋建筑的疏散时间为 5519.0s。

其中，585～680m 和 885～1020m 区间段内的人员使用塔楼内疏散电梯作为辅助疏散所用时间较短，而 195～580m 和 685～880m 区间段内则相反，虽然这些区间段内使用疏散电梯作为辅助疏散使用时间略长于楼梯疏散，但是使用疏散电梯作为辅助疏散大大的缩短了人员疏散至楼梯间以及避难平台的时间，因此 200～1020m 区间段内的人员，仍然采取使用疏散电梯辅助疏散的方式。对于 195m 以下区间段内人员疏散模拟结果的分析发现，对其设置不同的路径，可以大大缩短疏散时间，因此采用楼梯疏散的方式。

（2）通过对比不同设计火灾场景的 ASET 和 RSET，论证了建筑疏散楼梯设计、防火分区划分的可行性及合理性。

对于本工程建筑的日常运营管理，提出如下建议：

1）鉴于本项目建筑体量大、火灾荷载高、疏散难度大，建议在主要疏散通道附近设置 10m² 的消防值勤室，用于陈设消防处置预案、消防疏散布置情况及疏散预案、加强布置的消防设施，值班保安办公等；

2）通过模拟可知，消防设施的有效性对于保证人员安全疏散具有极其重要的作用，故应当加强日常维护管理，确保自动喷水灭火系统、机械防排烟系统以及火灾自动报警系统等消防设施完好有效，确保应急照明、出口指示标志等设施完好有效；

3）严格禁止在防火卷帘下方放置任何物品，以免影响防火卷帘的降落。管理者应经常对防火卷帘进行检查和维护，以保证其能正常使用；

4）疏散出口在疏散过程中起着至关重要的作用，在日常的消防管理中应当加强管理，保证通畅。禁止在安全通道内放置任何物品，以免影响人员疏散；应采用合适的门禁系统，避免由于防盗的目的将用作疏散的楼梯间门锁死，导致人员无法疏散；

5）对火灾荷载较大的区域实行重点监视，尽量避免出现点火源；大楼管理者应严格控制明火以及各种可能引起火灾的引燃源，如电气火花、吸烟、电气故障等，应在醒目的位置张贴"禁止吸烟"的告诫牌，及时对可燃垃圾进行处理；

6）建立完善的消防安全管理制度，在当地公安消防部门的指导下，制定灭火和应急疏散预案。加强对职工的消防安全教育，定期对建筑内工作人员进行疏散演习和消防培训，使职工熟悉灭火器和室内消火栓的位置、使用方法及火灾时的合理处置程序，能够使用和操作灭火器与消火栓；员工应掌握疏散预案，在火灾发生时，由工作人员按照疏散预案，引导建筑内人员安全疏散。

### 4.3.5 各类辅助疏散设施

1. 国外研究情况

目前国内高层、超高层建筑的人员逃生主要是依靠防烟楼梯间，现有逃生器材和消防登高车因其局限性，应用场所非常有限。

现阶段国内使用的逃生设备主要有：救生绳、救生软梯、救生气垫、柔性救生滑道、高空缓降器等设备，这些设备使用高度及运送人数有限，且很多人员不敢使用，无法作为高层、超高层建筑的群体逃生装备。为了克服高层、超高层建筑人员疏散困难的问题，世界各国的专家开展了大量的试验研究，并开发出了一些可用于高层、超高层建筑的群体逃生装备。

（1）以色列

由于土地面积有限，以色列的超高层建筑非常多，研究人员研制了无线遥控式楼外电梯。借鉴电梯的形式，在超高楼大厦的顶层安装外挂式消防通道，一旦发生火灾，可以承担起向下撤离受困人员以及向上运送消防人员的任务。这套由5个外挂式箱体组成的可以自由升降的救援系统，能迅速地将建筑内的被困人员安全地撤离到地面，消防人员也可以利用该装置快速上楼控制火势。这种外式消防输送装备由两台可以互相替换的柴油发电机提供动力，满载时5个厢体可以在几分钟内把150人安全送到地面。这种新设备的价格不菲，对于一幢40层高的大楼，安装这种救生设备约需耗费200万美元。

（2）美国

美国研究人员开发了一种采用电磁逃生系统的火灾逃生设备，这套系统的核心是设在建筑物每个转角处的升降竖井，其中按照一定规律安装有电磁片。超高层建筑内的每户居民都分发到若干件金属救生衣：发生火灾时逃生者穿上这种救生衣直接跳到井内，竖井内的电磁片给金属衣一个与重力方向相反的向上的阻力，逃生者就像有降落伞一样，缓慢地降落到地面。

（3）日本

日本研制了一种用不锈钢制作的螺旋形室外楼梯，每层有两个回转，设计有安全下滑的坡度，下降平稳。

（4）德国

德国研制了一种由运载器、载人舱和齿轨3部分组成的救生系统，齿轨安装在超高层建筑的外墙上，对一幢35层的楼房，救生速度可达150人/h，德国还开发了一种折叠式的可充气逃生舱，平时这种逃生舱折叠在一起，置于高层建筑的屋顶。发生火灾时，救援人员开启底楼外墙的激活装置5个连在一起的折叠逃生舱立即像手风琴一样打开，并自动充入可让逃生舱悬浮的氢气，然后逃生舱伸出屋顶边缘，沿着建筑物外墙徐徐降到地面，人们可以从楼顶进入逃生舱，也可在逃生舱经过窗户时迅速进入。一套逃生舱每次可以运送30名乘客。

2. 国内研究情况

为了确保高层、超高层建筑中的人员即使在楼梯间进烟的情况下仍然能够安全逃生，公安部四川消防研究所开展了高层建筑往复式应急逃生输送装置的研制，经过反复的运行试验和改进，已完成了三代样机的试制和改进。最新型的往复式应急逃生输送装置样机经过了数千次往复运行试验，运行平稳。目前继续进行更多的运行试验研究，以进一步提高系统的安全性和可靠性。

高层建筑往复式应急逃生输送装置的原理和特点

利用高层、超高层建筑中的避难层、避难间及设在两个避难层间的防烟分隔门，将起火楼层的火焰和烟气控制在尽可能小的楼层段中。并通过采取可靠的技术措施，确保避难层和其他的楼层段不受到烟气的影响，在这种情况下，即使烟气进入了楼梯间，也只能影响到一小段楼梯段，起火楼层段的人员可以通过很短的路径迅速疏散到就近的避难层。疏散到起火楼层下部避难层的人员，完全不会受到烟气的影响，可以通过楼梯从容疏散到地面。疏散到起火楼层上部避难层的人员，则可以通过高层建筑往复式应急逃生输送装置安全地疏散到起火层以下的避难层，必要时也可直接输送至地面。逃生输送装置的运行区间可以由消防控制中心控制。往复式应急逃生输送装置安装在高层或超高层建筑的专用竖井内，该竖井宜靠外墙面设置，必要时也可靠核心筒设置，专用竖井与建筑物的其他区域或井道采用耐火性能 2h 以上的防火隔墙分隔，除在避难层、避难间、楼顶和首层设有层门外，其他区域不设置任何开口。当逃生输送装置必须在某一楼层停靠时，应设置独立的防烟前室，层门必须具有防烟功能，发生火灾时，该层门可由感烟探测系统或消防控制室控制锁闭，井道设计应考虑防水措施。应急逃生输送装置均在井道内，不会受到风吹、日晒、雨淋的影响，其日常的维护保养与电梯类似，与其他逃生装置相比，往复式应急逃生输送装置的安全保障程度明显提高。

高层建筑往复式应急逃生输送装置的基本原理是利用能量转换关系，依靠永磁阻尼原理，靠逃生人员的自重下降。下降过程中由阻尼自动控速系统控制下降速率，并将负荷的势能全部转变成其他能量（电能、热能、动能等）。当载有逃生人员的轿箱下降时，阻尼机产生与重力矩相反的磁力矩，并不断平衡负载重力所产生的重力加速度，将负荷的下降速度自动控制在设定的安全下降速度范围内，从而达到安全运行的目的。高层建筑往复式

应急逃生输送装置具有以下主要技术特点：

（1）在自救逃生的下降过程中，不使用电源作动力，即使没有外部电源也能安全下降。

（2）1～10 人均可使用，根据需要，还可以进一步增加负荷。

（3）提升时，设备可使用外部电源或势能转变而来的电能。外部电源可以是正常市电、消防电源或发电机备用电源，系统可自行切换。

（4）设备的提升载荷不小于 500kg 可将救援人员带上楼，协助遇险人员快速逃生。

（5）设计使用高度可达 100m 以上。

（6）在超高层建筑使用时，逃生舱体不会发生空中飘移和旋转，运行平稳，不会造成人员恐惧。

（7）可以在各避难层、避难间、楼顶和地面准确停靠发生火灾时，该装置能安全、迅速地把处于危险境地的人员送到地面安全区域，包括老弱病残、儿童等各种类型的人员均可使用。同时能把救援人员和装备从地面运送到离着火楼层最近的避难层（间）。

## 4.4 避难空间的设计

当超高层建筑发生火灾时，要从几十层甚至 100 多层高楼疏散到室外将长达 1 小时左右，

其间火势多已危及全楼，楼梯间及前室可能拥挤堵塞和窜入烟火。为使其中大量被困人员不致遇险，超高层建筑中必须设置若干安全区域，使疏散人流得以缓冲和暂时避难。

我国高层建筑规范对避难层设计的基本要求：

（1）设置避难层的数量，自建筑物首层至第一个避难层或两个避难层之间，不宜超过15层。

（2）通向避难层的防烟楼梯宜分隔或上下层错位（下有详述），但均须经避难层方能上、下。

（3）避难层的净面积宜按5人/m² 计算。

（4）避难层可兼作设备层，但管道宜集中布置。

（5）应设消防电梯出口。

（6）应设置消防专用电话，并应设置消火栓或消防水喉等灭火设备。

（7）封闭式避难层应设独立防烟设施。

（8）应急照明和广播供电时间 >1h，照度不低于1lx。

## 4.4.1　避难层设计

避难层一般有敞开式和封闭式两种布置方式：敞开式即外墙为柱廊式，装有可开启的百叶窗，烟雾可直接排出室外，不需设机械排烟设施，造价低，在目前高层建筑中广为采用；封闭式是在不具备自然排烟条件或使用功能、立面要求不能作敞开或只能选用有排烟装置的封闭式避难层。

为了使沿楼梯盘旋急下的人流能顺利到达避难层，须有引导疏散流线的措施，简便有效的方式是在平台上设置隔墙（图4-41）。值得注意的是，处于建筑中间层时不宜开敞，否则上面的浓烟烈火可能伤害其中人员，但要利用建筑中的敞厅、休息或绿化架空层作为避难区时，须在其中全面设置自动喷淋等设备，还应在对烟火首当其冲的部位设防火玻璃或防火卷帘加以围护。

目前，随着结构技术的革新，新的结构方案与避难层的设置可以取得更好的结合，例如刚臂芯筒框架体系与主次框架体系便是两例。

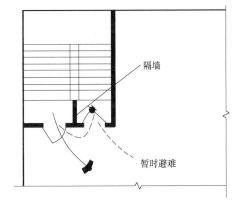

图4-41　引导隔墙

## 4.4.2　屋顶避难与救援

超高层建筑的屋顶平台、露天花园等场地可以辟为敞开的避难区，这样可以解决楼层高设置避难层数多而占用过多建筑面积的矛盾。另外，在超高层建筑屋顶设置可供直升飞机起降的平台，就能利用直升飞机营救在屋顶的避难者，增加人员疏散的途径，而且也有利于运送消防人员和器材及时从上部进行扑救灭火，是一种有效的疏散及灭火救援方式。通常建筑高度超过100m标准层面积超过1000m² 的高层建筑，宜在屋顶平台或旋转餐厅、设备机房、屋顶锅炉房等屋顶平台上设直升飞机机坪，用以作为辅助救援设施。在设置停机坪时应考虑以下几方面的问题：

（1）为方便直升机安全降落，必须避开高出屋顶的设备机房、电梯间、水箱间等高出物。与这些高出物的间距不应小于5m，一般屋面起降范围为机长的115～210倍。

（2）如停机坪为圆形，旋翼直径为D，则飞机场地的尺寸应为D+10m；如为矩形，则其短边宽度不应小于直长机的全长。

（3）应在直升机场周围设置高80～100cm的安全护栏。

（4）通向停机坪的出口不应小于 2 个，且每个出口的宽度不宜小于 0.9m。

（5）在停机坪的适当部位设 1 ～ 2 个消火栓。

（6）直升飞机着陆区应设在停机坪中心，并应设明显标志。

### 4.4.3 防烟楼梯间前室

当发生火灾时，起火层的楼梯前室不仅起到防烟作用，还使不能进入楼梯间的人，在前室作短暂停留，以减缓楼梯间的拥挤程度，起到"小避难间"的作用。值得一提的是，为避免烟气进入前室，须对前室施以正压，目前较为流行的做法是采用机械加压送风。见图 4-42。

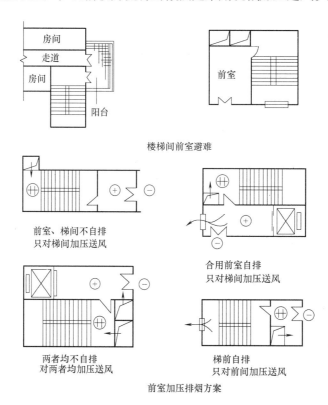

图 4-42　防烟楼梯间前室

综上所述，在超高层建筑避难空间的布置应既有水平向的（前室避难），也有垂直向的避难层、楼梯间错位、屋顶避难，它们的共同作用方能在火灾发生时起到最佳之避难效果。同时，避难空间的设置要与其他防火设计紧密结合，尤其是防火分区、安全疏散、防烟排烟、灭火设施等，这对超高层建筑物进行全面的保护是很有益的。

## 4.5 消防设备设施

### 4.5.1 消防电梯

国外的电梯产业，当前正在开发一种专供超高层建筑消防救援使用的消防电梯。这种电梯是由双路电源控制的，火灾时普通电源中断，而消防电源启动正常运作，它的载重能力在 800kg 以上，轿厢内净面积不小于 1.4m²。可同时搭载 8 名消防员或被困人员，消防电梯轿厢是不燃制品，电源线也是有热绝缘保护，即使在周边有火情时，该电梯也可正常运行，而且行驶速度较快，从首层到顶层的运行时间，不超过 60s。

### 4.5.2　消防机器人

在超高层建筑中执行救火作业，危险性很高。日本研制的消防机器人可以冒浓烟毒气走上高楼侦察火情。美国研制的火场机器人把带有视频头的机器人送到着火地区，可在有毒气等条件恶劣的地方代替消防人员搜索被困者。美国有种叫"安娜、肯达"的搜索机器人，像一条大蛇，有 3m 长，22 个节，顶部的摄像头能转动 33 个角度，全方位观察特定区域内情景。德国研制的"机器人"，外形设计像甲壳虫，配全球定位系统导航，并携带数个水箱，在遥控指挥下，"自行"前往火区灭火。

### 4.5.3　消防云梯

现有消防设备的登高能力有限，一般折臂式云梯车只能达到 24 ～ 27m 高度，最先进的消防云梯目前也只有 45m 左右的登高能力。

# 5 千米级超高层建筑材料与构造研究

## 5.1 地上建筑室外材料与构造研究

### 5.1.1 幕墙系统

#### 5.1.1.1 外力作用下超高层建筑的形变

建筑物所受的外力作用主要为风荷载、地震力和雨雪荷载等；对于千米级超高层建筑，风荷载是影响建筑的主要外力，图 5-1 是千米高层迎风面和背风面的受力情况，从图中可以看出：风荷载将随着建筑高度的增高而明显增加。

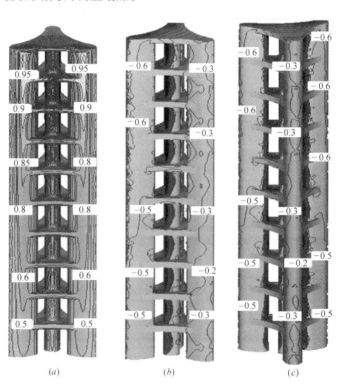

图 5-1　千米高层风荷载作用
（*a*）迎风面；（*b*）侧风面 2；（*c*）背风面 2

随着建筑高度和所受风力的增加，建筑上部的位移幅度也不断变大，图 5-2 是千米高层的位移图，试验表明：在 50 年一遇风力作用下，千米高层塔楼顶部位移为 1.5～1.6m。

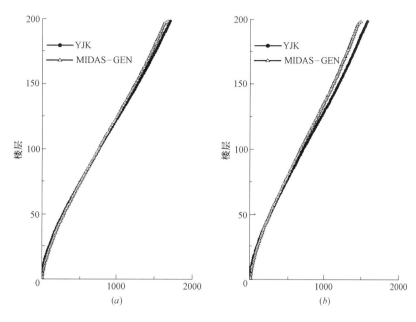

图 5-2　千米高层位移图
（a）X 向风最大楼层位移；（b）Y 向风最大楼层位移

### 5.1.1.2　外力对超高层建筑幕墙的影响及应对措施

在风力作用下，超高层建筑形变对幕墙产生了两个方面的影响，即迎风面的形变张拉力和背风面的形变挤压力。对于形变产生的张拉力和挤压力，需要幕墙采取相应的措施来适应形变，化解由形变产生的应力，具体有以下措施。

1. 单元化

这里所讲的单元化有两层含义：第一，指外墙体系应该以单元式幕墙为主。由于建筑的高度，加之形体的变化，所以从制作精度、安装运输、工期安排、工程量等各个方面都适合单元式幕墙。

第二，由于建筑的高度和变形特点，幕墙从上到下应该分划为若干个自成体系的幕墙单元，一般结合避难层来进行划分。通过单元划分可以化整为零，减小相对位移。

通过将外幕墙竖向划分为若干个单元，减小幕墙单元间的相对位移（虽然整体建筑的水平位移很大，通过上下切分，上下单元之间的位移可以控制在很小的范围内），只要解决好幕墙单元之间的位移变化和化解单元自身的位移变化，即可很好的控制幕墙在风力和建筑主体位移共同作用下的形变。

图 5-3 是哈利法塔的形体图，建筑基本以避难层为基础进行错台收分，幕墙也基本上以此为据划分为属相的若干个单元。

图 5-3　哈利法塔

图 5-4 是上海中心的幕墙体系，通过避难层的悬挑，形成若干个内中庭，外层幕墙以设备层为界，按照中庭划分形成独立单元分割，单元和单元间通过特殊的构造满足上下单元间的相对移动。

外层幕墙　　　幕墙支撑结构　　　内层幕墙

图 5-4　上海中心幕墙体系

2. 弹性变形

所谓弹性变形是指在外力（风荷载、地震力等）作用下，幕墙适应外力带来的自身及主体结构形变的能力。

对于建筑高度相对低的建筑而言，主要考虑的是在外力作用下其相对于主体建筑的位移情况，可以根据外力大小选择直接抵御或是设置幕墙构造节点适应变形。对于千米级摩天大楼建筑而言，在考虑幕墙和主体结构相对位移的同时，还要考虑主体结构自身的位移给幕墙带来的影响，上面我们提到了幕墙单元化的设置，这里关于弹性变形同样有两个层级，首先是单元之间的弹性变形能力，其次是单元内部的弹性变形能力。对于单元之间来说，通过构造解决它们之间的相对位移；对于单元内部则是要让幕墙产生弹性，外力来时可以变形，抵消形变，等外力去后恢复形变。图 5-5 是上海中心的幕墙单元与单元之间的节点，通过该节点来化解单元之间的位移；图 5-6 是单元之内的幕墙节点，通过该节点来实现弹性变化，外力作用时，整个幕墙单元向内凹入，抵消外力的作用，待外力消失后，幕墙回复原形。

### 5.1.1.3　幕墙板材特点

1. 安全性

幕墙安全性对于千米级摩天大楼来说极为重要，由于建筑高度增加带来的风荷载、自身位移、建筑上下部温度变化（哈利法塔顶部与底部的温差 10℃以上）都要超过一般的超高层建筑，所以幕墙材料的安全性要远高于其他建筑。

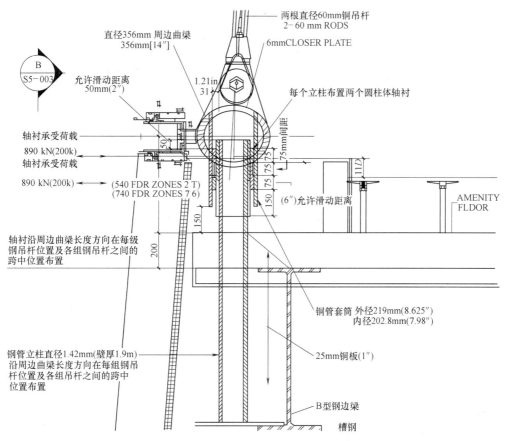

图 5-5 上海中心幕墙节点一

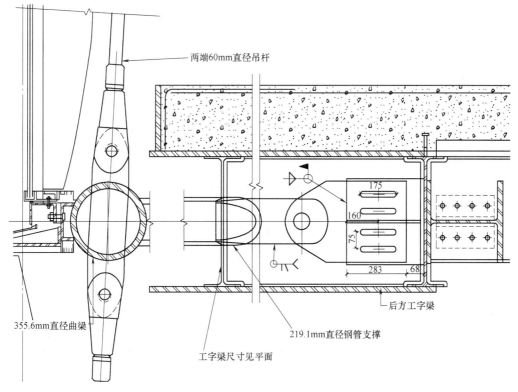

图 5-6 上海中心幕墙节点二

在金属和玻璃幕墙中，金属幕墙的安全性要高于玻璃幕墙——其延展性和受到外力撞击的变形能力都要远优于玻璃，而且还没有玻璃常见的"自爆"现象，因此金属幕墙在安全性方面应该是千米级超高层建筑的首选。但是从建筑的实际采光以及建筑形体的艺术性等方面考虑，我们还会大量地选择玻璃幕墙，或者是金属幕墙和玻璃幕墙相结合的形式。因此玻璃幕墙的安全性是我们要重点解决的问题。

超高层建筑玻璃幕墙首先必须使用安全玻璃，由于建筑所承受的风荷载很大，千米级摩天大楼的安全玻璃厚度势必较厚，但是安全玻璃随着厚度的增加其"自爆"率将会增加，据测算6mm 玻璃自爆率约 3‰；8mm 玻璃自爆率约 6‰；10mm 玻璃自爆率约 12‰。解决的方法之一就是降低自爆率，目前已可以生产出理论上零自爆的玻璃，另外就是采用半钢化玻璃，同时要强化玻璃的夹胶性能。以上海中心为例，其外层玻璃幕墙采用的就是 12mm 透明超白玻 +1.52 厚 SGP 夹层 +12 mm 透明超白玻，只有局部采用全钢化以承载更大的风压，其余全部采用半钢化玻璃。

图 5-7　哈利法塔外幕墙擦窗设备

## 2. 自洁性

图 5-7 是哈利法塔的外幕墙擦窗设备，全楼总计设置了 18 套擦窗设备，将建筑全部擦洗一次，需要 36 位工人工作 2～3 个月的时间；而上海金茂大厦，由于立面细部复杂，全楼清洗一次，需要的时间达数月。因此建筑的高度和外立面的变化给超高层建筑带来的擦洗工作量巨大，所以建筑外幕墙的自洁净性能对于超高层建筑十分重要。

通过在铝板和玻璃表面附着特殊的薄膜材料诸如二氧化钛等，可以将通过太阳的光学作用来分解附着在板材表面的污染物，达到免清洗的效果。目前该项技术已经取得了很大的成功，特别是在玻璃材质方面，已经有越来越多的建筑开始采用自洁净材料，对于集各种高技术于一身的千米级摩天大楼，无论是人力成本还是水资源的节约，都应该大力发展该项技术。

## 3. 节能性

超高层建筑由于高度带来较大的外表面积，同时其他建筑也难以对超高层建筑进行遮挡，所以可以充分利用这两点，在外幕墙上利用太阳能，目前可行的方法之一就是直接将太阳能光电板利用在外幕墙上，形成太阳能光电墙；另一种方法就是使用透明的太阳能光电玻璃，直接取代传统玻璃，通过这两种方法可以直接将太阳能转化为

电能，大大降低能耗。随着这两项技术的进一步发展，势必成为建筑特别是超高层建筑外幕墙的主流。

## 4. 可靠性

据测算上海环球金融中心更换一块高区的外幕墙玻璃，需要耗费 10 万元人民币。因此千米级摩天大楼外幕墙的可靠性是外幕墙系统成功与否的重要衡量指标。这其中包含有以下几方面的问题：

首先，外幕墙的水密性、气密性和抗风压性都需要经过严格地实验室和现场测试，确保准

确无误；另外就是整个施工过程中也要提高施工的质量和精度，确保外幕墙的各项指标能真正的得到体现和落实，否则就不仅仅是节能不达标的问题，它将影响到整个大楼的使用。

其次是幕墙的胶粘剂（结构胶和密封胶）的可靠性。外幕墙的结构胶（包括部分密封胶）应该考虑具有足够的粘结性，以保证在外幕墙板材在受到损坏时，依靠胶粘剂的粘性可以不至于破损的板材直接脱落。近些年由于结构胶老化导致玻璃脱落伤人的事故时有发生，2015 年，住房城乡建设部和国家安全监管总局发布《关于进一步加强玻璃幕墙安全防护工作的通知》建标〔2015〕38 号，不能采用全隐框系统，应采用结构胶粘接与机械连接相结合的构造措施，防止结构胶失效时板材脱落。同时胶粘剂应该具有很强的弹性，由于千米级摩天大楼的主体在风荷载作用下位移比较大，所以带来的外幕墙板材之间的相对位移也要大于其他建筑，因此板材之间的胶粘剂应该具有较强的弹性来满足该位移变化。

幕墙的胶粘剂应该具有较强的耐候性。因为太阳紫外线等因素带来的胶粘剂老化是外幕墙可靠性难以保证的重要原因之一。对于玻璃幕墙，在可能的前提下使用明框幕墙要比隐框幕墙减少胶粘剂老化带来的影响。其次就是要强化胶的耐候性，尽可能地延长胶粘剂的使用寿命，应对生产企业提出更高要求，把结构胶的质保年限应大于幕墙的使用年限作为强制要求。

### 5.1.1.4 幕墙防火设计

防火设计是超高层建筑设计的重中之重，超高层建筑主要以建筑自身的灭火系统来实现自救。对于超高层建筑的外幕墙来说，如何防止和延迟火灾通过外部蔓延是幕墙防火设计的首要任务。

1. 建立牢靠的连接系统

外幕墙首先是要保证在遭遇火灾时不出现外幕墙脱落的情况，现行外幕墙的龙骨系统一般是铝合金型材，虽然熔点不是很高，但是其导热性很好，所以具有一定的耐火性；钢化玻璃在高温下一般不破裂，因此整个幕墙系统在高温下具有一定的耐火性，但是连接幕墙和建筑主体的锚固件一般是钢质锚件，钢材在高温下易软化，所以锚件的耐火性是幕墙在火灾环境下稳定性的重要因素。对于锚固件的耐火性可从另外两方面入手，第一是强化层间封堵，保护锚件；第二通过涂刷防火漆以及调整钢构件材质等方法，加强锚件的自身耐火性。

2. 分级建立防火单元

首先，在层与层之间强化防火封堵，一方面可以有效地保护幕墙的锚固件，另一方面阻止火焰和烟气在层间蔓延，建立起防火的第一道单元防护墙。

其次，在避难层间建立起加强的防火隔离单元，避难层是整个超高层建筑中防火性能最强的区域，一方面避难空间会设置在该区域，功能上要求它的防火性能要很高；其次避难层一般也是设备密集层，除了设备开孔外，其外墙以实体墙为主（实体墙外部设置幕墙），其外墙的整体防火性比较高；另外避难层由于设备和结构的需要，层高一般在 6m 以上（上海中心避难层为 2层高），这个高度基本上可以阻挡火焰的向上蔓延。所以纵使火灾在层间的蔓延难以控制时，在避难层将遇到更为强大的阻止，所以结合避难层自身的构造特点，强化避难层处的外幕墙防火（比如设置防火玻璃、强化防火封堵等），将火灾最大限度地控制在一个避难区域内。

3. 强化防雷措施

对于高层建筑的幕墙，强大的雷电流全程通过幕墙构件时，其持续时间只有几十微秒，每米电位差高达万伏以上，当建筑高度达到 1000m 时，通过雷电流可以产生超过百万伏的电位差。雷电流释放巨大能量，会熔化被击中金属，产生爆炸，从而毁坏建筑物，甚至引起火灾和触电。

因此对于千米级摩天大楼来讲，其整体和外幕墙防雷尤为重要。针对超高层建筑玻璃幕墙系统，顶部女儿墙的盖板，是可以利用的良好导体，它沿建筑物女儿墙的顶部环绕，其电场强度大，是雷击率最大的部位。作为避雷措施，可将盖板设计成直接接受雷击的接闪器，接受雷电流并导通入地，以起到避雷的作用。

高层建筑玻璃幕墙顶部的接闪器，不能防止电流的侧面横向发展绕击。目前防止侧击雷的常见做法是在 30m 以上的建筑玻璃幕墙部位，每三层设置一圈均压环，并和建筑物防雷网及玻璃幕墙自身的防雷体系接通。

另外超高层建筑外幕墙一般会在屋顶有特殊的屋面造型处理，包括屋面的直升机停机坪等，这些地方往往是雷电容易到达的部位，因此要加强这些特殊部位防雷构造。

## 5.1.2 屋面系统

### 5.1.2.1 千米级摩天大楼的屋面特点

图 5-8 是全球范围内已建成的建筑高度超过 400m 的超高层建筑（部分）对比图，其中较高的几座建筑的高度超过 600m，最高的是迪拜的哈利法塔，建筑高度为 828m。从上面的对比图中，我们可以总结出千米级摩天大楼的屋面的基本特点：

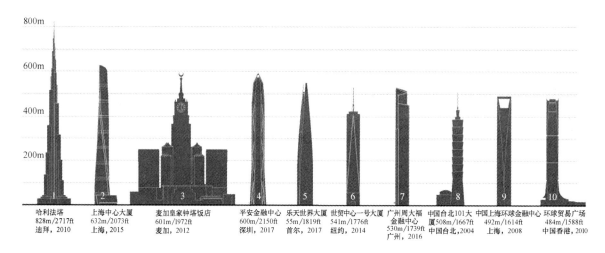

| 哈利法塔 | 上海中心大厦 | 麦加皇家钟塔饭店 | 平安金融中心 | 乐天世界大厦 | 世贸中心一号大厦 | 广州周大福金融中心 | 中国台北101大厦 | 中国上海环球金融中心 | 环球贸易广场 |
|---|---|---|---|---|---|---|---|---|---|
| 828m/2717ft | 632m/2073ft | 601m/1972ft | 600m/2150ft | 555m/1819ft | 541m/1776ft | 530m/1739ft | 508m/1667ft | 492m/1614ft | 484m/1588ft |
| 迪拜, 2010 | 上海, 2015 | 麦加, 2012 | 深圳, 2017 | 首尔, 2017 | 纽约, 2014 | 广州, 2016 | 中国台北, 2004 | 上海, 2008 | 中国香港, 2010 |

图 5-8　全球范围内已建成的 400m 以上超高层建筑（部分）对比图

1）屋面在整个外围护体系中比例进一步减小

对于超高层建筑来说，由于建筑本身的塔体外形，屋面在整个外围护体系中所占的比重较小。对于千米级摩天大楼来说，由于避免上部风阻过大，建筑形体进一步收分，所以屋面所占建筑外围护体系的比例就进一步缩小。因此屋面在建筑整体节能方面的作用不大，屋面汇水量、所承接的雨雪荷载也相对较小。

2）屋面外墙化

上面提到屋面在建筑外围护体系中所占比重减小，其中有一个很重的原因就是因为建筑形体的收分减小了屋面的表面积，但同时将减小的屋面面积转化为外墙面，特别是有部分建筑屋面和外墙面融合为一个整体，难以区分。这样的设计进一步减小了因为屋面带来的风阻，有利于建筑引导气流上升，减小水平风荷载；但同时本应屋面承接的保温、排水等功能转化到外幕墙上来，因此需要进一步强化幕墙的水密性、气密性和抗风压性等各项指标。

3）功能复合化

千米级摩天大楼屋面虽然在外围护体系中所占比例比较小，但是由于其所处的高度一般建筑无法比拟，因此该屋顶的功能也超出一般建筑的屋顶功能。

首先，千米级摩天大楼应该是一个城市的绝对制高点，因此其屋面多设置微波或者无线电波等信号转播塔，以哈利法塔为例，其屋顶设置了可以覆盖整个迪拜区域的信号转播塔。

其次，对于千米级摩天大楼，屋面从风力资源和太阳能资源都要比其他建筑充足，因此，其屋面可以利用这一优势，将风能和太阳能利用起来，为大楼提供相应的辅助能源。

第三，可以利用屋面进行雨水回收，超高层建筑的屋顶造型一般比较高，因此可以充分利用屋顶造型扩大雨水汇水面积，为建筑增加雨水回收，减少建筑的动力供水量，图5-9是上海中心利用屋面造型设置的屋顶雨水回收系统。

图5-9　上海中心

#### 5.1.2.2　屋面材质的选择

1. 防水材料的选择

结合千米级摩天大楼的屋面建筑特点，其屋面防水材料应遵循以下原则：

（1）"刚柔并济，以柔适应变"的选材原则

单一的刚性防水或是柔性防水，各自存在一定的弊端，刚性防水耐久性和耐穿刺能力比较强，但是其适应变形的能力比较弱；柔性防水层适应形变的能力比较强、延展性比较大，但是其耐穿刺性、耐候性比较差，易老化。针对千米级摩天大楼来说，建筑高度带来的顶部形变、紫外线、日照、风力影响都要比普通建筑大，所以其屋面的防水层材料选择应该考虑由刚性材料和柔性材料共同作用，以刚性材料作为保护，以柔性材料适应变形，各取所长、补其所短，就可以大大提高屋面工程的整体防水功能。

（2）多道设防，节点密封

多道设防作为可靠性防水构造方式，若其中一道遭到破坏，其他防水层仍能保证防水体系的完整。针对屋面造型比较复杂的千米级摩天大楼来说，多道设防不仅仅只设置几道防水层，可以利用屋顶的造型作为一道防水或疏水层，分担屋面防水层的防水任务，提高其可靠性，并延长防水层的使用寿命。

对于屋面防水来说，节点和防水材料搭接部位是防水最薄弱的环节，对于千米级摩天大楼来说，屋顶的风力、建筑在风荷载的下的位移，这些进一步加大了节点处防水的设防难度。节点密封分为构造密封和材料密封两种，无论是通过构造措施还是通过密封材料，节点部位都应该能够适应建筑的形变，特别是对于大量使用的密封嵌缝材料，这是节点设计重要的环节。

2. 保温隔热材料的选择

常用保温隔热材料大致分为三类：

第一类是松散材料：干铺炉渣，干铺膨胀蛭石，干铺膨胀珍珠岩等。

第二类是板状材料：矿棉、岩棉板，聚苯乙烯泡沫塑料板，挤塑聚苯乙烯泡沫塑料板、聚氨酯硬泡沫塑料板，水泥膨胀珍珠岩板，水泥膨胀蛭石板，沥青膨胀珍珠岩板，沥青膨胀蛭石板，预制加气泡沫混凝土板，酚醛树脂板等。

第三类是整体现浇（喷）保温隔热材料：白灰炉渣，水泥膨胀珍珠岩，沥青膨胀珍珠岩，水泥膨胀蛭石，沥青膨胀蛭石、现喷硬质发泡聚氨酯等。

对于千米级摩天大楼建筑来说，屋顶保温隔热层应该具有以下几点特点：

（1）密度小：如何减小自重是超高层建筑设计的重要考虑因素之一，因此密度小、保温隔热性好的材料是首选材料。

（2）耐久性：超高层建筑屋面由于其高度，维修难度比较大，因此经久耐用的、耐老化应该是保温隔热材料的考虑因素之一。

（3）难燃、阻燃性：超高层特别是千米级摩天大楼，其屋面是雷电经常"光顾"的主要场所，加之其屋面功能的多样性，都带来的火灾发生的诱因，虽然保温隔热层一般覆盖在其他屋面构造层之下，但其自身的难燃或阻燃是在其他"防线"都失效的情况下，最后一道有力的屏障。

（4）憎水性：屋面保温隔热层应该具有较高的憎水性，避免经水后保温、隔热效果减弱或丧失。

在上述的材料中，松散材料相对密度较大，干铺后屋面构造的整体性比较差，基本上可以不考虑；其他的材料诸如岩棉、矿棉其憎水相对较弱，同时强度也比较差，作为金属屋面的保温隔热可以考虑，对于其他屋面不做推荐；聚苯乙烯泡沫塑料板其防火性和强度比较弱；酚醛板时间长久后易粉化，所以要予以注意。

其他材料也要根据材料的物理性质，结合建筑所在的气候区域进行选择。

3. 金属屋面

由于形体收分和造型的要求，部分超高层建筑的屋面采用金属屋面板系统，将屋面和造型直接结合在一起。相对于其他屋面系统，金属屋面具有以下几点优点：

（1）整体结构性防水、排水功能。

（2）结构简洁、轻巧、安全。

（3）施工安装灵活、快速、准确、经济。

（4）无需硅胶嵌缝，避免因硅胶老化污染问题，使用寿命延长。

（5）自然循环通风构造、增长寿命。

（6）三维弯弧造型轻而易举，满足造型需求。

金属屋面拥有众多可选的材质：镀铝锌钢板、不锈钢、铝合金、铜、钛、钛合金等，可根据不同性能和造型要求选用。对于千米级摩天大楼的金属屋面，主要有以下几个考虑因素：

（1）抗强风性能

千米级摩天大楼的屋顶风力远大于其他建筑，因此屋面的抗强风性能是首先要解决的问题。屋面结构要保证能抵抗当地最大风压，保证屋面板不会被负风压拉脱。

（2）抗渗水性能

抗渗水性能是所有屋面主要解决的问题，对于金属屋面来说，主要是防止雨水从外面渗到金属屋面板内。要达到防渗的功能，需在采用隐藏式固定方式，板缝搭接处需密封胶或焊接处理或采用通长板材，在各节点部位采取严密的防水措施。

（3）保温隔热效果

保温隔热的关键在于阻止热量的传递，保持室内温度。金属屋面板通常以填充保温材料（玻璃棉、岩棉）来实现。为要防止"冷桥"现象，面板和下层结构件间一般设置隔热垫层。

（4）适应热胀冷缩

金属的导热性好，热胀冷缩能力强，这对于金属屋面来说，是一个很大的问题，过大胀缩带来的是防水节点的破坏和抗渗水性能的降低，所以控制金属屋面板的收缩位移及方向是关键所在，目的是确保金属屋面板在温差大的情况下不会因热胀冷缩产生的应力而破坏。首先金属屋面要加大屋面金属板的热反射能力，同时强化屋面的保温层效果，尽可能降低金属的胀缩；其次在屋面构造上要适应其胀缩的变形，并合理地控制形变的方向，为这种变形提供一定的位移空间。

## 5.2 地下建筑外防水材料与构造研究

地下工程建设为地上工程提供必要的配套服务功能，其重要性不亚于地上建筑，为使新建、扩建、改建的地下工程能合理地使用，充分发挥其经济效益、社会效益、战备效益，地下室的防渗、防漏问题应在工程设计、施工过程中给予重点关注。

地下室主体承重结构埋于土壤中，主体设计使用寿命在 50～100 年之间。对于千米级摩天大楼建筑，无论从重要性还是地标性考虑，其地下室设计使用寿命应取上限 100 年，其外围护结构直接与土壤接触，接受自然土壤、水环境的侵蚀。超高层建筑的地下室埋深超深，如正在建设的武汉绿地中心，建筑高度 636m，共六层地下室，地下室埋深达 47m；深圳平安金融中心建筑高度 600m，地下室埋深约 34m。按照结构合理的嵌固要求，本案千米级摩天大楼的地下室埋深最小可以做到 26.2m，但这不是最合理的选择，结合功能需求，综合体建筑需要大量的设备用房和停车库，超深地下室在千米级摩天大楼建筑中是其功能必不可少的一部分。对于这类地下建筑的防水设计，应用最普遍的地下室外防水构造做法将面临诸多问题：承受的巨大的土壤压力和水压力、地下室外防水于超深基坑施工的可操作性、材料的耐久性等是关键。

### 5.2.1 地下室侧墙及底板外防水材料与构造

从建筑设计的角度分析，地下室室外防水、保温、保护材料的使用寿命远不及建筑寿命长久，外包防水层的使用寿命一般在 5～20 年不等，采用外包防水层的传统做法与建筑寿命相差太远，在建筑寿命的中后期将不得不面临地下室渗漏的危险。在此类深基坑地下室中，尤其是分布在沿海发达城市的千米级高层建筑地下室，通常都在海平面以下，本案底板标高 -48.6m，地下室底板水压力约 0.5MPa，一旦渗漏将如泉涌，虽然堵漏技术目前已经很成熟，但在深基坑高水压力作用下并不见得能取得非常明显的效果，而且其成本较高。

目前我国超高层项目（500m 以上）地下室大都采用地下连续墙，在超深地下室中，采用此工法，将不会对基坑进行大开挖，直接利用连续墙做为挡土墙，也作为地下室钢筋混凝土外墙，一墙两用，这种做法可选择增加内支撑，地下室采用顺做法施工，也可以选择采用逆作法，地上地下同时施工，利用地下室梁板作为内支撑逐层向下施工，无论哪一种施工方案，都决定了地下建筑外围护结构防水的方式不可能采用外防水措施，因为没有可供柔性外防水施工的操作界面。

鉴于以上两点原因，在千米级摩天大楼地下室采用柔性外防水的方案可行性不高，取消外防水的同时，外保温层和保护墙也将被取消。当地下建筑没有了外防水，结构自防水则成为第一优选方案，由于地下室超深，结构剪力墙厚度一般在 400～600mm，当采用地下连续墙作为外墙时，墙体厚度将更厚，完全能满足自防水要求，并且解决了外防水层寿命短、无法施工等问题。结构自防水优点颇多，是否能达到理想的效果，问题的关键在于如何提高钢筋混凝土的自防水的可靠度。

如果说外防水是治标，那么结构自防水是治本。目前地下室采用外防水较多的原因不是因为结构自防水效果不好，而是钢筋混凝土自防水对材料选择、施工工艺、混凝土养护等都有着更为严格的标准和要求，就我国当前现状还无法广泛达到此工艺标准，从而导致了部分采用结构自防水的工程出现渗漏。下面就从钢筋混凝土自防水渗漏的原因和解决方案出发，浅谈刚性防水。

### 5.2.1.1 地下室防水渗漏的主要原因

混凝土自防水地下室之所以渗漏，是由于钢筋混凝土主体结构本身存在着空鼓、疏松、裂隙等缺陷，加之后浇带、施工缝、变形缝等节点部位防水没做到位。地下建筑主体结构渗漏原因主要分为下列几种情况：①钢筋混凝土主体外围护结构渗漏，主要是因为结构自身浇筑缺陷引起的。②变形缝（抗震缝、沉降缝和温度缝）部位出现渗漏现象，主要原因有以下几方面：止水带埋设不合理或是浇筑过程中移位；止水带周边混凝土浇筑质量不合格，出现空鼓、疏松、裂隙，造成漏水；止水带为不合格产品。③主体结构浇筑过程中施工缝和冷缝引起的漏水。④后浇带渗漏：在设计指定的位置预留一定宽度的后浇带，由于不同批次的混凝土收缩值会有微差或者接茬处未按要求清理干净，从而导致交界面出现裂缝，形成渗水的通道。

### 5.2.1.2 下室防水混凝土的施工技术

**施工材料的选择**

1）优先采用低水化热或中水化热、凝结时间长的水泥品种配制混凝土，例如矿渣硅酸盐水泥、火山灰质硅酸盐水泥、粉煤灰水泥。

2）粗骨料优先采用大粒径，但不宜大于40mm，粒径过大会在混凝土内石子与砂浆交界处由于收缩比例不同而产生微裂缝，降低混凝土防水效果。

3）粗骨料含泥量不得超过1%；细骨料优先选用中、粗砂，含泥量不超过3%，泥土能够降低水泥与骨料之间的粘结力，并且黏土颗粒的体积不稳定，对混凝土防水效果有很大的破坏力。

4）水应采用不含有害物质的洁净水。

5）按设计及规范要求掺入适量外加剂，从而减少单位体积水泥用量，降低水化热。

6）可根据工程需要在混凝土中掺入适量的合成纤维或钢纤维，可以有效地提高混凝土的抗裂性能。

**防水混凝土搅拌要求**

1）准确计算砂、石含水率，计出施工配合比，以便控制混凝土拌合水用量。

2）混凝土搅拌设备须保持洁净。

3）混凝土搅拌上料应严格依照试验室提供的配合比施工，混凝土搅拌时间不得少于规范要求。

**自防水混凝土浇筑**

1）混凝土搅拌好后做坍落度试验，不合格者严禁使用，以保证混凝土的入模温度。

2）混凝土的浇筑方法应合理，浇筑过程中避免出现冷缝。

3）底板混凝土施工中，在卸料点为防止混凝土集中堆积，应先振捣料口处混凝土，形成自然流淌坡度，然后全面振捣。对于积水沟（井）处采用吊模施工部位，应先振捣沟（井）底板混凝土，然后振捣侧壁混凝土，并使之由吊模底部溢出，防止因混凝土沉落而出现裂缝。

4）由于泵送混凝土要求流动性较好，所以坍落度比较大，浇筑墙体时建议采用循环浇筑法，分层、连续浇筑，利用混凝土自然流淌形成的坡度浇筑混凝土，每层浇筑厚度控制在500mm左右。混凝土浇筑入模方式可采用溜槽入模，使混凝土从一侧向远端逐渐推进，并确保每层混凝土浇筑时间间隔不超过混凝土初凝时间，一般不宜超过两小时。

5）混凝土的振捣：泵送混凝土在浇筑时会自然形成一个流淌坡度，在每条浇筑带前、后各布置一道振捣棒。第一道振捣棒布置在底排钢筋处和混凝土的坡脚处，保证钢筋混凝土结构下部的密实性；第二道振捣棒布置在混凝土卸料区，主要解决上部混凝土的密实性。振捣棒的间距与振捣时间也要严格控制，每个振点的振捣时间以混凝土振捣至表面出现浮浆、不冒气泡且不再沉落为止，一般振捣时间为 20～30s，避免漏振、欠振和超振。

6）底板混凝土振捣密实后，按照设计标高用长刮尺刮平，再用抹子反复搓压面层，使混凝土表面密实，防止表面出现龟裂。

7）混凝土的泌水与浮浆处理：结构底板混凝土体积大，在浇筑和振捣过程中，会有泌水和浮浆上涌，并沿着混凝土浇筑坡面流向地点，为避免出现类似现象，在支模板时，应在混凝土浇筑前进方向两侧模板底部预留孔洞以便排除泌水和浮浆。

8）混凝土表面处理：大体积泵送混凝土，浇注完成，排除泌水和浮浆后，还会析出部分水泥浆，在浇筑完成 4～5h 后，用长刮尺刮平表面，在初凝前用滚筒反复碾压几遍，在终凝前，用抹子再抹一遍，使混凝土凝固收缩产生的表面裂缝闭合。

9）混凝土的养护：大体积混凝土浇筑过程中，产生大量水化热，表面水化热释放较快，内部水化热释放较慢，导致混凝土内外温差较大，只有做好养护工作才能避免混凝土开裂。浇筑混凝土时气温不宜过高或过低，一般在 20℃左右是比较理想的温度，一般只进行保湿养护，主要是通过浇水养护，并在混凝土表面覆盖塑料薄膜或潮湿的草帘，防止混凝土水分蒸发过快，表面迅速收缩，从而产生干缩裂缝，养护时间通常不少于 14d。

### 5.2.1.3 防止混凝土渗漏的主要措施

1）选用低水化热水泥，如矿渣水泥，其强度不低于 42.5 级，最好用 52.5 级，水泥强度高，可减少用量，水化热自然降低，同时可选用一级或二级粉煤灰掺入水泥中，它是一种活性材料，可以代替部分水泥，同样减少水泥用量，进一步降低水化热，加强了粉末效应，提高混凝土和易性，减少水灰比，增加混凝土的密实性和提高混凝土抗拉强度，降低混凝土的弹性模量，减少干缩。当每立方米混凝土掺入适当粉煤灰，可降低水化热、提高混凝土强度、改善裂缝。

2）混凝土的收缩与粗细骨料的含泥量和粒径有关，含泥量越高，混凝土收缩越大，骨料粒径越大，混凝土收缩越少，一般石子含泥量必须小于 1%，砂应用中粗砂且其含泥量应控制在 2%以内，这对减少干缩应力，控制混凝土收缩裂缝有着重要作用。

3）严格控制水灰比，水的用量直接影响混凝土收缩量，因混凝土中大部分水分需要蒸发掉，蒸发会引起混凝土内部形成很多毛细孔，使混凝土抗拉强度降低，产生收缩变形，施工中应采用减水剂减小水灰比，改善混凝土和易性，从而提高混凝土的抗拉强度。

4）混凝土配制过程中掺入适量缓凝剂，可以延长混凝土的凝结时间，使其释放水化热的过程拉长，大体积混凝土内外升温和降温不出现温度梯度峰值，使混凝土自身的抗拉强度能够约束温度应力，减少温度应力引起的裂缝。

5）混凝土浇筑完成后要采取有效的养护措施，表面覆盖潮湿的麻袋或草袋，定期浇筑清水保持湿润，尽量降低混凝土表面热扩散速度以及水分蒸发速度、减少温差应力对结构的影响以及干缩裂缝的产生。

总之，地下工程由于深埋在地表以下，时刻受地下水的渗透与侵蚀作用，如果防水问题处理的不合适，将会给后期投入使用带来一系列问题，在实际工程中，渗漏水现象广泛存在，渗水原因也各有不同。在渗漏水治理时应根据工程的不同渗水情况，遵循"防、排、截、堵相结合，因地制宜，综合治理"的原则，灵活运用。地下室防水工程是一项非常重要的系统性工程，防水混凝土施工质量的好与坏在整个防水系统中尤其是普遍应用刚性防水的千米级超高层建筑中尤为重要。细部节点构造处理是防水关键，同时还要有现场施工人员的精心施工和监理机构的认真监督管理，才能做出防水质量优良的精品工程。

### 5.2.2　地下室顶板外防水材料与构造

#### 5.2.2.1　找坡做法确定

对于千米级摩天大楼建筑项目，与建筑高度相匹配的地下室，首先要有深度，其次就是宽度，足够大的地下室为上部超塔提供稳健的"大脚"，满足结构嵌固需要，同时又能为地上各项功能空间提供足够的停车、配套服务设施。

当地下室的规模超出地上建筑的覆盖范围，就形成外露地下室顶板，同样存在防水保温等问题需要处理，首先我们从找坡层入手，由于地下室覆盖面广，地下室顶板跨度少则三五十米，多则近百米。采用构造找坡距离太远，要设置大量内排水口，并且找坡层厚度大，结构荷载增加，项目建设成本也会增加；另外，地下室顶板内排水的可靠度不高，雨水口位置的防水处理会成为薄弱环节，容易渗漏且难维修。因此，构造找坡并不合理，屋面采用结构找坡实现是行之有效的解决方案。

#### 5.2.2.2　保温、隔热层的选择

地下室顶板外露部分通常会考虑屋面覆土，常用覆土厚度在 1.5m 或以上，以保证将来景观设计的灵活性，同时也能为地下室提供抗浮荷载。地下车库不属于耗能场所，我国也尚未规定对地下车库进行节能设计，因此保温隔热层的设置不是必须项。但鉴于超高层项目的品质需求，例如一些沿海地区夏季空气湿度可达到 80%，因地下室顶板埋于土中，土壤温度较低，如不考虑保温隔热层，则顶板温度与土壤温度接近，在空气湿度大的月份，通常会在顶板形成结露；因此顶板建议做保温层，保温层的选择考虑以下因素：

1）保温层承压必须过关，以保证屋面大型消防车、大货车、小汽车等通行保温不变形，从而确保地面不会因此出现下沉、裂缝、破碎等现象；

2）有一定的耐热性，屋面防水层采用沥青基材料热熔粘贴的做法应用最为广泛，此类做法有明火，卷材与保温层之间通常只间隔一道找平层砂浆，在烘烤粘贴卷材过程中操作不当会损坏保温层；

3）防火性能：对于地下建筑外保温的燃烧性能没有明确的规定，通常工程中应用 B2 级产品较为常见，对于千米级超高层建筑，建议采用燃烧性能 B1 级及以上的产品，保温层虽然埋在土壤中，但在施工期间堆放、现场施工操作等都存在火灾隐患；

4）耐久性好，与建筑同寿命，减少后期维护成本。

综合考虑上述设计要点，建议采用现浇复合泡沫混凝土作为屋面保温隔热材料（图 5-10），它具有冬季保温、夏季隔热的特性，抗压强度高，且施工方便，造价低廉；当屋面面积较小时，可以利用复合泡沫混凝土做保温层兼找坡层，简化工序，节省投资。

图 5-10　复合泡沫混凝土样块

#### 5.2.2.3　防水层的选择

上一章节我们讨论过底板和侧墙防水，确

定采用混凝土自防水是最优方案；地下室屋面则不同，它直接受地表水侵蚀，而且屋面是一个平面，结构厚度远薄于底板、侧墙，钢筋混凝土自防水难以满足要求，又不具备阻止植物根系破坏的功能，我们需要增加一或两道柔性防水层，同时它要具有阻根功能，以保护结构顶板免受植物根系的穿刺。

由于防水层在施工过程中、施工完毕种植土回填过程中通常会出现施工操作不当碰坏防水层的现象，为此我们希望选用具有自愈能力的防水材料来弥补这一缺陷。按照《种植屋面工程技术规程》JGJ 155—2013 中第 5.1.8 条要求：种植屋面防水层应采用不少于两道防水设防，上道应为耐根刺防水材料；两道防水层应相邻铺设且防水层的材料应相容。为达到耐根刺、自愈、相容的要求，推荐采用一道耐根刺卷材与非渗油型热熔非固化橡胶沥青防水涂料相结合的防水保护层，非渗油型热熔非固化橡胶沥青防水涂料有较强的相容性，能与大多数卷材很好的粘结，且具有自愈功能（图 5-11），其明显的优点是：与渗油型产品相比，自愈能力、使用寿命更长。

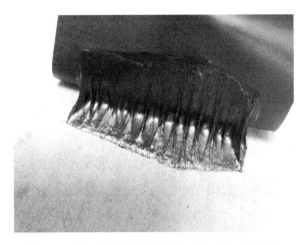

图 5-11  热熔非固化橡胶沥青防水涂料与卷材粘结

## 5.2.3  疏水导水构造

关于千米级摩天大楼的地下室防水设计，只防不排或者只排不防都不能更好的解决地下室防、排水问题，我们建议的做法是疏堵结合，前面已经阐述了地下室底板和侧墙疏水措施，下面简要叙述顶板疏水措施。

前文我们确定地下室采用结构找坡，那么假设地下室超出地上建筑宽度为 100m，结构找坡一般为 3%，如果我们单向找坡，则高点和低点将差出 3m 层高，显然是不合理的，如果我们采用多段坡，则必然会在屋面上出现大量内排水口，地库屋面内排水口，在实际工程中大量出现漏水情况，也有由于种植土中泥沙进入导致堵塞、坠落等现象，可见采用内排水口的做法也不是上策。

综合上述因素，推荐采用排水盲沟的方式来解决结构找坡距离过长的问题，同时将水疏导到地下室以外区域，避免屋面设置内排水口；排水盲沟的布置需要结合地下室形式，合理划分，尽量缩短倒水距离。

2013 年 12 月 12 日，中央城镇化工作会议中提出建设海绵城市的概念，目前我国已有成套的屋面雨水收集系统生产企业，该系统是盲沟排水系统的升级版，不需要屋面找坡，可利用虹吸原理将雨水汇聚收集，存入地下储水设施，作为绿化灌溉、冲洗路面等用水，虽然采用该系统一次性投资较大，但从长期效果来看，更节能，更环保，并且该做法是绿色建筑加分项，在《绿色建筑评价标准》GB/T 50378—2014 中，绿化灌溉采用节水灌溉方式，评价总分值为 10 分，采用节水灌溉系统，得 7 分；为项目申请绿建提供一定的优势，在千米级摩天大楼这类重点项目上应用也不失为一个好的选择（图 5-12）。

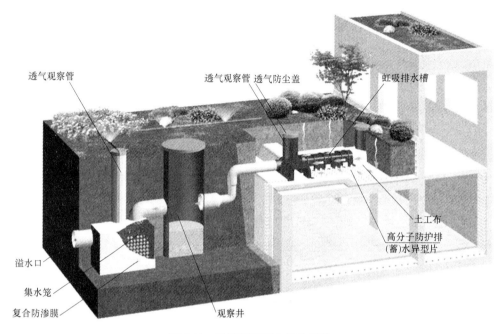

图 5-12 种植屋面雨水收集系统

# 6 千米级摩天大楼客用垂直交通系统研究

## 6.1 垂直交通系统基础性研究

### 6.1.1 垂直交通系统研究原因及目的

垂直交通系统的设计研究是千米级摩天大楼的核心研究内容之一，其原因在于：

（1）垂直交通系统是保证千米级摩天大楼正常运营及运营效率的基本条件；

（2）千米级摩天大楼其使用功能更加多样，容量更大，其密集的活动集中在150层以上竖向空间内，从而使单位用地面积产生高强度交通流，所使用的电梯台数及电梯组数成倍增加，交通组织的难度及复杂性远超过一般超高层建筑；

（3）基于当前电梯一次提升高度的限制（2016年3月建成的上海中心使用了3台三菱超高速电梯，最大上行速度达18m/s，提升高度为565.4m，成为世界首个提升高度超过550m大关的垂直交通工具），当前的垂直交通系统组织方式难以适用于千米级摩天大楼，需要提出新的思路，探讨新的垂直交通系统组织模式；

（4）千米级摩天大楼对结构设计的要求更加严格，作为主要的抗侧力构件——"交通核"还需要承担结构安全的责任；

（5）结合实例分析千米级摩天大楼垂直交通系统的组织方案，对设计实例进行分类、归纳，找出其合理性，并分析其问题所在；

（6）建立千米级摩天大楼交通系统设计研究的理论构架，对千米级摩天大楼交通核进行深入剖析，提出千米级摩天大楼垂直交通系统的组织方法及模式，为千米级摩天大楼的设计及建造提供有益的参考。

### 6.1.2 垂直交通系统研究范围及内容的界定

垂直交通系统包括：客用系统，后勤服务系统（客服、货运），安全疏散系统（对于千米级摩天大楼来讲安全疏散系统由楼梯疏散系统及电梯疏散系统构成，安全疏散系统由本书第4章"千米级摩天大楼消防体系研究"作详细探讨）。

垂直交通系统加上各种垂直管线系统形成具有重要结构作用的"核心筒"（按通常概念讲，由电梯、电梯厅、楼梯、前室、各种管井、设备间、卫生间等构成）。

后勤服务垂直交通系统（客服、货运）的设计概念和方法与普通超高层建筑基本相同，本章节仅作简要总结。

客用垂直交通系统在各垂直交通系统中是最为重要的子系统，也是千米级摩天大楼垂直交通系统研究的核心内容，研究探讨该系统的组织模式，运行方式及客流交通模式对千米级摩天大楼意义重大。

### 6.1.3 与千米级垂直交通系统有关的概念

#### 6.1.3.1 千米级摩天大楼

中文词条名：千米级摩天大楼

英文词条名：Kilometer Level Ultra High-rise Building

此概念属本书自行界定，指供人员日常活动及使用的楼层高度在 800m 以上的摩天大楼，或按楼层计算指使用楼层在 160 层以上的摩天大楼（图 6-1、图 6-2）。

图 6-1　沙特吉达王国塔（在建，预计 2018 年建成）
高度：1007m，层数：208 层

图 6-2　美国迈阿密 Miapolis 大厦（规划中）
高度：975m，层数：160 层

#### 6.1.3.2 空中大堂

空中大堂也称空中大厅（sky lobby），是超高层垂直交通系统解决交通问题的一种有效方式，类似于公交系统的大型中转站。大量人流通过高速电梯达到独立的空中大堂，再通过换乘其他电梯到达目的层。通过这种方式超高层建筑能有效缓解垂直交通系统的压力，其首次应用于美国芝加哥的约翰汉考克中心。

由于空中大堂具有这种大规模的交通转换功能，其中往往会设置一些餐饮、观光设施，从空中大堂可以俯瞰整个城市的景观（图 6-3）。除了作为中转站，空中大厅往往是超高层综合楼功能分区的分隔空间，利用空中大厅也可作为高级酒店的大堂、门厅。例如世界贸易中心共 110 层，在其建筑的第 44 层及第 78 层设置空中大厅，整栋大楼被两个空中大厅分为三个区域。每个区域包括低区电梯和高区电梯两个组群。乘客想要到达上面的两个区域可以先搭乘第一区的高速电梯到达该区的空中大厅，然后换乘第二区的电梯继续上行（图 6-4）。

#### 6.1.3.3 中转层（The transfer layer）

受限于当前电梯一次提升高度的限制，千米级超高层建筑须在 500m 左右的范围内设置进行换乘的楼层，通过接力的方式到达更高的楼层，该层称之为"中转层"。

图 6-3 哈里法塔空中大堂

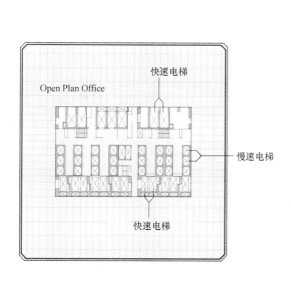

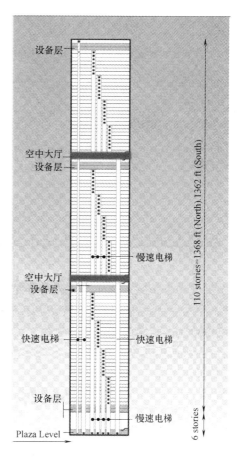

图 6-4 世界贸易中心空中大堂

### 6.1.3.4　垂直城市（The vertical city）

垂直城市：也称为空中城市、空中之城、天空城市等。

这是相对于现在水平方向展开及发展的城市而提出的概念；基于当今人口快速增长、城市发展不断侵占愈来愈稀缺的土地，人类希望在垂直空间上寻求突破，进而不断地提出各种"垂直城市"的设想，并进行不同规模及高度的实践。

垂直城市将城市构成要素中的居住、工作、休闲、运动、医疗、教育等功能组织在一栋或数栋超高层建筑竖向空间内，形成具有竖向发展、大疏大密、功能完备、资源集约、绿色交通、智慧管理、可持续发展为特点的新型城市。

"垂直城市"对日趋紧张城市用地进行了极度高效利用，释放出更多空间给城市，用于城市绿化，保证生态绿地的规模化和降低居住空间的密度，同时集中布置的复杂城市功能和超大体量有利于城市公共中心、活力中心、城市地标的形成；"垂直城市"依托大运量公交（轨道站点），内部活动自成系统，完全脱离对小汽车的依赖，并可以最集中地应用生态节能技术（图 6-5，图 6-6）。

图 6-5　英国提出的垂直城市计划—无尽城　　　图 6-6　日本提出的天空英里塔计划，高度 1700m

## 6.2　垂直交通工具 – 电梯技术发展概况

电梯技术是高层、超高层建筑发展的核心技术之一，电梯技术的发展使得高层、超高层建筑走进人们的生活，这项技术不仅改变了人们的生活模式，也改变了城市的面貌。

电梯技术不断提高给超高层建筑交通系统的设计带来了新的可能，提高了垂直交通系统的效率。目前对千米级摩天大楼垂直交通系统产生较大影响的电梯技术主要有如下几种：

1. 超高速电梯

超高速电梯为超高层建筑分区、分段运行提供技术保证，高速穿梭梯可直达多个空中大堂，缩短了运行时间，提高运输效率。目前世界运行速度最快电梯安装于 2016 年 7 月建成的广州周大福金融中心（俗称"东塔"），上行速度达到 20m/s 的世界最高速电梯；而运行距离最长的高速电梯是上海中心的电梯，上行速度达 18m/s，一次提升高度为 565.4m；国外以迪拜哈利法塔的电梯为最，速度达 17.4m/s，一次提升高度为 504m。原先我国速度最快且运行速度最长的电梯安装于台北 101 大楼，速度最高达 16.8m/s。

2. 新型超轻质碳纤维曳引绳技术

2014 年 8 月通力电梯有限公司在上海发布全新的超高速电梯技术，将未来电梯的运行高度提升至 1000m，是现今电梯技术可达高度的两倍。新技术采用通力研发的超轻质碳纤维曳引绳，有效克服了传统钢丝曳引绳的缺陷，为超高层建筑的设计拓展出全新的空间。

传统电梯技术中，建筑越高，电梯曳引机驱动的随行重量中，曳引绳所占的比重就越大。对于超高层电梯而言，曳引绳重量在随机重量中的占比超过一半。通力新推出的碳纤维曳引绳由碳纤维内芯和特殊的高摩擦系数涂层组成，具有超轻特点，能够显著降低摩天大楼中的电梯能耗，实现电梯速度的升级。

据悉，这一创新技术已通过各种极端环境下的严格测试，并已在新加坡的滨海湾金沙综合娱乐城首次得到实际应用。在 2019 年即将建成的全球第一高楼——沙特阿拉伯的王国塔中，也将配备基于这一技术的全球速度最快、运行距离最长的双层轿厢电梯。

3. 大容量、超高速电梯

大容量、超高速电梯是解决超高层建筑垂直交通最直接有效的技术手段，为此世界各大电梯公司积极研发该项技术，并取得了令人鼓舞的成果。

日本三菱电机日前宣布全球最大的电梯落成，如果按 65kg 的单人体重计算，它可以一次运载 80 名人员同时上下楼，它由 5 台宽 3.4m，长 2.8m，高 2.6m，每台最大载荷 5250kg 的单台电梯组成。

这种电梯组将在 Umeda Hankyu 大楼启动运行，可以一次将 400 人同时运上 41 层大楼（图 6-7）。

奥的斯超高速双层电梯的载重量已达到：2250kg/2250kg，上行速度达到 10m/s，一次运载近 70 名人员，该电梯技术成熟，已应用到实际工程中，具有载重量超大，同时节省井道面积，为千米级超高层建筑垂直交通设计提供了极好的技术支持。

1989 年英国福斯特事务所在设计日本东京千年塔（Millennium Tower）中以提出采用载客为 160 人的大容量电梯的设想。

图 6-7　5250kg 大容量客梯内部

4. 无机房电梯

无机房电梯为建筑商节省了成本，同时无机房电梯一般采用变频控制技术和永磁同步电机技术（电动机体积小、损耗低、效率高），故节能环保不占用井道以外的空间，从而提高有效建筑面积。

5. 智能群控电梯

对于多台电梯集中排列，共有厅外召唤按钮，按规定程序集中调度和控制。通过智能群控技术的应用能使候梯时间最小，并能预测最大等候时间，从而均衡候梯时间，防止候梯时间过长，从而提高运输效率。除此之外还可以对特别楼层集中控制、提供满载报告、提供不同时间的运行模式如常规模式、上行高峰模式、下行高峰模式、低峰模式等。

6. 双层轿厢电梯

双轿厢电梯是把两部电梯以层高的距离上下叠起，乘客分上下两层同时上下，以不增加梯井和电梯厅的前提下提高运输量两倍，缩短运行时间。

早期双层轿厢电梯要求各层层高相同，现在第二代可调节双层轿厢电梯问世，允许层高在一定的范围内变化，但要求乘客遵守按单楼层上下的规则，该类型电梯有如下特点：

（1）一个井道内设置两个轿厢。充分利用立体空间资源，节约土地面积。

（2）增加运载效率，减少乘客等待时间。利用智能控制系统可以为乘客计算最佳路线以便使乘客在最短时间到达目的地，在高峰时段协调客流，避免轿厢的空厢运行或超载，大大缩短了乘客的等待时间。

（3）可以在目标控制系统的基础上加入特殊的功能，如设置入口密码，只有知道密码的乘客才可到达指定楼层。

（4）双轿厢系统十分经济。在楼宇内减少电梯井道数，节省建筑造价，增加建筑可用面积。

（5）让办公楼中的大型企业楼层与楼层之间的沟通更便捷。

（6）旧的办公楼也可以改造成双轿厢电梯与传统电梯相结合的方案。

### 7. 双子电梯

双子电梯——双轿厢、单井道、零拥堵。

蒂森克虏伯电梯的双子电梯系统使得两个轿厢在同一井道中独立运行。每个轿厢分别配备了各自的对重以及安全和驱动设备——但两个轿厢使用相同导轨和井道门。两个轿厢可以不同速度沿不同方向运行。乘客可以更快到达目的层。双子电梯系统可以提高每组电梯的载客量，将电梯井道的数量至少减少了1/3，增大了每个楼层的可用或可租空间。同时，与两个独立的电梯相比，井道门、导轨等所需构件大大减少。如果大楼在设计阶段就考虑使用这种空间效率高的双子电梯系统，便可减少大楼的占地面积和体积，从而最大程度地节省成本。

在传统电梯系统已不堪重任的更新改造项目中，双子电梯系统表现出绝对优势。通过在一个井道中运行两个轿厢，每小时载客量增多，相同的空间中，整个电梯组的载客量可以显著增加。另外，减少了电梯井道的数量，从而腾出空间以供它用，例如，铺设电缆或安装空调系统设备。

双子电梯还有赖于目的选层控制系统的辅助。乘客在电梯外的触摸屏中选择希望到达的楼层。计算机辅助系统便会计算哪台电梯能最快地将乘客送达该楼层，并将结果显示在屏幕上。这样也最大限度地减少了电梯空载情况，从而降低了能耗和二氧化碳排放。在非高峰时段，乘客量较少，一个轿厢可以停靠在电梯井底，另一轿厢独立运送所有楼层的乘客。目的选层控制系统与双子电梯系统的结合，不仅优化了大楼的客流运送，还使系统具备了灵活性，能够满足业主和不同租户的要求。

### 8. 磁悬浮电梯

磁悬浮电梯是一种以磁悬浮技术应用于电梯的产物。把磁悬浮列车竖起来开，但是其中还有很多技术问题有待于解决。这种技术主要是通过结合运用磁铁的吸引及排斥作用使的物体悬浮静止在半空。不像以往的旧式电梯需要靠垂直轨道牵引升降，它去除了传统电梯的钢缆、曳引机、钢丝导轨、配重、限速器、导向轮、配重轮等复杂的机械设备。新型的磁悬浮电梯在轿厢内装有磁铁，在移动时与电磁导轨（直线电机）上的电磁线圈通过磁力相互作用综合调整，使得轿厢与导轨"零接触"。由于不存在摩擦磁悬浮电梯于运行时非常的安静并更加的舒适，还可以达到传统电梯无法企及的极高速。

该种电梯非常节能。它根据电磁感应原理可以利用电磁导轨切割磁感线的形式来回收轿厢动能及势能，使得它的能耗极大地降低。

一些建筑专家曾经预测，在2050年左右人类的高层建筑将全面安装磁悬浮电梯。这种电梯不仅可像磁浮列车那样运行平稳和安全，而且升降速度也要比普通电梯快好几倍。

## 6.3 客用垂直交通系统分析

### 6.3.1 电梯系统的组织方式

1857 年奥的斯公司为一座 5 层专营商店安装了世界上第 1 台蒸汽客运升降机，解决了徒步登高的体力极限问题；此后的 150 多年间世界各地的电梯公司还在不断探索、研发电梯新产品，为高层、超高层建筑的发展提供交通保障，同时随着电梯使用经验的积累和探索，电梯系统的设计也日趋成熟，提出了一套针对不同用途、不同高度建筑的电梯系统组织及运行方式：单区式、多区式、分段式（分段式也称之为区中区式）和复合式。

#### 6.3.1.1 单区式电梯系统

所谓的单区电梯系统，实际上就是电梯系统不进行分区，几台一组的电梯组从上到下全程服务。适用于楼层不多（一般为 8 ~ 15 层左右，最高不超过 20 层），总建筑面积不大的高层建筑，一组电梯就能够满足整栋大楼交通流量的需求。其停靠方式可分为逐层停靠和奇偶层停靠两种方式（图 6-8）。

1）逐层停靠方式：即建筑的每层都停靠，适用于 8 ~ 15 层中小型高层建筑。

2）奇偶层停靠方式：即隔层停靠，这样是为了提高交通运输效率，适用于 20 ~ 30 层，高度在 100 ~ 150m 的超高层建筑，双层轿厢电梯非常适用这种方式。

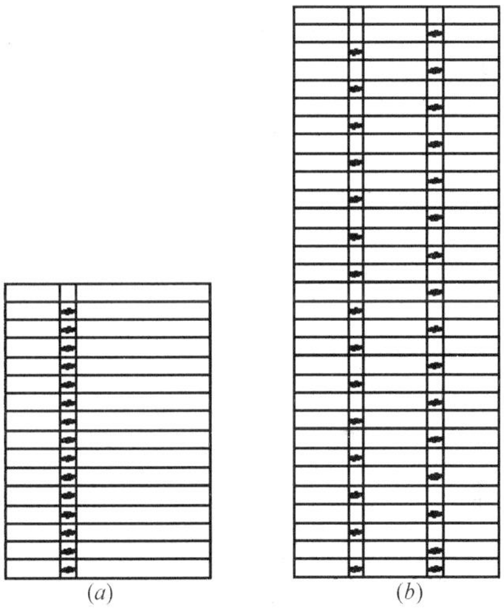

图 6-8　单区式电梯系统
（a）逐层停靠；（b）奇偶层停靠

#### 6.3.1.2 多区式电梯系统

多区式电梯系统适合于高度在 200m 左右的超高层建筑。

电梯分区服务是指将超高层建筑内的电梯划分为若干个电梯组，每组电梯服务于某段楼层。采用分区服务的方式是超高层建筑处理内部繁杂交通的一项重要手段。对于超高层建筑来说，电梯分区具有如下优点：

1）减少停站数，降低设备费用。

2）相对来说，每组电梯服务层数减少，运行时间缩短，减少人们在电梯内的停留时间及电梯厅的等候时间。

3）分区停靠的方式使得高区的高速电梯得到有效的使用。

4）低区电梯机房的上部以及高区侯梯厅的面积可以作为服务性用房加以利用，以提高标准层有效面积。

总的来说，超高层建筑采用分区服务的方式能够提高垂直交通的运载能力和运输速度，提高交通系统的服务效率。当然，在分区服务设置不当也可能会带来一些消极的影响。如在分区较多而标牌表示不清时，会给乘客带来不便。因此，在进行电梯出发层平面的设计时，应尽量将使交通路线简明、通畅，便于人们识别。

采用多区式设计时应注意以下几点：

1）结合设备层的位置，每十层或十余层分为一个区。

2）分区的每组电梯设置 4 到 8 台，在各个分区的交接点，通过停梯层互相重合 1～2 层。

3）底层区层数多些，高区层数少些，在进行竖向功能布局时把人流量大的功能部分布置在低区，人流量相对较小的布置在高区或中区。

4）电梯的速度应与分区的高度相适应，即高区电梯应为高速电梯，低区选用低速电梯。根据建筑内部功能及建筑高度的不同，多区式电梯系统可以分为二到五个区（图 6-9）。

高、低二区电梯系统；

高、中、低三区电梯系统；

低、中地、中高、高四区电梯系统；

低、中低、中中、中高、高五区电梯。

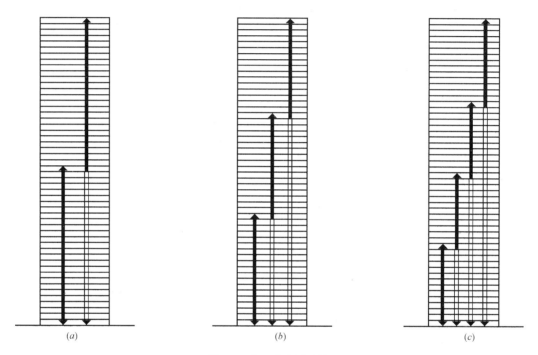

图 6-9　多区式电梯系统
（a）高低二区；（b）高中低三区；（c）高、中高、中、低四区

### 6.3.1.3　分段式电梯系统

随着建筑楼层的增多，电梯的数量不断增加，电梯井道所占用的面积也随之增加，导致标准层的有效使用面积严重降低。

当建筑高度超过 200m 或建筑层数多于 40 层时，多区式电梯系统已难以适用，原因是：

多区组电梯增加了辅助面积，减少了使用面积；

多区式中的中高区、高区电梯当行驶高度超过 200m 时，电梯速度则须大于 5m/s，在区间做逐层停靠，对电梯资源是极大的浪费。

分段式电梯系统的原理是将数百米甚至近千米的超高层建筑沿竖向分割为数段（子建筑）来处理，使复杂问题变得简明清晰，各段（子建筑）控制在高度小于 100m、层数为 20～30 层。各段之间设置空中大堂进行转换，而各段（子建筑）再分成低区、中区、高区。乘客可乘坐高速穿梭梯直接到达每段的空中大堂，再选择相应的区间电梯到达目的楼层。这种组织方式大大地缩小了核心筒的面积，提高了标准层的使用效率。随着电梯技术的进步，近年来新建超高层建筑多采用双层轿厢电梯作为穿梭梯，在不增加电梯井道的前提下，最大限度地提升了运输能力（图6-10）。

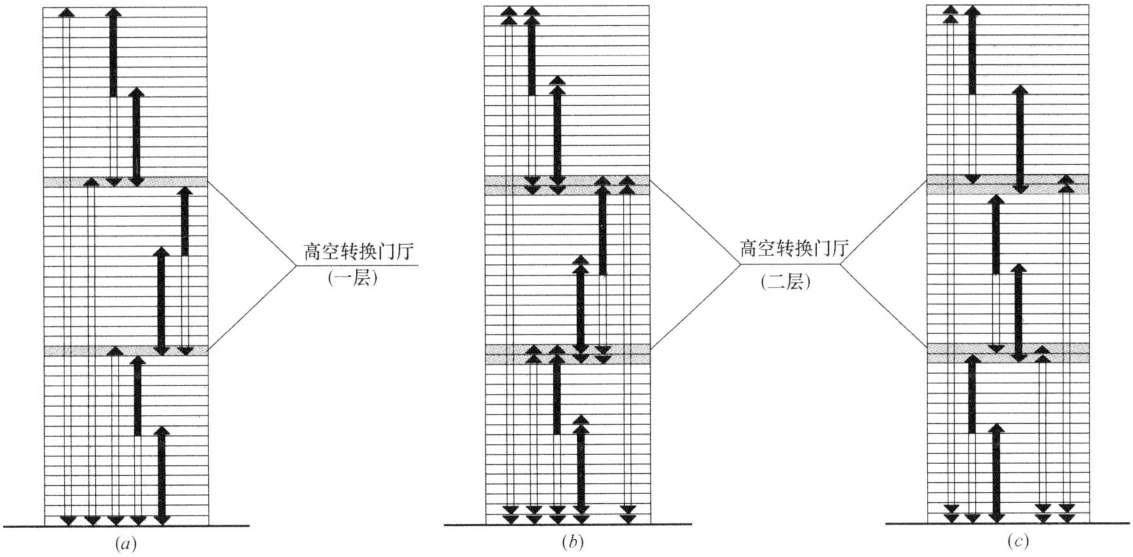

图 6-10 分段式电梯系统

（*a*）各段及小区用单层厢；（*b*）各段及小区全用双层厢；（*c*）各段用双层厢及小区用单层厢

世界贸易中心（110 层）用两个"空中大厅"把建筑分为高、中、低三段，每段相当于一幢30 余层的高层建筑。每段再分别分了四个小区，拿低段的四个分区举例，这四个小分区分别为低段低分区、低段中分区、低段中高分区、低段高分区。其他两大分区依此类推（图 6-11）。要到达中区的乘客，乘坐高速电梯（R2）直达 43 层的空中大厅，再换乘中段四个小分区的电梯组（A2、B2、C2、D2）到达各自的目的层。到达高段的方法，以此类推。

由于采用分段式的方式，整栋超高层综合楼共设了 104 台电梯，只占用井道 56 个，核心筒面积约占标准层总面积的 27%。很明显分段式电梯系统可以加快电梯运行速度，使上下两端的电梯井对齐，电梯数量增加了，却不增加电梯井道占用标准层面积的百分比。

## 6.3.2 后勤服务垂直交通系统

后勤服务垂直交通系统也称之为"辅助垂直交通系统"，是保障超高层建筑运营的重要的子系统之一，为物业管理人员、货运及设备维修提供垂直运输服务，该系统由管理人员电梯、服务电梯、货梯及电梯厅构成（图 6-12）。

### 6.3.2.1 服务电梯的种类

在超高层建筑的主体范围内所使用的后勤服务电梯按使用功能可分为以下四种：

1）商场服务电梯：为超高层底部商场提供货运服务，同时也兼用商场内部人员的垂直运输梯，一般商场服务电梯服务楼层不多，电梯速度为低速，电梯载重量不小于 2000kg，一般要求独立使用，不与其他功能区混用；

2）办公区服务电梯：为办公区日常保洁、机电设备维修、设备层维修及设备更换提供垂直运输服务；在公司进驻、搬出时，为大型家具及设备运输提供服务。

通常办公区的服务电梯由消防电梯兼用，由于日常物业服务所需要的垂直交通流量不大，故对服务电梯的数量要求不高。

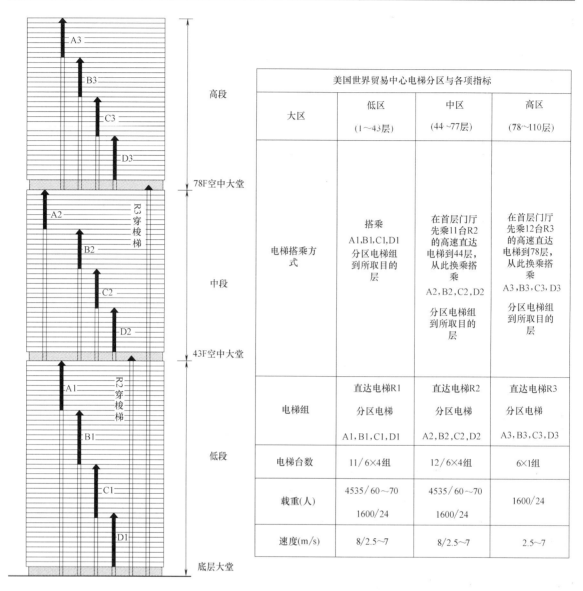

| 美国世界贸易中心电梯分区与各项指标 | | | |
|---|---|---|---|
| 大区 | 低区<br>（1～43层） | 中区<br>（44～77层） | 高区<br>（78～110层） |
| 电梯搭乘方式 | 搭乘<br>A1,B1,C1,D1<br>分区电梯组<br>到所取目的层 | 在首层门厅<br>先乘11台R2<br>的高速直达<br>电梯到44层，<br>从此换乘搭乘<br>A2,B2,C2,D2<br>分区电梯组<br>到所取目的层 | 在首层门厅<br>先乘12台R3<br>的高速直达<br>电梯到78层，<br>从此换乘搭乘<br>A3,B3,C3,D3<br>分区电梯组<br>到所取目的层 |
| 电梯组 | 直达电梯R1<br>分区电梯<br>A1,B1,C1,D1 | 直达电梯R2<br>分区电梯<br>A2,B2,C2,D2 | 直达电梯R3<br>分区电梯<br>A3,B3,C3,D3 |
| 电梯台数 | 11／6×4组 | 12／6×4组 | 6×1组 |
| 载重（人） | 4535／60～70<br>1600／24 | 4535／60～70<br>1600／24 | 1600／24 |
| 速度（m/s） | 8／2.5～7 | 8／2.5～7 | 2.5～7 |

图 6-11　世界贸易中心大楼的电梯分区

3）公寓区服务电梯：为公寓区日常保洁、机电设备维修、设备层维修及设备更换提供垂直运输服务。

通常公寓区的服务电梯由消防电梯兼用，由于日常物业服务所需要的垂直交通流量不大，故对服务电梯的数量要求不高。

一般情况下公寓区及办公区共用服务电梯，除非公寓区的物业管理公司提出要求。

4）酒店服务电梯：为酒店客房、管家部、餐饮部及设备维修部提供服务的电梯，服务电梯的数量不少于两台，电梯的载重量大于2000kg，以保证大型家具的运输要求，电梯速度采用中速或中高速，酒店管理公司会根据情况提出服务电梯的具体要求。

在超高层建筑垂直布局中，酒店通常会安排在高区或最高区，当酒店位于300m以上时，酒店服务梯通常会分成高、低两组电梯：低区电梯（直达电梯）由地库（或底层）酒店后勤区直达空中酒店区，完成酒店服务人员及货物的运输；高区电梯：通过高、低区服务电梯的衔接，高区电梯将服务人员及货物送达酒店各个楼层（图6-13）。

超高层建筑通常由多种使用功能构成，随着功能及高度的增加，后勤服务垂直交通系统的构成变得十分复杂及重要，既要满足各个功能区的日常后勤服务要求，同时也要考虑各个设备层中机电设备维修及更换的要求，因此后勤服务垂直交通系统的设计要与项目业主、机电设计人员、酒店管理公司、物业公司充分协商。

图 6-12　环球金融中心服务电梯

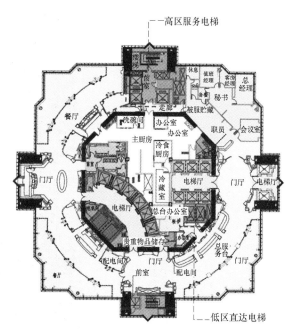

图 6-13　上海金茂大厦酒店服务电梯

### 6.3.2.2　后勤服务垂直交通系统的布局要求

后勤服务垂直交通系统是超高层核心筒主要的构成部分，布局的原则是：内、外有别，互不干扰；位置选择上既要隐蔽，也要和各楼层的平面交通系统有较为通常的连接，尤其是服务电梯是由消防电梯兼用时，要满足消防疏散及消防救护的要求。

### 6.3.2.3　服务电梯的运行方式

依据所服务的功能区的使用要求及位置，各功能区的服务电梯通常采用：

1）单区运行方式：使用功能为办公及公寓的超高层建筑其服务电梯的运行通常采用单区，且服务电梯是由消防电梯兼用。

底部商场或餐饮区的服务电梯一般在核心筒外单独设置，由于服务楼层少，且在超高层建筑底部，故采用单区运行方式（图 6-14）。

2）分段式运行方式：以下几种情况下服务电梯会采用分段式运行方式：

A. 当电梯的一次提升高度不足时，服务电梯需要设置转换层进行分段运行；

B. 当酒店位于高区或最高区，且距离地面较远时，考虑到空中酒店与底部后勤区联系密切，而上部酒店的大堂区、餐饮部、客房部服务频繁，酒店服务电梯采用分段式进行运行，下一段服务电梯采用高速电梯，从底部后勤区直达空中酒店；上部另设一组低速服务电梯采用单区运行方式服务每个楼层（图 6-14）；

C. 位于最高区的酒店将核心筒改为酒店中庭，如上海金茂大厦、沈阳乐天地标大厦、深圳京基 100 等，当采用这种设计方案时，服务电梯要进行分段处理以适应核心筒的变化。

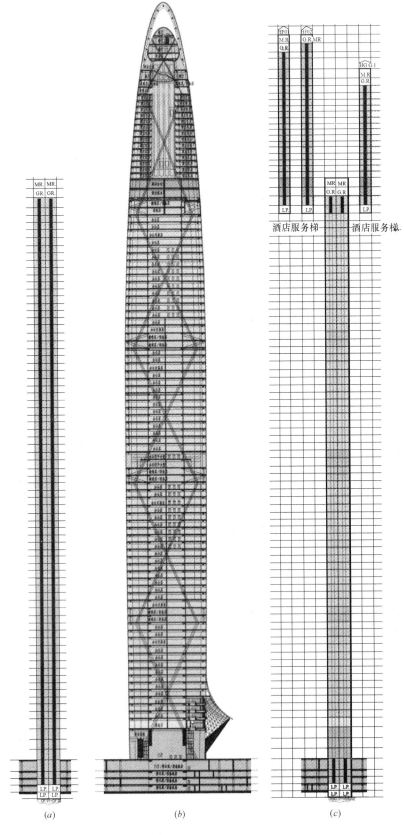

图 6-14 深圳京基 100 办公及酒店服务电梯

（a）办公服务梯；（b）京基电梯行程图；（c）酒店穿梭服务梯

### 6.3.3 类千米级摩天大楼客用电梯系统实例

#### 6.3.3.1 武汉绿地中心

武汉绿地中心主塔楼建筑面积 30.24 万 $m^2$，地下 5 层，地上 125 层，建筑高度：636m。

客用垂直交通系统采用分段式组织方式，共分 5 段，其中办公区 3 段，公寓区 1 段，酒店区 1 段，空中大堂设在 25 层、49 层、70 层及 11 层。见图 6-15～图 6-18。

图 6-15 外观渲染图

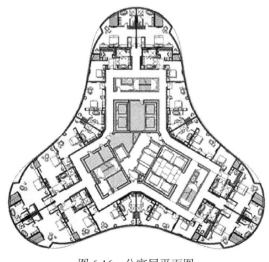

图 6-16 公寓层平面图

图 6-17 空中大堂平面图

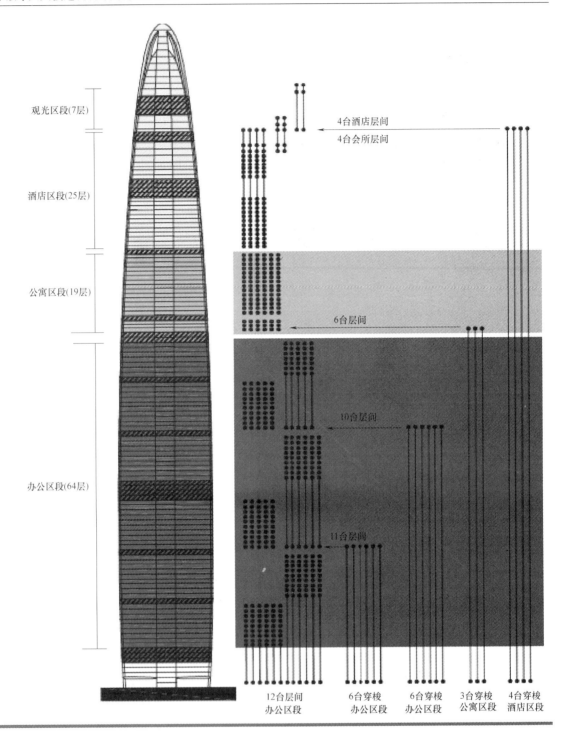

图 6-18　客用垂直交通系统示意图

### 6.3.3.2　上海中心

上海中心建筑面积 58 万 $m^2$，地下 5 层，地上 124 层，建筑高度：632m，结构高度：580m。

客用垂直交通系统采用分段式组织方式，共分 9 段，设置 6 个空中大堂，其中商业裙楼 1 段、办公区 5 段，酒店区 2 段，观光楼层 1 段。见图 6-19 ～图 6-24。

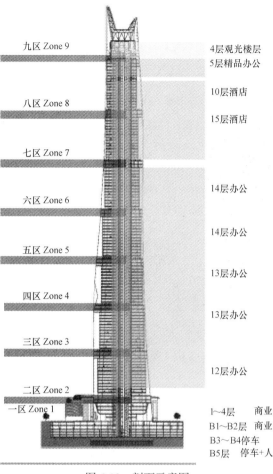

九区 Zone 9
4层观光楼层
5层精品办公

八区 Zone 8
10层酒店

15层酒店

七区 Zone 7

六区 Zone 6
14层办公

14层办公

五区 Zone 5
13层办公

四区 Zone 4
13层办公

三区 Zone 3
12层办公

二区 Zone 2

一区 Zone 1
1～4层　商业
B1～B2层 商业
B3～B4停车
B5层　停车+人

图 6-19　剖面示意图

图 6-20　外观

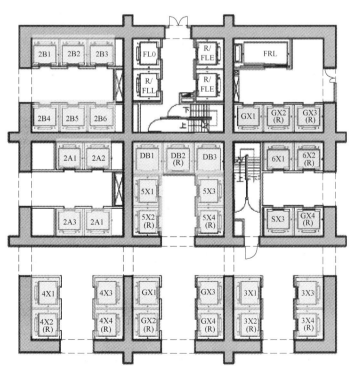

图 6-21　核心筒平面图

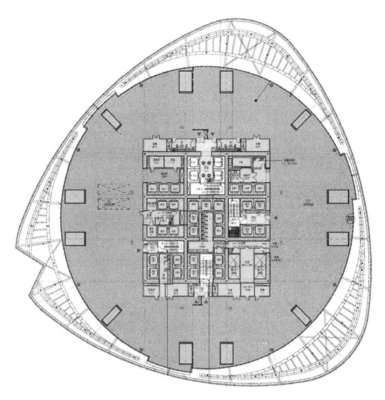

图 6-22 办公层平面图

| 分区 | 分区总面积(m²) | 分区人员密度 | 穿梭电梯数量 | 区间电梯数量 | 货梯数量 |
|---|---|---|---|---|---|
| 9 | 6065 | 1560 | 3 | 1 | 1 |
| 8 | 26626 | 2319 | 4 | 4 | 3 |
| 7 | 31402 | 1131 | 4 | 4 | 3 |
| 6 | 34830 | 2748 | 4 | 3+4 | 3 |
| 5 | 41157 | 3310 | 4 | 3+4 | 3 |
| 4 | 45137 | 3104 | 4 | 3+4 | 5 |
| 3 | 52839 | 4667 | 4 | 3+4 | 5 |
| 2 | 27139 | 4684 | - | 4+6 | 5 |
| 1 | 42942 | 10047 | - | 11 | 5 |

图 6-23 核心筒电梯表

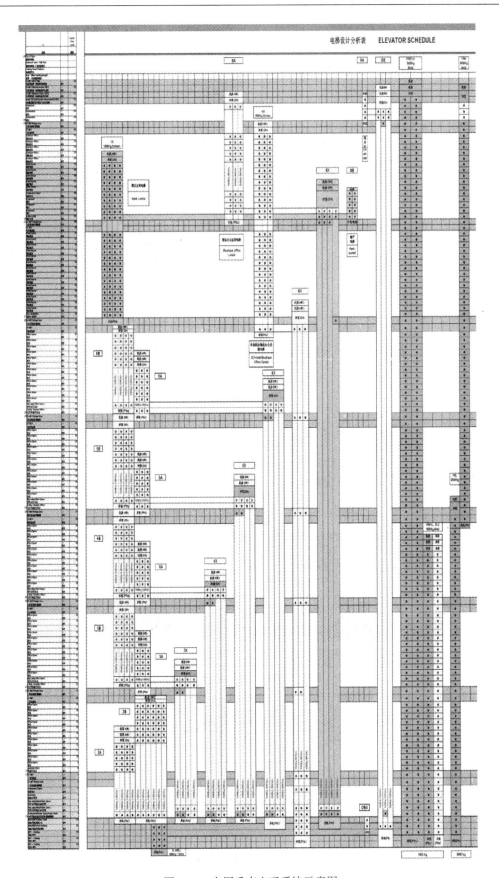

图 6-24　客用垂直交通系统示意图

### 6.3.3.3 天津 117 塔

天津117塔楼总建筑面积36.9万 $m^2$，地下4层，地上117层，建筑高度：596.7m，结构高度：587m。

客用垂直交通系统采用分段式组织方式，共分4段，其中办公区3段，酒店区1段，3个空中大堂分别设在34层、64层、95层。见图6-25～图6-27。

图 6-25　外观渲染图

图 6-26　剖面示意图

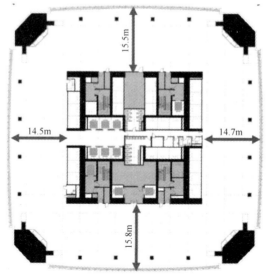

图 6-27　办公层平面图

#### 6.3.3.4 实例总结

通过对国内外 600m 以上的超高层建筑客用垂直交通系统的实例分析及研究，得出以下结论：

采用"复合式"客用垂直交通系统的组织方式对于千米级摩天大楼缩短时间输送客流量巨大的需求来讲，是一种有效的方式。

对于高度超出 200m 以上的部分采用"分段式"电梯系统，200m 以下部分采用"多区式"电梯系统，而各个小分区则采用"单区式"逐层停靠电梯系统。

数百米以至千米级摩天大楼的垂直交通系统的组织面临交通流量巨大、各种流线交织、核心筒空间有限等问题的挑战，单一的交通组织方式难以应对，而"复合式"的组织方式是千米级超高层建筑的垂直交通系统设计唯一选择。

对 200m 以上部分进行分段，首先要考虑其使用功能，通常每段为单一功能，这样分段可避免各功能区之间的交叉，保证各功能区的完整性及独立性。

分段的层数一般为二～四个避难层区，依据 2015 年 5 月 1 日实施的《建筑设计防火规范》GB 50016—2014 的要求：第一个避难层（间）的楼地面至灭火救援场地地面的高度不应大于 50m，两个避难层（间）之间的高度不宜大于 50m，即高度在 100 ～ 200m 之间或层数为 25 ～ 40 层之间。

分段的转换层——空中大堂一般与避难层和设备层上、下紧邻布置，其原因为：

1）避难层、设备层通常是分段的界线；

2）空中大堂可阻断设备层产生的噪声；

3）利用避难层、设备层的高度解决下一区的电梯顶站高度及机房，上一区的电梯基坑问题。

各段内电梯通常采用"多区式"的电梯组织方式，一般为 2 ～ 3 个，相应配置 2 ～ 3 组电梯，采用逐层停靠。

低于 200m 部分的客用垂直交通通常采用"多区式"的电梯组织方式，一般为 2 ～ 4 个，相应配置 2 ～ 4 组电梯，采用逐层停靠。

由于采用"复合式"客用垂直交通系统的组织方式，核心筒内的电梯可反复使用，有效地提高了建筑使用效率，如：纽约世界贸易中心共设了 104 台电梯，只占用井道 56 个，核心筒面积约占标准层总面积的 27%，成效明显。

以"分段式"为核心的"复合式"客用垂直交通系统的组织方式及大量实例及经验的积累，为千米级摩天大楼的客用垂直交通系统设计提供了宝贵的经验和理论支持。

## 6.4 主干与支干复合垂直交通系统

基于对当前超高层建筑垂直交通系统的理论及实践的深入研究，立足于当前最新电梯技术，综合考虑千米级摩天大楼垂直交通系统与结构体系、建筑功能、平面选型、核心筒利用等因素，我们针对千米级摩天大楼提出了"主干与支干复合垂直交通系统"的解决方案。

### 6.4.1 主干与支干复合垂直交通系统的基本思想

建立"梯级分流，层次清晰、节省面积、运行高效的垂直交通网络"是我们为千米级摩天大楼垂直交通系统设计提出的基本思想，具体实施方法：

依据建筑功能、结构方案及避难层、设备层的布置情况对千米级 摩天大楼进行"分段式"方式处理，将整栋建筑变成由若干个子建筑，各段设置转换层 - 空中大堂。

由高速穿梭电梯及空中大堂构成的"主干公共交通系统"对汇聚于底层大堂的客流进行第一级分流：多组高速穿梭电梯快速将底层大堂的客人运送到目的段的空中大堂，完成第一级客流的分配。

"空中大堂"是连接"主干系统"与"支干系统"的中转平台，乘客在这里转换到各个功能单元中的"支干系统"；支干功能交通系统负责将乘客送至目的楼层，完成第二级客流分配。

### 6.4.2 主干与支干复合垂直交通系统的原理图（图 6-28）

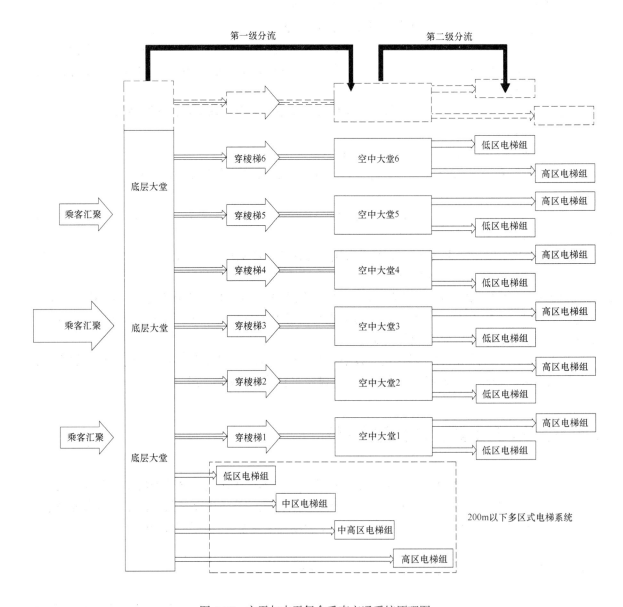

图 6-28 主干与支干复合垂直交通系统原理图

### 6.4.3 主干与支干复合垂直交通系统的"交通树"（图 6-29）

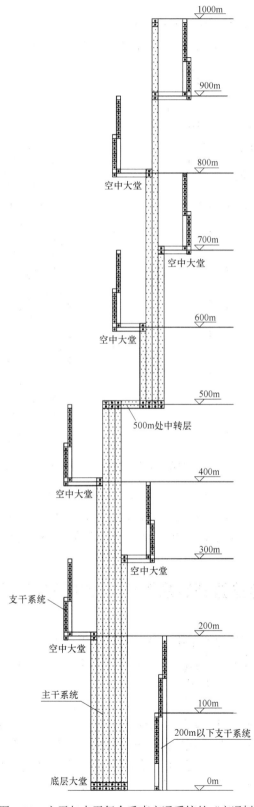

图 6-29 主干与支干复合垂直交通系统的"交通树"

### 6.4.4 主干公共垂直交通系统的电梯选择

（1）大容量、超高速双层轿厢电梯：奥的斯超高速双层电梯的载重量已达到：2250kg/2250kg，上行速度达到10m/s，一次运载近70名人员；见图6-30。

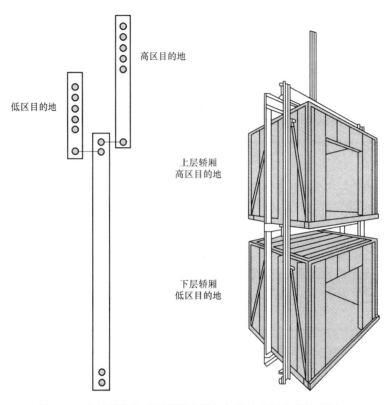

低区目的地

高区目的地

上层轿厢
高区目的地

下层轿厢
低区目的地

图6-30 主干系统的双层轿厢电梯与各段小分区电梯关系图

（2）大容量、超高速单层轿厢电梯：目前运营载重量最大的电梯是日本三菱公司出产的电梯，最大载荷5250kg，一次运载80名人同时上下楼的单台电梯。1989年英国福斯特事务所在设计日本东京千年塔（Millennium Tower）中以提出采用载客为160人的大容量电梯的设想。

## 6.5 主干与支干复合垂直交通系统在"空中之城"项目的应用

"空中之城"千米级超高层建筑采用"群组式"构成方式：由三栋相同的千米摩天大楼围合一个"Y"型核心筒组成一栋超级建筑，根据结构系统要求，在竖向每100m设置两层高的结构连接层，将4个单体连接成一体。见图6-31、图6-32。

客用电梯系统采用主干与支干复合垂直交通系统的组织方式，"Y"型核心筒内设置主干公共交通系统，每100m设置的空中大堂与结构连接层相结合。见图6-33、图6-34。

支干功能交通系统布置在三栋高层内部的核心筒内，与功能使用空间结合紧密；

主干与支干交通系统分开布置是为了适应"群组式"建筑而采用的，这种方式强化了主干交通系统的公共性，减少了个功能单元的核心筒面积，保证了各功能单元的独立性及私密性；主干与支干交通系统通过空中大堂进行衔接，见图6-35。

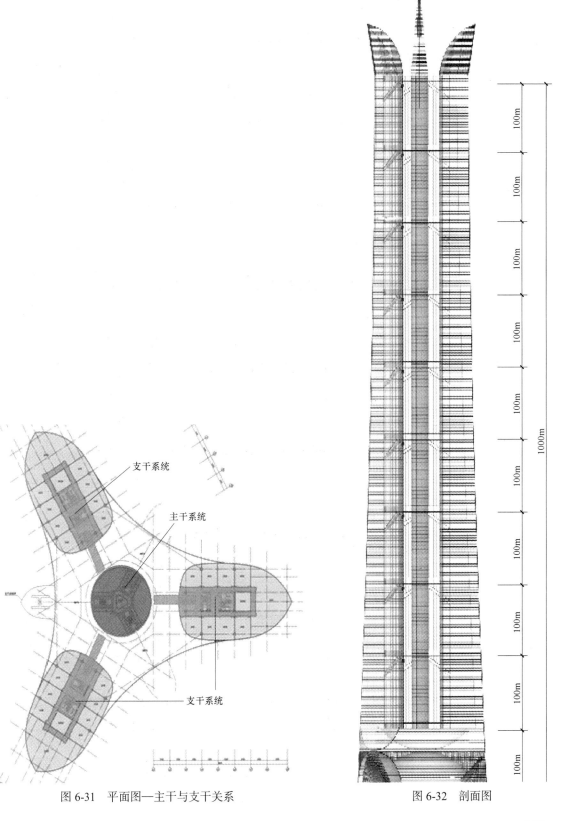

图 6-31 平面图—主干与支干关系    图 6-32 剖面图

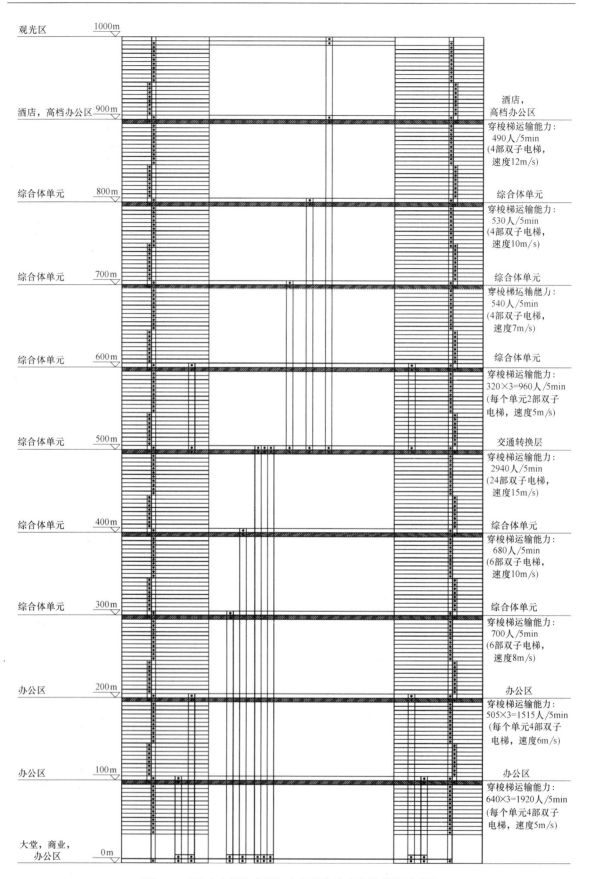

图 6-33 "空中之城"主干与支干复合垂直交通系统示意图

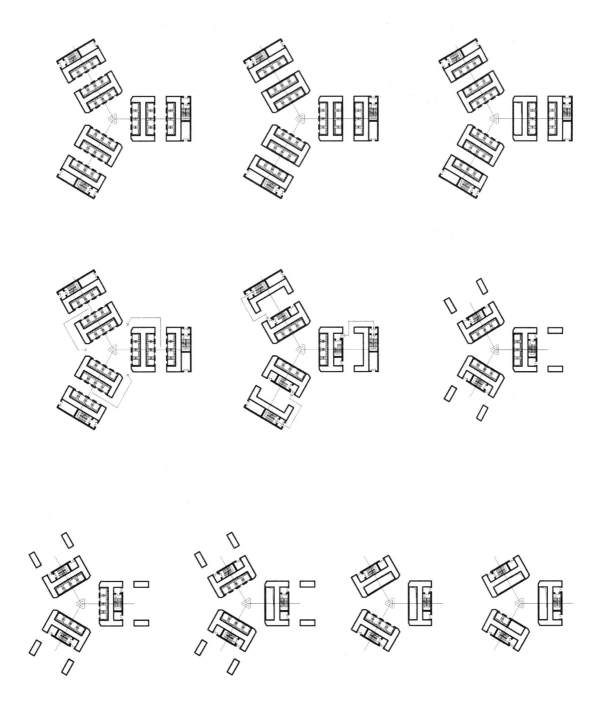

图 6-34 主干交通筒布置图

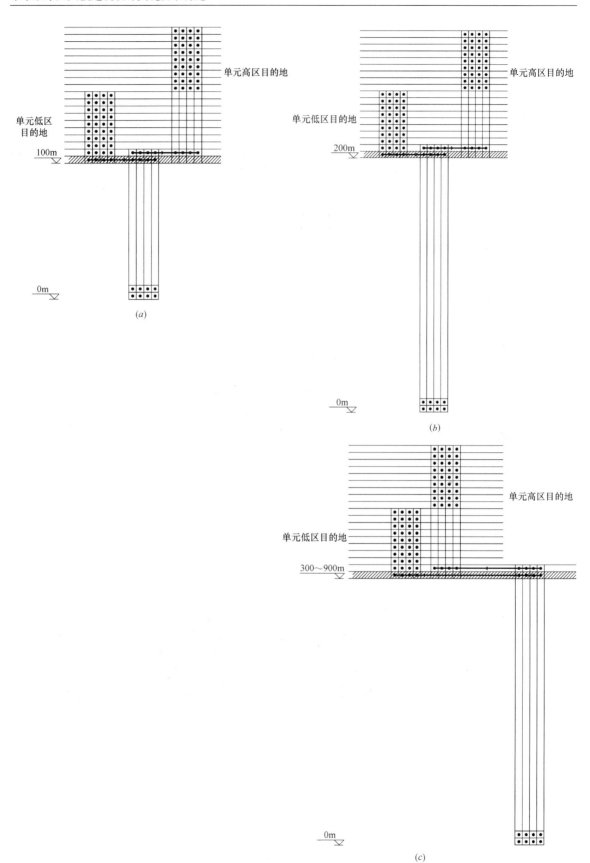

图 6-35　主干与支干交通系统通过空中大堂进行衔接
（a）100～200m 单元交通组织；（b）200～300m 单元交通组织；（c）300m 以上单元交通组织

# 7 千米级摩天大楼建筑节能体系研究

## 7.1 绿色建筑的发展概况

### 7.1.1 绿色建筑的定义

我们常说的"绿色建筑"中的"绿"，并不是常规理解的绿化，也不是表面看到的绿色，他是表示建筑能够利用自然界的环境资源，对自然环境没有破坏的一种概念，意图达到健康、舒适的室内环境，也可以成为"可持续发展建筑"、"生态建筑"、"节能环保建筑"等。我国《绿色建筑评价标准》中，整个绿色建筑评价体系是由六类指标组成，按照得分排序分为三星、二星、一星。现如今，节能减排作为《联合国气候公约》、《联合国生物多样化公约》以及《京都议定书》的技术基础，世界各国的共同取向便是发展绿色建筑。

### 7.1.2 国内外现有绿色建筑评价体系综述

近些年来，世界上多个国家和地区都制定了各自的绿色建筑评价体系，如英国的 BREEAM、美国的 LEED、多国的 GBTool、法国的 ESCALE、日本的 CASBEE 等。对于全球促动绿色建筑发展来讲，这些评估体系的制定、推行及应用起到了重要作用。其中，英国的 BREEAM 和美国的 LEED 定制比较超前，影响也是十分广泛的。在世界范围不同国家和地区 GBTool 也是一种国际标准，可以通用的。作为亚洲的第一个国家标准——日本的 CASBEE 虽然起步较晚，但对我国来说，起到的借鉴意义是比较大的。

为了促进绿色建筑的发展，2005 年，建设部发布了《绿色建筑技术导则》，2006 年，颁布了《绿色建筑评价标准》，《绿色建筑评价标准》GB/T 50378—2006 作为我国第一部绿色建筑综合评价标准，指出了绿色建筑的定义、评价指标及方法，并明确了绿色建筑的发展理念和评价体系——"四节一保"，此来指导绿色建筑实践。但是随着国家的大力推进，我国的绿色建筑发展也是飞速的，在绿色建筑实践过程中，发现《绿色建筑评价标准》GB/T 50378—2006 从现阶段的发展来说，对于实践及评价绿色建筑来讲，并不能很好的匹配，在原国家标准《绿色建筑评价标准》基础上，重新修订编制了《绿色建筑评价标准》GB/T 50378—2014。最新的《绿色建筑评价标准》从节地、节水、节能、节材、室内环境质量、施工管理和运营管理 7 个方面按照不同的权重系数进行打分评定。我国绿色建筑的星级评定与美国 LEED 相类比，一个是由低至高分为一星级、二星级、三星级 3 个等级，另一个是银奖和金奖级别。

近些年来，我国的城市发展是迅速的，高层与超高层建筑越来越多，建筑的垂直高度上升较快，从能源与资源的角度来说，超高层建筑通常会比常规建筑消耗更多，并可能给城市环境、室内环境带来多方面的问题，鉴于此种情况，住房城乡建设部参照现行《绿色建筑评价标准》，在对超高层设计、建设与运行情况的调研与研究基础上，委托住房城乡建设部科技发展促进中心联合上海市建筑科学研究院等单位编制并颁布了《绿色超高层建筑评价技术细则》，《细则》与《绿色建筑评价标准》评价体系的分类是一致的，而根据超高层建筑的特点对具体的评价项目和若干评价指标进行了调整。由于此细则的编制时间比国标晚了 6 年，这期间建筑技术应用的发展和变革都需要进行合理吸收；同时，结合已经开展了 5 年的绿色建筑评价标识工作的障碍和困难，尽可能地调整了条文的可操作性。

### 7.1.3 超高层绿色建筑技术特点

超前的设计理念及领先的绿色技术应用是绿色设计的实现所必须的条件。超高层建筑的建造、运行和维护成本都远远高于普通建筑，在早先因缺乏生态意识和技术策略的落后，导致建成的多是造价高、耗能大的非绿色建筑，不仅没有保护环境反而给环境造成了负担，甚至有人质疑其存在和发展的必要性。

超高层建筑绿色设计包含两个层面——绿色和技术，其中绿色是最终目的，技术是采取手段，技术措施是实现绿色生态的保证，不仅仅是单纯的为了绿色而绿色。因此，超高层建筑的绿色设计的最终目标应是可持续发展，采用从整体到内部等方式将绿色设计策略和技巧发挥于建筑设计中，从而达到降低建筑能耗、保护环境的目标，做到人、建筑与环境的和谐共存。超高层建筑绿色设计不仅包括传统的绿色设计，还应根据不同项目的地域等差异性合理选择性地采取相应技术措施，最终实现的设计不应该是绿色技术的堆砌，而是综合的可持续设计。

绿色设计的超高层建筑应达到以下几点要求：首先，建筑不能对自然环境有污染和破坏，应与周围环境相协调；其次，在建筑空间的设计和技巧是应采用自然通风、自然采光、合理绿化、使用清洁能源等生态技术；再次，应打造宜人的工作、生活空间，给人们创造愉悦和舒适的环境。

## 7.2 千米级摩天大楼绿色技术归纳分类及分析

### 7.2.1 分类构架说明

《绿色超高层建筑评价细则》沿用了国标的评级方法和指标体系结构，对于具体指标来说，针对超高层建筑的特点进行了相应的调整，主要包括：

（1）节地与室外环境：因超高层建筑大多会选择城市繁华地带，约束了其场地的选择与建设。因此，《细则》减弱了对"湿地、农田、森林"保护的强调，取消了对于城市的中心地段控制场地环境噪声的要求，但强调了建筑外立面材料不能对周边道路与天空产生光污染、建筑内外部空间与设施共享的要求。除此之外，因为超高层建筑通常会位于人流、车流相对集中地段，内部的垂直交通会存在问题，会相应提高对停车场规划设置以及公共交通的可到达快捷性的要求。

（2）节能与能源利用：在节能方面超高层建筑的特点主要在下面几个方面所表现：①对于超高层建筑来说，其功能业态会更多，它的用能系统及能源种类也会较为复杂，因此应明确对其能源规划和系统的调试提出要求；②电梯数量相对较多，运行工况比较复杂，其节能应引起足够的重视；③因为超高层建筑的高度较高，里面包含的设备机房及用能末端会有较长的距离，会提高空调系统输配能耗，所以应严格控制其输配能效比；④电梯数量相对较多，运行工况比较复杂，其节能应引起足够的重视；⑤超高层虽然占地面积较少，但其体量较大且设备占地需求高，可再生能源利用的条件相比于普通的公共建筑来说是相对不利的，从绿色设计角度考虑应采用可再生能源，因此其利用比例需要认真考虑。

（3）节水与水资源利用：随着高度的增加，超高层建筑给水分区会增加很多，从而导致普遍存在给水系统超压出流的现象，而且会更严重。由于在使用过程中这部分水量会"无声无息"地流失，人们通常无法轻易地察觉和认识，属"隐形"浪费水量。冷却塔是耗水大户，某些建筑中甚至达到总用水量的一半，所以，冷却塔的节水是超高层建筑节水的重要组成部分。与此同时，对于控制项来说，纳入了景观用水不可以使用自来水或地下水这一条，增加了评价条文的全面性和严格性。

（4）节材与材料资源利用：通常，超高层建筑会建设在大中型城市，对于混凝土种类来说预拌是较好的选择，因此由加分项变成为控制项。从超高层建筑的结构特征出发，对于建筑材料来讲更加完善并细化其评估方法可以提高其可操作性，现已将可再利用建筑材料与可再循环建筑材料的评价进行了整合。为了更加体现超高层建筑的特点，增加了对减轻自重措施的鼓励，鉴于其结构体系的选取是有一定局限性的，因此用结构体系的优化来替代。

（5）室内环境质量：为了提高室内的空气质量，从超高层建筑的建筑、业态与功能特点角度考虑，增设了新风口位置、侧向传声、空气质量预评估及如公共空间设置等运营期的建筑环境的健康、舒适性和功能性的要求。

### 7.2.1.1 节地与室外环境设计

超高层建筑在节地方面是具有优势的，因为它可以在很小的土地上垂直向空中创造更多的建筑使用空间，从而形成巨大的体量。但与此同时这个大体量会给周边城市空间环境造成很多不利的影响。在超高层建筑方案的初期阶段要分析其物理环境要素、周边空间环境构成等。首先通过分析比较建筑所处的地理位置与周边环境之间的相互关系，结合当地的气候因素，创造出的建筑规划布局应是对节能有力并且对周边场地的微气候影响最小的。其次在方案设计时，应用建筑布局、室外绿化等设计策略打造适宜的人行区 1.5m 高处的风环境。最后，场地的绿化设计是尤其要注意的，因绿化设计具有遮阳、调节温湿度、导风的作用及净化空气的功效。应综合室外绿化与水景，通过水的蒸发作用去降低其周边空气温度，利用绿植的遮阴效果去打造良好的建筑周边微环境。此外，在《超高层绿色建筑评价技术细则》中，对于评价项，从超高层建筑的形体及高度出发增加了"合理采用立体绿化方式"的一条，目的就是因为立体绿化可以吸收二氧化碳、提高屋顶、墙面等围护结构的热工性能，同时对于室内外环境来说也可以得到改善。见图 7-1。

图 7-1　立体绿化

以某项目为例，选址位于大连市轨道交通换乘枢纽大连北站南广场，大连是沿海城市，由于海洋季风影响会使得风速较大，风力资源、太阳能资源丰富，年降雨量 550～950mm，下雨集中在夏季，有大量的可利用的雨水资源。

项目西南角、东南角、北侧设置地下车行出入口，环绕建筑四周设置建筑入口，人车分流，最大限度地提高了基地使用率。场地周边通往公共交通站点是比较便捷的（图 7-2）。

因千米级摩天大楼属于超高层公共建筑，方案设计时采用将地面多层的横向布局转化为竖向的空间利用，减少了建筑占地面积，为使用者提供更多的开敞空间、公共空间，容积率高达

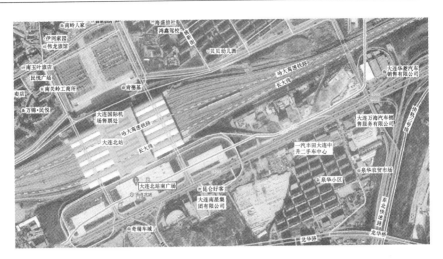

图 7-2　场地规划图

11.3、绿化率 40%，在增加建筑面积的同时最大可能地减少了占地面积，提高容积率、绿化率，同时合理开发利用地下空间，用地范围内设置集中地下室，地下共九层，主要功能为机动车停车库、设备用房、地下商业等，地下面积高达 64 万 $m^2$，减少地上空间利用压力。

在整体布局上千米级摩天大楼充分利用天然环境资源，植物配置充分体现大连本地植物资源的特点，突出了地方特色。采取复层绿化及空中花园等方法改善建筑环境，选择月季、鸢尾、二月兰、紫花地丁及黄杨、梧桐等适宜当地气候和土壤条件的乡土植物，起到促进绿地植被生长的作用（图 7-3、图 7-4）。乔木作为主要的植物，结合着乔木、灌木和草坪，不但提高了绿地的空间利用率、提高了绿化率，而且能够在有限的绿地上缔造更大的生态及景观效益。与此同时，

图 7-3　植物图片

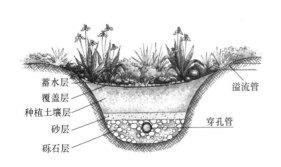

图 7-4　植物种植方式

绿地的合理设置能够改良和美化环境、调节小气候，起到减缓城市热岛效应的功用，我们可以利用景观创造良好的生态环境从而为使用者提供遮阳、休憩的良好条件。

主干道路设置了透水混凝土路面，非机动车道采用透水混凝土地面，铺设渗透性铺地材料，入口铺设透水性能良好的舒布洛克水泥砖，把不透水的地面砖换成透水砖，停车场采用植草透水花格。透水地面总比例达到50%以上，路面透水性良好，雨天路面基本无水。见图7-5。

图7-5　透水地坪做法

巧妙地加入屋顶绿化、垂直绿化等绿化方式，采用轻质土搭配具有良好排水性能的人工土作为空中花园的种植土，在满足屋顶荷载的要求的前提下，能够改善室外微气候的同时起到调节室内温湿度、吸收二氧化碳、改善室内空气品质的功用。

作为整块场地会出现径流的主要源头的屋面及道路聚集的雨水，将其引导至下凹式绿地、植草沟、树池等雨水设施在实现调蓄、下渗和利用是非常重要的（图7-6）。此外，采取相应截污措施从而确保雨水在滞蓄和排放过程中能够实现无缝对接，继而可以保护天然水体、景观水体的水质和水量安全。现有的场地会出现部分地势比较低，可以利用植物实现截流，从而达到径流污染控制目的。

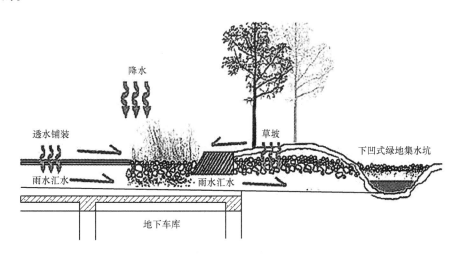

图7-6　雨水蓄集方式

需特别指出的是，本项目的建筑大部分外围护采用了玻璃幕墙的形式，虽然玻璃质量较轻，但其对可见光的反射率是特别高的，我们在方案阶段已通过围护结构的构造做法、建筑的主体形设计、围护结构材料的选择等方法去回避这个问题。此外，本项目的流线型体形，一方面是为了创造新颖的形式，另一方面是主要考虑了空气动力学的原理将建筑体对周边风环境的不利影响降到最低。

根据千米级摩天大楼的特点，在节地及室外环境的相关绿色技术措施可以归纳为以下几个方面：场地的选择及使用、建筑形体的选择、室外风环境的控制、光污染的控制、地下空间的利用、透水地面、复层绿化方式、规划屋顶雨水、屋顶绿化、道路雨水径流与景观的结合等。

### 7.2.1.2 节能与能源利用设计

绿色建筑的节能技术主要包括两个部分：一，节流，在建筑全生命周期内提高能源的利用效率，节约能耗；二，开源，在使用能源上应尽可能充分发掘太阳能、水能、地热能等可再生资源，减少或避免使用非可再生资源的利用。本项目涉及节能与能源利用的技术主要包含下面几个方面：

（1）玻璃幕墙：之所以在超高层建筑的围护结构选择中占有不可取代的位置是因为其同时具备了高强、透光、耐久、轻质四大优点。虽然从安全的角度出发，金属结构的幕墙的安全性比玻璃幕墙好，但从千米高层的自然采光及建筑形体艺术性等角度出发，我们选择了玻璃幕墙。但玻璃幕墙会提高建筑耗能，因此应考虑其是否能做到与遮阳技术的结合使用、具有可持续性、具有节能处理等。在超高层幕墙设计中为充分发挥其优势必须与节能措施协调配合。

当今社会广泛研究与推广使用的是真空、中空与镀膜玻璃。镀膜玻璃主要是利用其表面增加的一层金属薄膜去改变玻璃的透射和反射系数，大多数情况会与真空玻璃、中空玻璃结合使用。中空玻璃则是内腔充灌氩气，具有良好的保温性能。真空玻璃的透光折减系数和隔声性能因其中间是真空状态，会比较理想。市面上各种新型玻璃也均是在这三种的基础上改良和优化的（图7-7）。

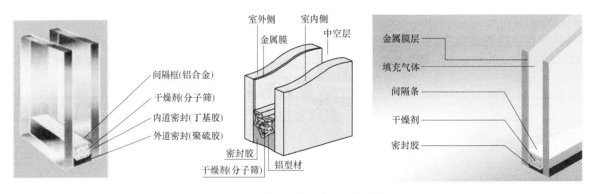

图 7-7　中空玻璃、真空玻璃、镀膜玻璃

本项目所采用的玻璃幕墙是单框双玻 +Low-E，它由两片或多片玻璃组成，具有一定宽度的间隔空间铝制外框内部填充有高效的分子筛吸附剂，高强度密封胶在最外边粘合，最后充入惰性气体氩气。其传热系数可降低到 1.5W/（m²·K），其玻璃幕墙透明部分可开启面积比例达 10%以上，玻璃幕墙气密性为《建筑外门窗气密、水密、抗风压性能分级及检测方法》GB/T 7106—2008 规定的 3 级，围护结构热工性能指标符合《公共建筑节能设计标准》GB 50189—2005 和《公共建筑节能（65%）设计标准》DB 21/T 1899—2011（辽宁省地方标准）的规定。此外，此玻璃幕墙对于降低噪声来说也是非常理想的材料，可以将环境噪声降低约 30 ~ 35dB，可以有效地防止结露的产生，主要是通过在间隔条内填充干燥剂从而确保了内腔中空气的绝对干燥，因此玻璃的透过率对波长为 0.3 ~ 2.5μm 的入射光线来说可达 60% 以上，在日间可以使室外的大部分辐射能量进入室内，而夜晚或阴雨天气又可以有效地防止室内热量的散失，从而加强了围护结构的基本功能，减少外围护结构的冷热耗量。

（2）可再生能源的利用：

1）太阳能：太阳主要是以核能为动力，其能量是巨大、久远和无尽的。虽然在太阳总辐射能量中对地球大气层辐射的能量约占 22 亿分之一（约为 $3.75×10^{26}$W），但可达到 $1.73×10^{17}$W，换算成煤相当于每一秒地球上可辐射到 500 万 t 煤的能量。地球每年的辐射能量为 $6.1×10^{17}$ 亿大卡，相当于 87000 亿 t 标煤，可达到当今世界能源消耗的 700 倍。根据核聚变原理，每 1g 氢聚合成氦会发出的能量约为 0.0072g。依据现在的太阳产生核能速度推算，其氢的储存量能够维持 600 亿年，因此可以说太阳能是一种取之不竭，用之不尽的可再生能源。

以某位于辽宁大连的项目为例，大连属于Ⅲ类地区，太阳能资源较为丰富。大连市的每日平均光照时间可达到 8h，夏季可达 12h，全年的日照时间高达 2745h。考虑到因地制宜，采用适当的方法和装置，节约常规能源，减少环境污染，本项目选址采用太阳能热水，它是一次性投资，不仅后期使用成本低，投资回报率高，无污染，有利于屋顶防晒，而且解决了传统能源的耗损问题，是现代能源的最佳选择。本项目的太阳能热水系统应用在酒店热水和办公淋浴、卫生间手盆等区域。同时，可以在幕墙上利用太阳能，一种是直接将太阳能光电板利用在外幕墙上，形成太阳能光电墙；另一种方法就是使用透明的太阳能光电玻璃，直接取代传统玻璃，通过这两种方法可以直接将太阳能转化为电能，大大降低能耗。

太阳能转换为电能的技术称为太阳能光伏发电技术（简称 PV 技术）。太阳能光伏发电技术不仅对于降低 $CO_2$ 等有害气体的排放，减少化石燃料的使用是非常有利的，并且对于解决全世界各个国家经济发展与环境保护之间的冲突亦然算是一个非常好的选择。

本项目的分布式光伏发电技术的利用较常规建筑高度工程来说，是更有利的，因其高度将近一千米，而周边的建筑、地势基本对建筑主体的日照构不成影响，从而建筑有效接收太阳光的面积也得到了最大化的体现。现方案是在各百米区间的室外避难平台以及屋顶平台，设置多晶硅太阳能电池板，多晶硅太阳能电池板的单体光电转换效率约 15%～17%，材料制作简单，生产成本低（表 7-1）。

**250Wp 多晶硅太阳电池组件，技术参数表** 表 7-1

| 太阳能电池组件种类：多晶硅 | | | | | |
| --- | --- | --- | --- | --- | --- |
| 指标 | 单位 | 数据 | 指标 | 单位 | 数据 |
| 峰值功率 | Wp | 250 | 开路电压系数 | /℃ | 0.32% |
| 组件效率 | % | 15.3 | 短路电压系数 | /℃ | 0.053% |
| 最大工作电压 | V | 30.3 | 抗风力 | Pa | 2400 |
| 最大工作电流 | A | 8.27 | 最大保险丝额定电流 | A | 15 |
| 开路电压 | V | 38.0 | 最高系统电压 | V | 1000 |
| 开路电流 | A | 8.79 | 尺寸 | mm | 1650×992×40 |

各避难层的室外空间面积大约在 6000m²，除去人员的活动空间，必要的设备用地，以及考虑建筑本身遮挡阳光照射的因素，理论上能够放置多晶硅太阳能电池板的面积约有 1000m²，预计各层的装机容量能够达到 100kW。

结合现在的光伏发电技术，1kWp 的多晶硅太阳能电池组件五类区域年发电量见表 7-2。

**1kWp 的多晶硅太阳能电池组件五类区域年发电量** 表 7-2

| 地区 | 1kWp 发电量（kW·h） |
| --- | --- |
| 一类地区 | 1666～2055 |
| 二类地区 | 1300～1666 |
| 三类地区 | 1111～1300 |
| 四类地区 | 922～1111 |
| 五类地区 | 744～922 |

大连处于 III 类地区，年日照 2200 ～ 3000h，辐射量 5000 ～ 5850MJ/m²，100kW 装机容量，年发电量可以达到 10 万度左右。

除安装于屋面的多晶硅太阳能电池板外，薄膜太阳能电池板也可以作为建筑物玻璃幕墙的贴膜进行使用，而且产品颜色可调，光线透光率可调，能够更好地融入建筑之中，是光伏建筑一体化的理想产品。

某硅基薄膜产品的性能参数见表 7-3。

**某硅基薄膜产品的性能参数** 表 7-3

| 组件型号 | | HNS-SD120 | HNS-SD125 | HNS-SD130 | HNS-SD135 | HNS-SD140 |
|---|---|---|---|---|---|---|
| 电性能参数（STC：1000W/m²，25℃，AM1.5） | | | | | | |
| 额定功率 | Pmax（W） | 120 | 125 | 130 | 135 | 140 |
| 电性能参数（NOCT：800W/m²，45℃，AM1.5） | | | | | | |
| 额定功率 | Pmax（W） | 90 | 94 | 97 | 101 | 105 |
| 功率温度系数 | （%/℃） | | | −0.29 | | |
| 电压温度系数 | （%/℃） | | | −0.32 | | |
| 电流温度系数 | （%/℃） | | | +0.07 | | |
| 组件长度 | mm | | | 1300 | | |
| 组件宽度 | mm | | | 1100 | | |
| 组件厚度 | mm | | | 6.8（不含接线盒） | | |

它的优势体现在下面几个方面：①制作费用低：因不会因为硅的短缺而增加生产成本，可以大幅度降低生产成本；生产流程能耗低、不会产生污染；②组件绿色环保，不包含有毒元素；③更好的弱光发电性能：非晶硅电池不会因为低光照射条件，如阳光不太强的早晨、傍晚、阴天以及邻近建筑物遮挡，而造成电力输出不稳定，可以基本满足阴雨天的供应需求，散射光接受率高，利用率高、在任何地区均可使用；④较好的热稳定性：在相同的环境条件下，非晶硅电池在同等条件下，其温度系数较低且伏安特性较好。

薄膜太阳能电池发电性能在 80 ～ 100W/m²，理论上，只要有玻璃幕墙或玻璃窗设置的地方，就可以应用到太阳能光伏发电技术。

2）风能：风能是一种清洁、持续的能源，其蕴含着大概为 $2.74 \times 10^9$MW 的能量，其中可使用风能大概为 $2 \times 10^7$MW，其总量相当于地球上 10 倍以上的可使用水力资源的能量。我国的风能储量大、分布广，陆地上风能的储量约为 2.53 亿 kW。

风力发电技术是将风能转化为电能的发电技术，它可独立或并网运行。独立运行时，相当于微型或小型的风力发电机组，容量为 100W ～ 10kW；并网运行时的容量通常超过 150kW。对于风力发电技术来讲，其进步是很快的，尤其是单机容量在 2MW 以下的技术可以说是非常成熟了。因为全球能源紧张的问题逐渐加剧，人们越来越关注到可再生能源的应用，风电作为重要的可再生能源，其清洁无污染且安全可控，通过逐步的开发和利用其技术相对成熟，且在能源日益枯竭的今天风电资源的应用前景也是逐渐被看好的。

虽然地球表面的风力资源是非常丰富，但会出现风能在时间及空间上分布不平均的现象，对于风力来说只有其持续一定的时间达到要求的风速才会有应用的意义，超高层建筑风力发电系统能否利用风能同样是要根据当地风力资源及局部风环境的。千米级摩天大楼地处大连市，建筑高度可达近千米，现每隔百米设置室外避难空间，可以为风力发电设备的安装提供很好的条件。同时，此平台区域更易出现狭管效应，从而风力强劲。当前按照每个避难空间设置一座风力发电设备，共设 9 处风力发电机组。

风力发电机按结构形式分为水平轴风力发电机和垂直轴风力发电机两大类。水平轴风力发电机的主要结构特色是：①风轮距离地面高，直径会比较大，占地面积大。②发电量因风能利用率较高而较多。③噪声大。④可低速启动也可自起动。垂直轴风力发电机的结构特点是：①结构设计简单，对于风向来流无任何要求，无需额外调整方向的设施。②振动幅度小，降低少。③风轮直径小，占地面积小。④维护和检修方便。因为在全年间风向是会改变的（春夏季东南偏南，秋冬季东北偏北），所以对于千米级摩天大楼来说更适合采用垂直轴风力发电机。

参考技术数据见表7-4：

| 某垂直轴风力发电机组技术数据 | | 表7-4 |
|---|---|---|
| 电气参数 | 额定电流：90A | |
| | 额定风速：25m/s | |
| | 发电机的结构：永磁型 | |
| 外形尺寸 | 重量：约7000kg | |
| | 叶面高度：5m | |
| | 叶面宽度：2m | |
| | 受风面积：10m² | |
| | 风机的结构：垂直轴 | |
| 材料 | 风叶：铝制 | |
| | 发电机：钢制 | |
| | 紧固盘：25mm厚的镀锌钢板 | |
| 性能 | 噪声级别：无噪声。从风机2m处测得的噪声小于10dB | |
| | 机械振动：风机系统不会产生任何干扰建筑结构的振动 | |
| | 保证持续发电风速：40m/s | |
| | 保证所能够承受的疾风（骤风）：75m/s | |
| | 产电的风速范围：2.7～40m/s | |
| | 单机的年产电量：风机在平均风速为8.25m/s时，在夏季以偏南风、东南风发电，冬季以偏北风、东北风发电的情况下，全年至少能产出33MWh的电量 | |
| 安全系统 | 电子制动系统：可以手动控制或者自动控制 | |
| | 盘制动系统：在特别高速的骤风下可以设定为自动或者手动 | |
| | 起动润滑系统：配有压力计及过滤器，可根据轴承的需要提供准确量的经过过滤的润滑剂 | |
| | 风速仪：安装有Windside专利的机械风速感应仪，可以在非常危险的疾风下起动制动系统 | |

风力发电电气系统构成见图7-8。

风力发电机的预期年发电量如以MWh计算时，可由如下公式计算：

年发电量（MWh）=扫风面积×风能密度×年发电小时数×效率比×威布尔系数

大连地区风能密度为160W/m²，年发电小时数8760h，效率比0.54，威布尔系数取2，则：

单台机组年发电量=10×160×8760×0.54×2=32.9MWh

9台机组年发电量为9×32.9=296.1MWh

伴随着大规模的生产与推广风力发电设备，其必将会带来较好的经济效益。对于超高层建筑来说，垂直式风力发电机组可以实现完美的结合，在千米级超高层建筑的增速效应影响下，其发电量剧增。这种发电机组与建筑一体化的设计方法不仅是绿色建筑设计的成功示例也是响应了国家节能减排号召的新举措。

（3）HVAC系统的设计：为了保证室内最舒适的温度，建筑的供暖和制冷非常重要，其消耗的能量在建筑运营过程中的总能耗占有最大的比例。根据相关数据表明，常规空调系统的能耗占建筑总能耗的60%，因此提高空调系统的工作效率对于超高层建筑节能是极为重要的途径。高效

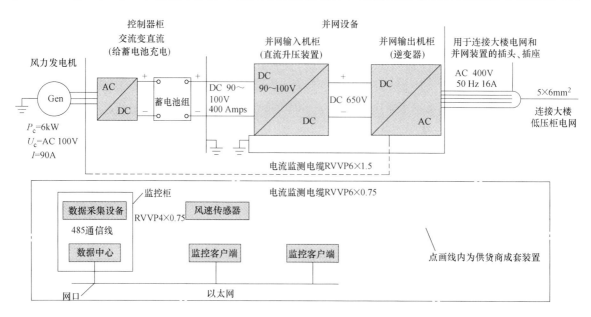

图 7-8    风力发电系统原理图

的制冷与供暖系统可以有效降低建筑运行过程中的能耗。新型的制冷与供暖系统包括变风量空调系统、变冷媒流量多联系统、辐射制冷与供暖系统、热电冷三联供系统、被动式下沉气流制冷、中央冷风机组、自然物理制冷、能量收集中央空调系统等。

千米级摩天大楼裙房商业空调系统冷源由三联供系统提供冷水供 10000m² 商业部分空调系统使用。三联供的原动机选用了两台燃气内燃机，每台燃气内燃机的天然气耗量为 1300Nm3/h，发电量为 4400kW（10kV），所发电量并入大楼内部电网；烟气型双效溴化锂吸收式制冷机总共配置两台，单台制冷量为 9300kW，制热量 7730kW。燃气内燃机在发电时产生的高温烟气（427℃）和高温缸套水（90℃）在分别经过烟气 - 水热交换器和水 - 水板式热交换器与二次侧的热水进行热交换后，余热可回收；在夏季对于空调供冷，主要采用了二次侧的热水作为热水型溴化锂吸收式制冷机的热源；在冬天作为空调供暖，热源选择了热水型溴化锂吸收式制冷机，通过水 - 水板式换热器进行热交换后用于空调供暖。直燃机仅负担部分商业空调冷热负荷。夏季提供 6/13.5℃冷水，冬季提供 60/45℃热水。

千米级摩天大楼的热源分为下面几个部分：①燃气发电机产生的余热经换热供商业空调供暖；②来自市政热网提供的 0.8MPa 的饱和蒸汽，全年供应。冬季作为供暖、空调系统的热源；全年作为卫生热水的热源和过渡季酒店（包括公寓）空调系统的热源；并为洗衣房和空调系统加湿提供蒸汽。此外，酒店（包括公寓）的风冷热回收型冷水机组，在夏季回收空调冷凝热作为酒店（包括公寓）卫生热水预热热源。

当建筑处于部分空间进行使用的情况下或处于过渡季时，供取了响应的措施去降低其供暖、通风及空调能耗。对于不同的区域及房间的不同方向应细化，从而细分供暖、空调系统进行分区控制。对于空调冷、热源机组容量与台数配比应合理可靠，并制定依据负荷变化调节制冷（热）量的控制策略。板式换热器一次水均为来自市政热网的 0.8MPa 饱和蒸汽，经板式换热器制备 50℃ /40℃的低温热水，为办公区及酒店空调系统服务；制备 35℃ /30℃的低温热水为公寓毛细管辐射供暖系统服务。冷凝水考虑回用，实现能量的梯级利用。

（4）照明与智能化管理：以建筑物为平台的智能化管理，是建筑设备管理系统、公共安全系统、信息化应用系统、信息设施系统等的整合，综合服务、结构、管理和优化组合，为用户提供高效、安全、健康、节能的建筑环境。它能够根据实际情况，有针对性的对建筑的运营情况进行差异化调节。

建筑在运行过程中的能耗控制和运行管理是实现建筑绿色化的重要环节。超高层建筑的功能复杂、能耗巨大，因此，如何通过智能化的管理系统对其进行有效的控制成了设计的重要环节。超高层建筑的智能化管理不同于具有特定功能的遮阳、采光、制冷、供暖等系统，它不是一个独立的单一系统，而是需要和别的系统结合，用以辅助设计，主要体现在以下方面：

1）高效的电梯系统，如高速电梯的使用、空中大堂的设置、双层轿厢电梯的应用和电梯数字控制系统等；

2）对新能源利用的控制，如风力发电、太阳能发电、地热供暖等；

3）智能的供暖和制冷空调系统的控制、楼宇电热冷三联供系统的控制、变风量空调系统的控制；

4）室内采光和照明的自动化控制，随着室外光线的变化室内照明随之开启或者关闭；

5）遮阳和开窗的智能控制；

6）还有给水排水系统的智能化控制，实现自动用水控制和收集雨水等。

本项目照明设计采用绿色照明技术，满足《建筑照明设计标准》GB 50034—2004 所对应的LPD 目标值要求，照明能耗满足我国《绿色建筑评价标准》最高等级——三星级的要求。立面及景观照明采用可编程的 LED 照明，丰富建筑物的表情。

在不同的场合选用各种绿色、节能灯具，如：荧光灯、金卤灯、节能灯等。荧光灯管采用光效较好的三基色 T5 管（直径 16mm），因为其直接变小，涂层的使用量也随之减少更有利于降低污染物的排放，保护环境。金卤灯、节能灯在省电的同时，其光效比普通白炽灯提高 4 倍。对所有照明灯具的控制选用同时符合国际标准 KNX/EIB 和我国标准的智能照明控制系统及 DALI标准，为了使节电量达到最大采用了主要包括定时控制、程序控制、照度（亮度）控制、时间控制、人体感应控制等模式。为了使配电系统的损耗达到最低并减少金属铜的使用，按照各个负荷用户的不同，分别设置高低压变配电室。并在此基础上增设监控系统，通过实时地检测各电气回路运行状态，达到保护、测量、监视、故障报警及诊断记录等目的，可以对电力负荷的系统维护和管理，有针对性地制定节能措施，提高运营管理节能水平。所选用的节能型变压器全部达到了国家标准《配电变压器的能效限定值及节能评价值》节能评价值的要求。为了使照明负荷平衡，降低电压损失，极大程度地在主照明电源线路上采用了三相供电，以使光源发光效率达到最高。为了减少无功的损耗，降低谐波影响，采用谐波综合治理措施，如调谐电抗器、预留有源滤波器等及设置功率因数自动补偿装置。为了削减线路方面带来的消耗，应合理选用线缆截面及线路路径。选用了低烟无卤型电线、电缆，因其不仅单位面积载流能力较好，而且可以降低铜的使用，节约资源。即使火灾发生时，此类电缆产生的气体，对人体及环境的危害也很小。

根据千米级摩天大楼的特点，在节能与能源利用的相关绿色技术措施可以归纳为以下几个方面：高性能玻璃幕墙、可再生能源的利用、高性能空调及通风系统、高性能照明及智能监控系统、节能电梯的使用等。

### 7.2.1.3 节水与水资源利用

（1）节水措施：对于节约用水可以包括减少用水总量或循环利用水源两个途径，主要有以下几种方式：

1）降低管网漏损：我国城市给水漏损流失的水量逐渐增多，因此管网漏损是不容忽略的，降低管网漏损主要通过选用高质量的给水设备、管材及给水附件，其次是提高安装施工质量和选用合理的连接方式。

2）合理设置水表：根据区域或使用功能分别设置水表，提高用水人的节水意识，根据各个用水单元各自计费，杜绝浪费，也能及时发现漏水点。

3）节水器具：因冲洗便器用水的量在超高层建筑中占总用水量的比重很大，因此，《绿色建筑技术导则》中提到，选用节水器具及设备，从而提高用水效率。大多数在办公建筑使用的节水器具主要有节水龙头、坐便器、延时自闭式水龙头等。

4）减压限流：合理地选择供水分区方式并采取相应的减压措施能有效降低用水器具的超压出流，从而起到节能、节水的效果。

5）绿化节水：建筑绿地的建设也是绿色建筑的其中一个指标，而绿化浇灌也要消耗大量的水。采用耐旱植物能大量节约绿化用水，也可减少化肥和农药的耗费和污染；不同的浇灌方式耗费的水量有很大的差异，采用喷灌、微灌、滴灌等节水型灌溉方式节约的浇灌用水，也是一个重要的节水手段。

（2）千米级摩天大楼所采用能节水技术主要包括下面两个部分：

1）使用《当前国际鼓励发展的节水设备》产品目录中公布的设备、器材和器具，所选用水器具满足《节水型生活用水器具》CJ1 64 及《节水型产品技术条件与管理通则》GB/T 18870 的要求。为了节约水资源，必须依靠良好的节水卫生用具和水分配设备。节水先节流，例如，在相同的水压条件下，利用瓷芯节水龙头或充气水龙头去代替普通水龙头，其节水量为 30% ～ 50%，且随着静压的增高，水量的加大，其节水效果也会逐渐加强。延时自闭式水龙头设定相应的时间不需人工操作可自动关闭从而避免一直出水的现象，应用范围极为广泛。见图 7-9。

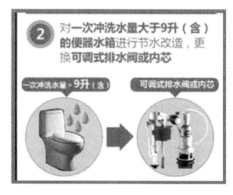

图 7-9　节水器具

2）中水及雨水回用：在建筑中再生水通常被称作中水，中水是指各种排水经处理后，达到规定的水质标准，可在生活、市政、环境等范围内杂用的非饮用水。中水是一种稳定的、水质较好处理的第二水源，对其进行回用能起到有效的节水作用。中水回用在国外已经有很长的时间，回用的效率高，使用普遍，具有很好的经济效益。日本东京在 20 世纪就曾在 458 栋建筑和 2 个工业区中规划建设中水系统，回用中水 7.4 万 $m^3/d$，建筑节水率达 73%。我国深圳市就在其规划设计标准中规定建筑面积大于 2 万 $m^2$ 的商住区，4 万 $m^2$ 以上的办公建筑，日排水量 250$m^2$ 以上必须设置中水设施。

中水的处理工艺一般主要分为物理和生物处理两种。物理处理法就是通过沉淀过滤等方法去除无水肿的杂质以及大颗粒污染物。生物处理法是通过微生物的代谢作用把污水中的污染物转化为无害物质。中水由于水质较差，物理处理很难达到使用要求，所以多采用生物处理法。

如今，中水回用系统在国内的水源大多选用优质杂排水，多把这两种水源用作冲厕、绿化灌溉、清洗车道等。由于建筑中水水源量大，对其进行回收利用，是目前最高效的节水方式，但鉴于其造价较高，经济效益还不明显，有一定的推广困难。

我们根据千米级摩天大楼的本身建筑性质和大连地区的水资源特点，把中水处理的级别定位为非饮用水级别，这类水不会与人体发生直接接触，通常用于冲洗便器，清洗地面、绿化灌溉，清洗汽车，消防用水等，通过在每150m划分为一个中水回收区，系统中水的水源取自本系统内杂用水和优质杂排水，每个中水回收区设置一个做中水处理间处理完的水用于下一个区的冲厕和屋顶绿化。顶层及平台收集的雨水则均汇入中水处理间内，便于二次利用。这样第一个中水处理区的水给下一个区域用，以此类推，最下面区域的中水和室外雨水收集合用的中水处理设备间设于地下一层，这一区域的中水回用应用于室外的绿化浇灌、车辆冲洗以及道路冲洗。循环利用水资源，节约用水，既可以达到绿色建筑的基本标准，又充分利用了千米高层独特的特性。

根据千米级摩天大楼项目的特点，在节水与水资源利用的相关绿色技术措施可以归纳为以下几个方面：节水器具的选用、降低管网漏损、减压限流、合理设置水表、节水灌溉、中水及雨水回用等。

### 7.2.1.4　节材与材料资源利用

赋予建筑实体化的根本便是材料，为了在建筑全寿命周期内节约材料并对材料进行合理资源利用从而给人们提供实用、健康和高效的实用空间的同时，达到保护环境、减少污染的目的。因此，如何能够在绿色设计中做到节材与材料资源的合理利用是值得考虑的问题。本项目所采用的节材技术主要包含下面几项：

（1）宏观设计：采用支撑框架-外包钢板剪力墙核心筒-外伸臂抗侧力结构体系，如图7-10所示，合理的结构选型和体系对节材的宏观把握非常重要；千米级摩天大楼从建筑材料源头上未采用国家和地方限制和禁止使用的建筑制品及材料，从而不会存在任何安全隐患且节能环保以及不危害人身健康；简约的建筑造型要素，并没有采用大量的装饰性构件，在节约材料、降低造价的同时保证了在建筑功能基础上美学效果的表达；采用筏板基础、钢梁、钢管混凝土柱、外包钢板剪力墙，对地基基础、结构体系、结构构件均进行了优化设计，在满足建筑功能的基础上减少用钢量达到节材效果，且方便施工；设计中实现了土建与装修工程的一体化设计从而保证了结构安全的同时减少了设计的反复，可以降低噪声污染、建筑垃圾、装修施工材料消耗及劳动强度。

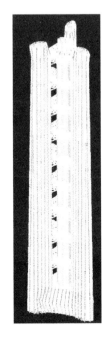
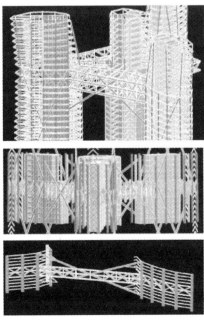
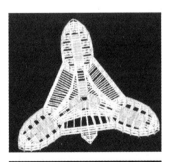
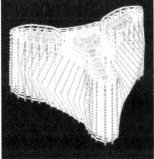

图7-10　结构模型图片

（2）细部实施：全部采用了预拌混凝土，预拌混凝土的优点有很多，可以在节约施工用地及工程量的前提下保证工程的质量，减少能耗，对于劳动者来说，也起到了改善环境污染的作用；全部采用了预拌砂浆，在设计时因采用了大量隔墙为轻质成品而非砌体隔墙，从而降低了砂浆的用量，对于降低工程综合造价及有效减少施工现场噪声和粉尘污染，节约能源、资源，减少材料损耗来说是非常有利的；合理采用了高强建筑结构材料：混凝土采用 C60～C120 的高性能混凝土，其抗变形能力强、抗压强度高，有效减少了构件截面尺寸和材料用量；密度大、孔隙率低，抗渗性能强和抗腐蚀性能强，提高混凝土耐久性；钢筋均采用 HRB400；钢结构柱、墙、支撑、部分钢梁采用 Q420 高强钢材，其余钢材均采用 Q345。相比于其他建筑材料，钢材的容重虽然较大但强度极高，在承受的荷载和条件相同时，相比于其他结构形式其质量是最轻的，运输及安装比较方便从而跨度更大；钢材不会因为偶尔的超过荷载或者部分超过荷载而突然的断裂或破坏，塑性还是比较好的；钢材可以更好地适应动力荷载，韧性好。项目中钢梁和钢管混凝土柱的大量使用，有效保证增加建筑使用面积的同时，减轻了自重并减小了地震作用及地基基础的材料消耗，更有利于结构的抗震性能的提升，不仅如此，本项目最大的节约手段应该在于这些高强建筑结构材料在耐久性和节材方面的优势。

千米级摩天大楼的预制构件如钢梁，钢管柱，剪力墙的外包钢板等的比例达到 50% 以上。其可变换功能的室内空间来说使用可重复使用的隔断墙比例达到 60%，其对于节约材料、降低室内空间重新布置时对建筑构件的破坏来说是比较有利的，同时为使用期间构配件的替换再利用创造了便利条件。除此之外，其可再利用材料和可再循环材料比例可达到 15% 以上。

根据千米级摩天大楼项目的特点，在节材与材料资源利用的相关绿色技术措施可以归纳为以下几个方面：建筑造型要素简约、节材优化设计、建筑与装修一体化设计、高强结构材料、预制构件使用比例高等。

### 7.2.1.5 室内环境质量

（1）室内空气温度：室内环境的热特性是内部热源与室外气候通过建筑围护结构进行热平衡与热交换的结果，主要表现为平均语射湿度、气流速度、相对湿度、空气温度等数值的变化。这些物理因素会影响人的冷热感及健康，进而创造了热舒适。当存在若干个环境因素数值不在舒适区时，为了加以补偿可以去调整其他的因素数值，最终可以实现热舒适。热舒适是一种对环境既不感到热也不感到冷的中性状态，用来描述室内人员对热环境表示满意的理想状态。因为超高层建筑距离地面高度较大，改变了很多室外气象参数，这样，室内热环境也会与多层建筑有很大的不同。

本项目房间内的温度、湿度、新风量等设计参数符合现行国家标准《民用建筑供暖通风与空气调节设计规范》GB 50736 的规定；末端空调系统可现场独立调节，各末端系统可独立启停。

（2）室内相对湿度：气温决定了室内空气中的水蒸气容量，其与空气温度是成正的关系。对于超高层建筑来说，其外围护结构开口较少，大多数是封闭的。当白天温度升高，湿度增大时，会减缓蒸发降温过程，会使人身体表面湿气微积，这样导致室内办公人员易感觉到闷热及不舒适。

本项目采用具有湿调功能的水性乳液涂料天花板，及无机有机复合相变材料和相变调温建材主要是从人体生理、心理影响规律及建筑室内可接受温度范围考虑的，室内环境基本可以满足 PMV-PPD 热舒适性指标规定。

（3）室内气流速度：由于超高层建筑室外风速过大，开启常规窗扇往往是较困难的，即使开窗也会造成过大的气流进入室内，从而会因为室内风速过大而引起吹风等不舒适感。因此，对于超高层建筑来说，靠常规开窗去实现自然通风是无法实现的，故大部分超高层办公楼都采用集中空调系统或单纯机械通风去实现自然通风，改善室内舒适度。

本项目夏季室内舒适区域的温度可以提高到 28 ～ 32℃，气流速度为 0.5 ～ 1.6m/s。

（4）室内声环境：上文已经介绍了本项目所采用的围护结构为双层中空的 LOW-E 玻璃，它内部充入的惰性气体——氩气可以有效降低玻璃的传热系数，这类玻璃还是理想的降噪声材料，能够使影响环境的噪声约 30 ～ 35dB。

本项目主要功能房间的室内噪声级及主要功能房间的外墙、隔墙、楼板和门窗的隔声性能均满足相关现行国家标准中的低限要求，合理布置建筑平面及空间，采取如同层排水等有效的措施降低排水噪声。除此之外，多功能厅、接待大厅、大型会议室等重要的房间进行了专业的声学设计。对于噪声源房间采用能够吸收噪声的材料和结构进行降噪隔声，对于振动较严重的噪声源，采用橡胶和气垫等元件减少振动力的传递并在振动表面覆盖以阻尼材料，降低噪声辐射率。

根据千米级摩天大楼项目的特点，在室内环境质量的相关绿色技术措施可以归纳为以下几个方面：良好的隔声性能、自然采光效果、舒适的室内热、湿环境、可调的空调末端等。

## 7.2.2　千米级摩天大楼绿色建筑设计分析

千米级摩天大楼力求打造的是一座富有生命力的、富含阳光、充满绿化和景致的空中屹立的城市有机体，它可以在建筑中多角度、多方面地为人们提供绿化、共享空间，是绿色建筑技术与超高层建筑技术的完美结合的产物。

现将千米级摩天大楼绿色建筑设计技术进行总结归纳：

（1）节地与室外环境

室外交通组织：科学地进行室外交通组织规划，优化主要出入口布局，使城市公共交通系统得到最便利、最充分的利用。

绿化植物：植物均采用乡土或适合当地生长的植物，采用乔灌草结合的复层绿化。

绿化方式：设置了空中花园、屋顶绿化、垂直绿化。

透水地面：透水地面面积占室外面积的比例 > 50%。

地下空间：地下九层，用于停车、设备及商业等。

（2）节能与能源利用

围护结构：项目的围护结构采用相对简约的高性能玻璃幕墙，外墙的当量传热系数为 1.5W/m² • K，遮阳系数为 0.3。

冷热源：冷源：三联供系统提供冷水供 10000m² 商业部分空调系统使用。三联供的原动机选用了两台燃气内燃机，每台燃气内燃机的天然气耗量为 1300Nm³/h，发电量为 4400 kW（10kV），所发电量并入大厦内部电网；烟气型双效溴化锂吸收式制冷机总共配置两台，单台制冷量为 9300kW，制热量 7730kW。热源：①燃气发电机产生的余热经换热供商业空调供暖；②来自市政热网提供的 0.8MPa 的饱和蒸汽，全年供应。

高效节能灯具：通过合理确定照明指标，选择高效节能型光源、灯具及附件来减少在照明上的电能消耗；设计高效的照明控制系统，避免照明能源的浪费。

可再生能源利用：太阳能：各避难层可放多晶硅太阳能电池板的面积约有 1000m²，预计各层的装机容量能够达到 100kW。风能：每个避难空间设置一座风力发电设备，共设置 9 处风力发电机组，发电量为 296.1MW h。

（3）节水与水资源利用

节水器具：

坐便器：两档式，不大于 3/4.5 升 / 次；

小便器：不大于 1L/ 次，某些产品能做到 0.5L/ 次；

水龙头：1.9L/min（如科勒，仕龙）（测试压力 60psi）；

淋浴头：不超过 6.75 L/min，可选择 6.6L/min（测试压力 80psi）；

厨房洗涤槽：不超过 8.3L/min（测试压力 60psi）；

中水系统：中水的水源取自本系统内杂用水和优质杂排水，主要用于室外的绿化浇灌、车辆冲洗以及道路冲洗。

雨水系统：顶层及平台收集的雨水则均汇入中水处理间内，便于二次利用。

（4）节材与材料资源利用

灵活隔断：对于可变换功能的室内空间来说使用可重复使用的隔断墙比例达到 60%；高性能钢、高性能混凝土：混凝土采用 C60 ～ C120 的高性能混凝土，钢筋均采用 HRB400；

钢结构柱、墙、支撑、部分钢梁采用 Q420 高强钢材，其余钢材均采用 Q345。砂浆：全部采用预拌砂浆；

可循环材料的使用：可再循环材料的使用率达到 15% 以上；

土建与装修一体化设计施工：施工前进行装修图纸设计，避免施工后再设计装修图纸，从而带来不必要的挖洞等麻烦和材料的浪费。

另外，在设备采购时需要执行《绿色建筑材料及设备采购控制计划》，满足采购要求。需尽量购买大连当地材料，同时采购 VOCs 等有害物质挥发较少的材料。从而尽量减少室内污染物。

（5）室内环境质量

室内空气质量：温度、湿度满足室内环境的舒适健康要求。

室内噪声：建筑隔墙及设备等采取降噪措施，满足人体舒适要求。

# 7.3 CFD 数值模拟分析在千米级摩天大楼绿色设计中的应用

## 7.3.1 千米级摩天大楼建筑室外风环境

我们所说的高层风是指建筑周围气流会因为建筑的形态及布局产生变化。空气运动主要是下面三个基本原理：①摩擦力的作用，会降低地表气流速度；②惯性的作用，遇到障碍物后，气流会绕过物体而继续在一个方向上运动；③压力的作用，气流会从气压较高区域向气压较低的区域流动。

高层风会破坏建筑本身的稳定性，对建筑周围人行环境及绿化等都会产生影响。建筑物能把上空流速较高的气流引到地面，被遮挡的气流产生碰撞，从而建筑周围会形成旋风和风速较强区域，严重时会对行人人身安全产生威胁。尤其是当高层建筑物分布密集时，微气候受高层风的影响会更大。由上可知，针对超高层建筑采用风洞实验或计算机 CFD 模拟分析的方法，并根据结果来对建筑形态及场地分布进行调整、优化对于超高层建筑绿色设计是必不可少的（图 7-11）。

## 7.3.2 CFD 数值模拟及实验对比分析

建筑室外风环境模拟方法主要有两个：一个是通过制作等比缩放的目标模型，如实模拟外部的物理环境进行分析，这种方案的分析结果精准度较低，叫做风洞实验，它存在的问题就是模

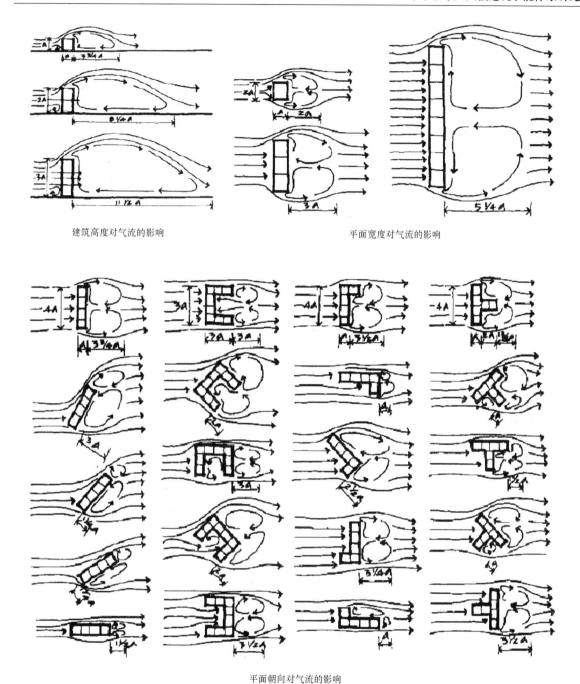

建筑高度对气流的影响　　　　　　　　平面宽度对气流的影响

平面朝向对气流的影响

图 7-11　不同的建筑因素对气流的影响

型制作的周期长且成本高，而且每一个模型只针对一个方案，利用率较低；另一个是逐渐完善的计算机模拟分析技术（CFD[26]），计算机的精密仿真能力及超强的计算能力克服了原来建筑风环境模拟成本高、精度低、周期长的不足，整个模拟过程简便、快捷，对于风环境研究属于是目前世界领先的。

　　为确定 CFD 数值模拟的正确性及与试验数据的一致性，分别针对 0°、15°、30°、45°、60° 风向角下的无挡风板、3m 高挡风板、5m 高挡风板、3m+5m 双层挡风板、5m+5m 双层挡风板模型的情况下的风速大小的进行了对比分析，图 7-12 ～图 7-16 列出了 CFD 数值模拟分析风速比等值线图与风洞试验结果的比较。

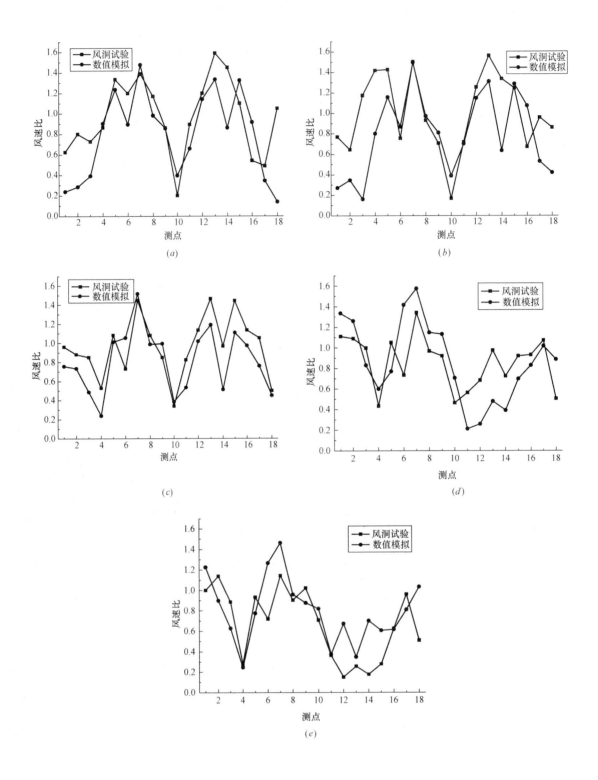

图 7-12　无挡风板模型的测点风速比比较
（$a$）0°风向角；（$b$）15°风向角；（$c$）30°风向角；
（$d$）45°风向角；（$e$）60°风向角

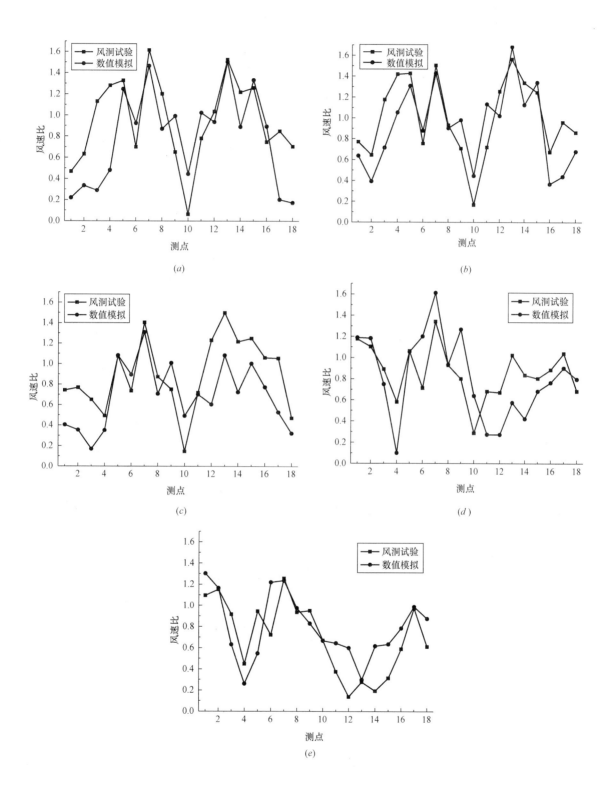

图 7-13　3m 高挡风板模型的测点风速比比较

（a）0°风向角；（b）15°风向角；（c）30°风向角；

（d）45°风向角；（e）60°风向角

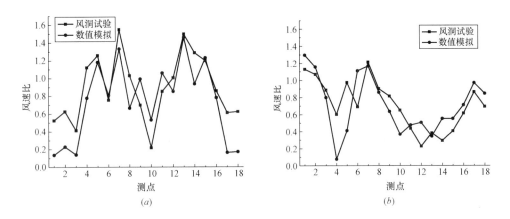

图 7-14　5m 高挡风板模型的测点风速比比较
（a）0°风向角；（b）60°风向角

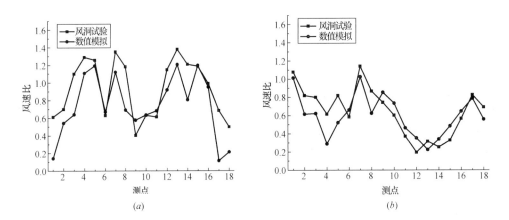

图 7-15　3m+5m 双层挡风板模型的测点风速比比较
（a）0°风向角；（b）60°风向角

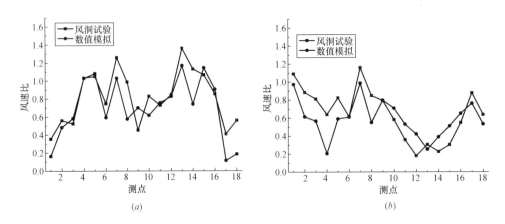

图 7-16　5m+5m 双层挡风板模型的测点风速比比较
（a）0°风向角；（b）60°风向角

从上面的结果分析可以看出，数值模拟结果与风洞试验结果虽然在个别测点的风速比数值上存在一定差异，但风速比的变化趋势相同，总体吻合较好，从而验证了 CFD 数值模拟方法的正确性。因此，我们可以采用 CFD 数值模拟方法来分析和评估行人平台风环境。针对平台风环境较差的区域可以根据模拟分析结果，采取的一定有效的措施改善其风环境，保证人体的舒适度的要求的同时达到节能的目的。

### 7.3.3　千米级摩天大楼采用气动措施确定

#### 7.3.3.1　不同气动措施的风环境改善效果比较

为比较不同高度和形式的挡风板对行人平台风环境的改善效果，首先分析在 0° 风向角下，不同气动措施各模型下行人高度的风速情况，从而确定采取的气动措施，其比等值线图结果如下（图 7-17）。

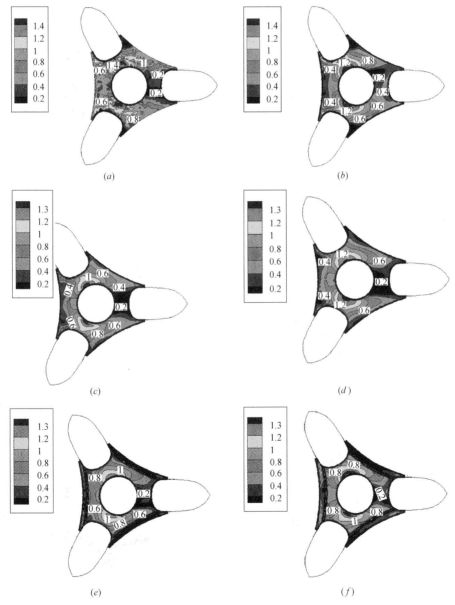

图 7-17　不同气动措施下行人高度风速比分布

（a）无挡风板；（b）3m 高挡风板；（c）5m 高挡风板；（d）5m 高挡风板 +1m 导流板；

（e）挡风板 5m+5m，L=6m；（f）挡风板 3m+3m，L=9m

从上面的结果对比分析可以看出，不同形式和高度的气动措施均在整体上减小了平台上行人高度的平均风速，尤其是迎风前缘区域。从总体控制效果上来说，双层挡风板的结果是最佳的，依次为 5m 高挡风板 +1m 导流板，5m 高挡风板，3m 高挡风板，无挡风板，因此千米级摩天大楼选择双层挡风板的气动措施。

### 7.3.3.2 不同风向角下风环境改善效果分析

因已经确定千米级摩天大楼项目采用的双层挡风板 5m+5m（外层 + 内层）的气动措施形式，现确定在挡风板间距 L=12m 时，不同风向角情况下的平台行人高度的风速情况，其分析结果比等值线图如图 7-18 所示。

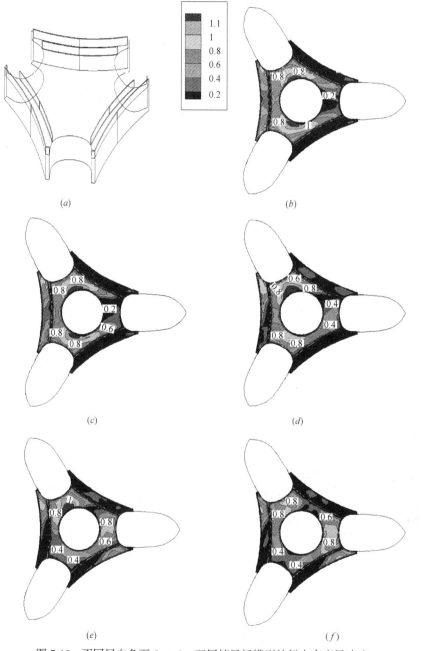

图 7-18　不同风向角下 5m+ 5m 双层挡风板模型的行人高度风速比
（a）挡风板示意图；（b）0°风向角；（c）15°风向角；（d）30°风向角；（e）45°风向角；（f）60°风向角

由图 7-18 可知，不同风向角下行人高度风速变化较大，风向角为 45° 时，塔楼之间区域峡管效应更显著，最大风速比最大；风向角为 60° 时，最大风速比有所减小，风速比变化梯度减小。

因此在确定建筑物朝向时，应避免主导风向角与建筑物成 45°，而尽量使主导风向角与建筑物成 60° 左右。为了确保人行高度处风环境的舒适度，千米级摩天大楼的建筑朝向选择了主导风向角与建筑物成 60°。

### 7.3.3.3 双层挡风板参数变化对风环境的影响

双层挡风板的挡风板高度及其间距是对行人高度风环境影响最大的两个参数，为确保千米级摩天大楼风环境的良好，首先针对挡风板高度进行确定，分析了挡风板高度分别为 5m+5m、5m+3m、3m+5m、3m+3m 的情况下，人行高度风速的大小，其风速比结果见图 7-19。

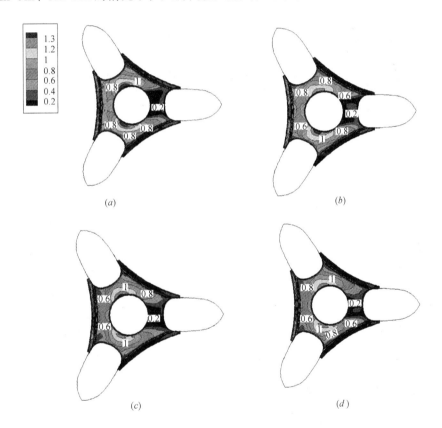

图 7-19　双层挡风板不同高度风速比图
（a）3m+3m 高挡风板；（b）3m+5m 高挡风板；（c）5m+3m 高挡风板；（d）5m+5m 高挡风板

（1）挡风板高度的影响

结果表明：与单层挡风板相比，双层挡风板对行人高度风环境的改善效果更明显。从整体上来看，随着双层挡风板高度的增加，气动措施对平台行人高度风环境的改善效果更具有优势，即：5m+5m 模型优于 5m+3m 模型优于 3m+5m 模型优于 3m+3m 模型，因此千米级摩天大楼挡风板的高度选择 5m+5m。

（2）间距 L 的影响

在确定挡风板高度后，分析了挡风板间距 L 分别为 6m、9m 和 12m 时平台人行高度风速进行模拟分析，以确定最优的挡风板间距 L。

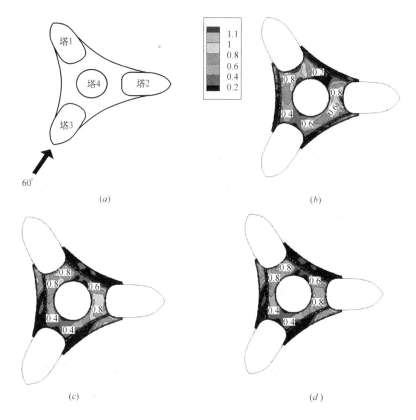

图 7-20　5m+5m 双层挡风板模型行人高度风速比分布图
（a）风向示意图；（b）间距 $L$=6m；（c）间距 $L$=9m；（d）间距 $L$=12m

由图 7-20 给出了 60° 风向角下，间距 $L$ 分别为 6m、9m 和 12m 时双层挡风板模型的平台行人高度风速比等值线图，图中双层挡风板高度为 5m+5m。可以看出挡风板之间的间距 $L$ 对行人高度风环境质量的影响是特别显著的。随着间距 $L$ 的增加，风速比的最大值（位于 1/2/3 塔楼与电梯井之间的狭道区域）明显降低，在 60° 风向角下最大风速比从 1.25 降至 1.02；双层挡风板之间的部分区域，风速比有较小幅度的增加，因此千米级摩天大楼选择的挡风板间距为 6m。

### 7.3.4　千米级摩天大楼风环境评价

为证明通过 CFD 数值分析所确定的气动措施是最有利于千米级摩天大楼平台人行高度处风环境的，根据建筑设计要求，超高层建筑行人高度处平均风速应小于 10.8m/s。因此，可通过比较"风速小于 10.8m/s 的平台区域面积所占比例（简称面积比）"来定量判断不同气动措施对风环境的改善效果首先比较了 60° 风向角下不同气动措施时平台行人高度处风速符合要求的面积比，如图 7-21 所示，其对应工况类型如表 7-5 所示。

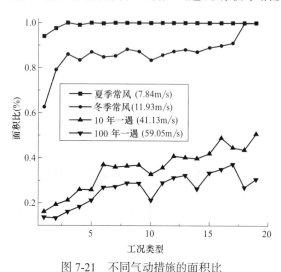

图 7-21　不同气动措施的面积比

工况类型说明                                                           表 7-5

| 工况类型 | 工况说明 | 工况类型 | 工况说明 |
|---|---|---|---|
| 1 | 无挡风板 | 10 | 双层 3m+3m，间距 9m |
| 2 | 3m 挡风板 | 11 | 双层 3m+5m，间距 9m |
| 3 | 5m 挡风板 | 12 | 双层 5m+3m，间距 9m |
| 4 | 5m 挡风板 +1m 导流板 | 13 | 双层 5m+5m，间距 9m |
| 5 | 5m 挡风板 +1m 抑流板 | 14 | 双层 3m+3m，间距 12m |
| 6 | 双层 3m+3m，间距 6m | 15 | 双层 3m+5m，间距 12m |
| 7 | 双层 3m+5m，间距 6m | 16 | 双层 5m+3m，间距 12m |
| 8 | 双层 5m+3m，间距 6m | 17 | 双层 5m+5m，间距 12m |
| 9 | 双层 5m+5m，间距 6m | | |

从上面的结果分析我们可以看出：①不同风环境措施均能不同程度地增加面积比，改善平台行人高度风环境；②夏季常态风下，所有措施的平台面积比均大于 95%，较好地满足建筑设计要求；③冬季常态风下，无挡风板时面积比只有 62%，不同措施均较大幅度提高平台面积比，双层挡风板模型的面积比接近 90%；④ 10 年和 100 年重现期的极端风况下，无挡风板的风环境很差，只有 14% 的区域能满足要求，设置双层挡风板可以较大程度地增大风速满足要求的区域，但面积也只有 40%。

为进一步地分析不同气动措施对风环境的改善效果，图 7-22 给出了不同气动措施模型的面积比随风向角的变化曲线。

从上面的分析结果可以看出：①常风况情况下，风向角对面积比的影响较小。设置 5m 挡风板或双层挡风板，基本能保证平台上 85% 区域满足风速要求。②极端风况情况下，风向角对 3m 和 5m 挡风板的面积比的影响较大，其中 15° 时面积比最大；而双层挡风板受风向角影响较小，10 年一遇的风速时面积比约为 40%，100 年一遇的风速时面积比约为 30%。

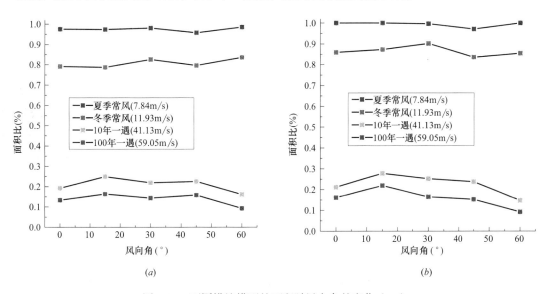

图 7-22 不同措施模型的面积随风向角的变化（一）
（a）3m 高挡风板；（b）5m 高挡风板

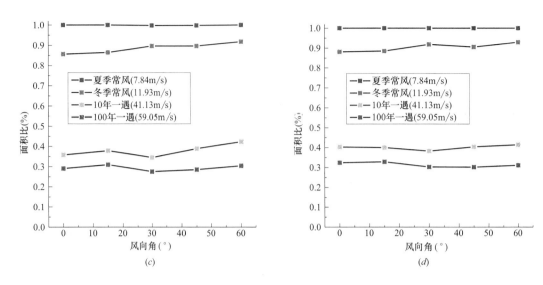

图 7-22　不同措施模型的面积随风向角的变化（二）
（c）双层挡风板（3m+5m，L=9m）；（d）双层挡风板（5m+5m，L=9m）

千米级摩天大楼选择建筑朝向根据 CFD 数值模拟分析选取了导风角为 60° 的情况，并根据平台处人行高度风环境在不同气动措施下的模拟结果，选择了双层挡风板（5m+5m，L=6m）的气动措施，可以保证其在夏季、冬季常态风下，平台风可以较好地满足建筑设计及人体舒适的要求，在 10 年和 100 年重现期的极端风况下，可以保证 50% 左右的面积满足建筑设计的要求。

## 7.4　结论

千米级摩天大楼合理地应用了绿色技术及设计，对改善建筑与城市的环境、建筑和城市的可持续发展有重要意义。即便超高层的建设、运营直至拆除对能源、物质、人力、物力的耗费是大量的，但因为其节约了大量的土地，从效率的角度来说，面对城市人口激增的压力下，节约的大量交通需求降低了对环境的污染和影响，为人类创造新的环境体验，它对人类及环境的价值会随着它的存在和发展被逐渐证明。

千米级摩天大楼绿色设计与技术的研究和应用的意义是在减少对自然环境压力、打造舒适人居环境的前提下，提高城市及建筑的使用效率，使之可持续发展。现如今，城市的经济体制在市场经济的主导下，绿色建筑、绿色技术成为资本运作的方式、市场的标签，在脱离市场及无视经济条件的状况下城市超高层无法存在和发展，导致很多高新的超高层建筑绿色设计和技术被应用，但是并没有对整个城市的环境及人居环境有所改善，因此设计者在面对超高层建筑的绿色设计与技术时，要全方位考虑对环境、能源与资源的应对策略，并将经济条件纳入考虑范围内，有策略地使制定的绿色设计和技术真正地起到应有的作用，使城市和环境的"看起来"绿色和可持续成为"真正的"绿色和可持续。

随着社会的发展，城市化的加快，超高层建筑作为建筑行业发展的主要目标及方向，已成为一个必然的趋势，它也代表着一个城市的经济文化发展水平。在进行超高层建筑设计时要以绿色策略为指导，而绿色策略是在建筑设计过程中考虑到高节能、低能耗等因素，全面统筹，科学合理设计，通过多元化发展建筑节能，让我国的超高层建筑事业推动我国城市化的发展，从而为人们提供一个节能、绿色、可持续发展的超高层建筑。

# 8 千米级摩天大楼设计方案

## 8.1 建设地点的选择

随着时间推移，超高层建筑功能从原来以商务办公为主的单一功能，逐渐转变为混合用途的形式，往往集商务办公、酒店、居住、商业等多用途于一体。

国内外大都市的超高层建筑一般在城市主要功能区内集中建设，尤其是中央商务区、城市新区内，该地区往往也是城市主要公共活动中心，拥有相对完善的交通及市政等基础设施支持，尤其是以轨道交通为代表的大容量公共交通网络较为完善。区域周边有大片开敞空间可以作为高强度建设的缓冲区或实现容积率的空间转移，同时有利于塑造城市轮廓线、天际线的区域，如海岸线、江河岸线等。如上海的浦东新区（图 8-1）。

图 8-1　上海浦东新区

1. 区域位置—大连

大连市区域环境

该工程位于大连市大连北站附近，该区域由于一面依山、三面靠海的地理环境影响，四季分明、气候温和、空气湿润、降水集中、季风明显、风力较大。

大连属于中纬度气候带，为温带季风性气候。

特征：四季鲜明，天气非周期性变化明显，冬夏季风向差异显著。冬季由于温带大陆气团作用，寒冷干燥。夏季受温带海洋气团或变性热带海洋气团控制，暖热多雨。

对于大连自身来说：大连位于辽东半岛最南端，是东北地区最温暖的地方，也是气候最宜人的地方。全年最低温度 –8℃左右，最高温度 30℃左右。年降水量 550 ～ 950mm，降水集中在夏季，且夜雨多于日雨。冬季盛行偏北季风，夏季则为偏南季风，春秋则为过度转换季。

春季气候特点：干燥少雨，回暖较快。

本季暖空气开始活跃，冷空气逐渐减弱，气温回暖迅速。3 月末到 4 月初，由雪改雨，季降水量为 75 ～ 115mm，占年降水量的 10% 稍多。由于降水少，蒸发量大，易造成旱象。

夏季气候特点：潮湿多雨，气温偏高。

本季各月平均气温大部分地区在 19℃以上，8 月最热。本季多阴雨天气，降水集中，季降水量为 350 ～ 550mm，占年降水量的 60% ～ 70%，易出现局部洪涝，个别年份易发生伏旱。7 月中旬～ 8 月下旬，平均每年有 1 ～ 2 次热带气旋影响，影响程度随热带气旋路径和强度的不同而异。

秋季气候特点：云雨骤减，气候凉爽。

本季冷空气活动开始加强，暖空气势力日益减弱，云雨骤减，气温下降。"秋高气爽"和"一场秋雨，一场凉"的说法，正是对本区秋季气候特色的极好描绘。

冬季气候特点：雨雪稀少，干冷风大。

在来自东北的冷空气团的长期控制下，空气干燥，气温较低。1 月最冷。本季降水稀少，季降水量为 19 ～ 29mm，占年降水量的 5%。10mm 以上的降雪少见。

最大风速：25 ～ 32m/s，地洞深度市区一般为：1.0m 左右，标准冻结深度为：0.5m。

大连市地区基本风压为：0.65kN/m²，基本雪压为：0.40kN/m²，地震基本烈度为 7 度。该建筑场地类别为Ⅲ类。

2. 项目周边交通状况

项目周边交通状况见图 8-2 ～图 8-5。

图 8-2　用地周边道路状况

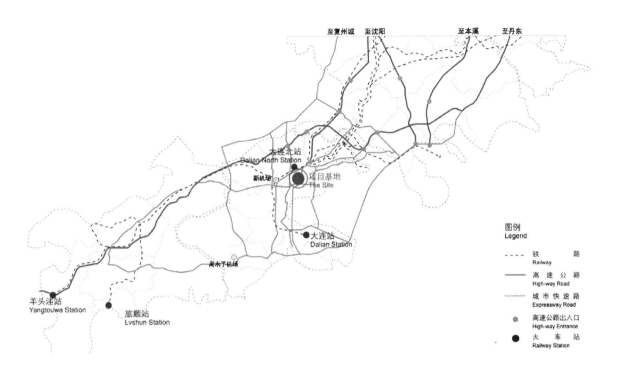

图 8-3 本项目与城市高速公路，高铁，机场联系便捷

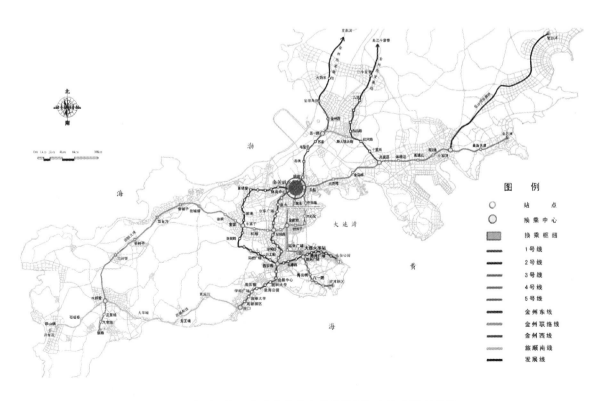

图 8-4 本项目位于大连市轨道交通换乘枢纽大连北站南广场

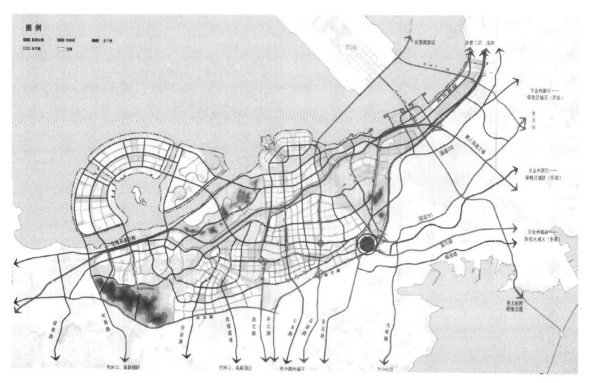

图 8-5　基地邻近华北路和东北路两条快速路

3. 建设项目的优势

大连是我国天然优良的深水港，利于东北地区货物运输及人员的交流往来。未来还将建成世界一流水平最长的海底隧道，更将进一步加强东北地区与山东及其以南地区商贸、人员、技术等的交流，增加地区活力，具有辽东半岛区域发展的优势。

## 8.2　区域规划

本工程用地位于大连市甘井子区南关岭 - 北站附近的中心地段。基地北临华北路，南与龙华路贴邻，东侧为东北快速路，西侧紧邻原有居住小区，地处大连黄金商圈及城市中心，交通便利。基地北侧的大连北站是中国大型铁路客运枢纽，市内十余条公交线路汇集于此地并延伸至京沈，沈大、沈丹等高速公路。区内有多家星级酒店、高档写字楼、银行及完善的配套设施，该区域是大连经济实力的标志和城市形象的象征。见图 8-6、图 8-7。

图 8-6　建筑项目地块位置

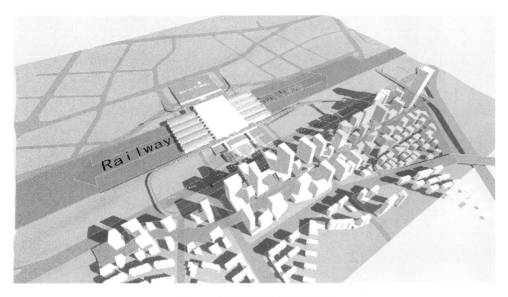

图 8-7　建筑项目地块位置鸟瞰

## 8.3　设计构思

千米高层，对结构刚度、整体稳定、抗倾覆能力、侧向位移、承载能力提出了很高的要求。所以千米高层的高宽比作为一个很重要的指标决定了在1000m的高度下，建筑平面的宽度。

我们的设计构思是以这个为前提展开的。为此我们总结了三种类型，分别是单塔、多翼组合以及多塔组合。对应这三种类型设计了三个建筑方案，从功能组合、交通、建筑造型、舒适度等角度结合已有及已建建筑进行分析比较。最后采用了其中一种典型的平面类型。

### 8.3.1　设计方案一

单塔

单塔的建筑平面形式：建筑平面的形心为核心筒，四周为使用空间。这种平面形式在600m以下建筑中最为常见，以上海中心为代表的大部分超高层建筑都采用了这种平面形式，所以在构思过程中，我们将其作为第一种研究对象。

为满足结构高宽比要求，建筑平面边长需达到100m左右，建筑进深过大，不利于日照采光通风等基本要求。在此基础上需要在平面内部加中庭空间，以解决这方面的问题。见图8-8～图8-10及表8-1。

### 8.3.2　设计方案二

多翼组合

多翼组合的建筑平面形式，建筑平面的形心为核心筒，建筑平面大多由3～5翼组成。应功能的使用要求翼中也会出现垂直交通。以哈利法塔为代表的超高层建筑采用了这种平面形式。

这种平面经济合理，解决了日照采光的要求，同时向外伸展的翼也提供了结构所需的抗侧力要求。是目前为止超高层中使用较多的平面类型。见图8-11～图8-19及表8-2、表8-3。

图 8-8 方案一模型效果

配套面积指标表 表 8-1

| 项目 | | | 计量单位 | 数值 | 所占比重（%） |
|---|---|---|---|---|---|
| 用地面积 | | | m² | 190000 | |
| 占地面积 | | | m² | 8500 | |
| 总建筑面积 | | | m² | 1373940 | |
| 其中 | 地下建筑面积 | | m² | 165000 | 12.0 |
| | 地上建筑面积 | | m² | 1208940 | 88.0 |
| | 其中 | 大堂 | m² | 8500 | 0.6 |
| | | 办公 | m² | 839640 | 61.1 |
| | | 公寓 | m² | 195920 | 14.3 |
| | | 酒店 | m² | 164880 | 12.0 |
| | | 商业 | m² | 66000 | 4.8 |
| | | 地下停车 | m² | 99000 | 7.2 |
| 停车位 | | | 辆 | 5000 | |
| 建筑密度 | | | % | 4.5 | |
| 绿地率 | | | % | 52 | |
| 容积率 | | | | 7.2 | |

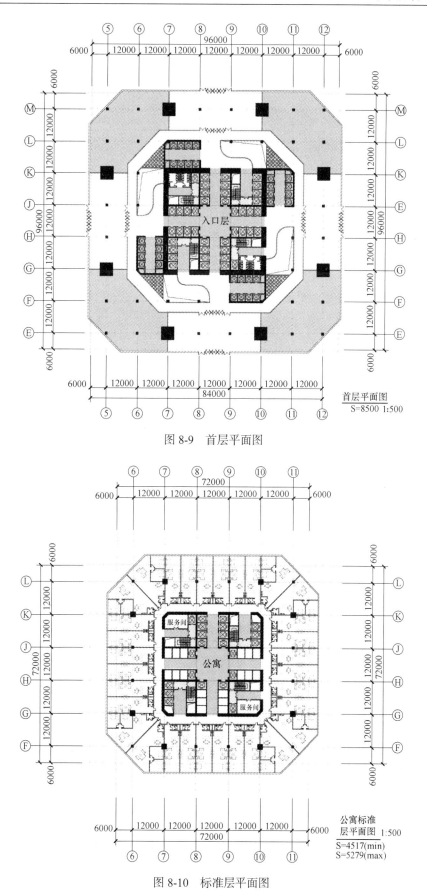

图 8-9 首层平面图

图 8-10 标准层平面图

(a)

(b)

图 8-11　透视图

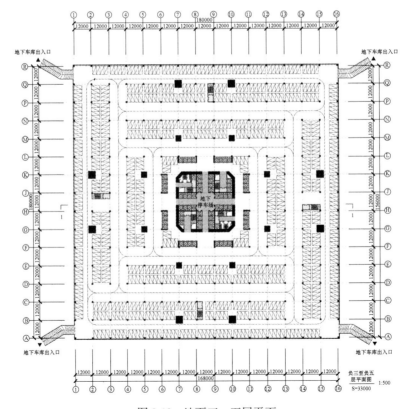

图 8-12　地下三～五层平面

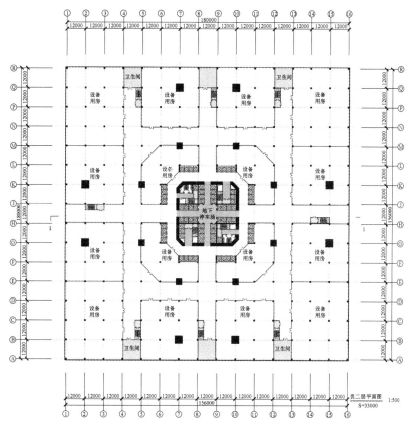

图 8-13 地下二层平面

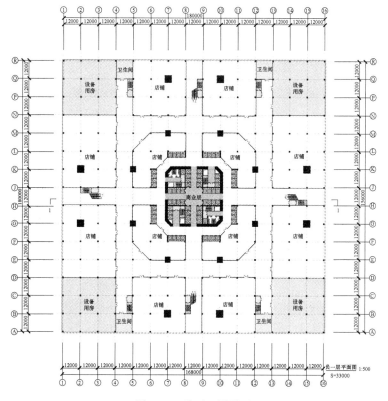

图 8-14 地下一层平面

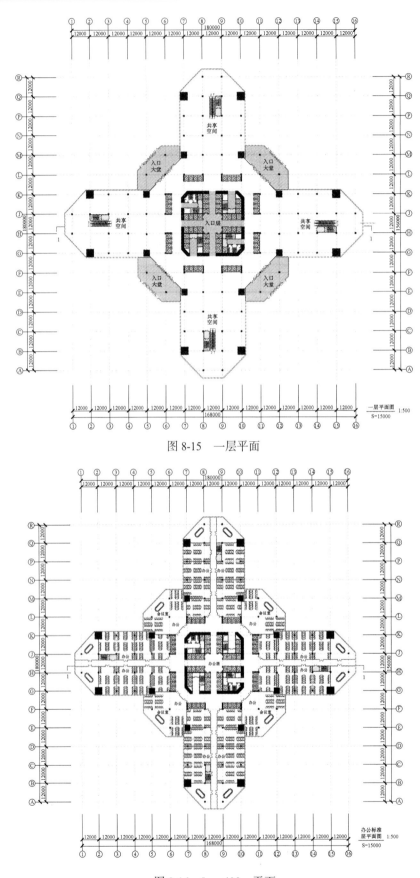

图 8-15　一层平面

图 8-16　5～400m 平面

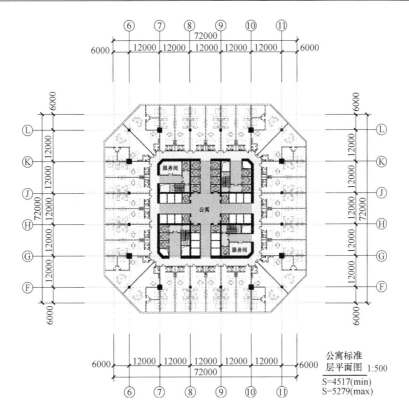

公寓标准
层平面图 1:500
S=4517(min)
S=5279(max)

图 8-17　600～800m 平面

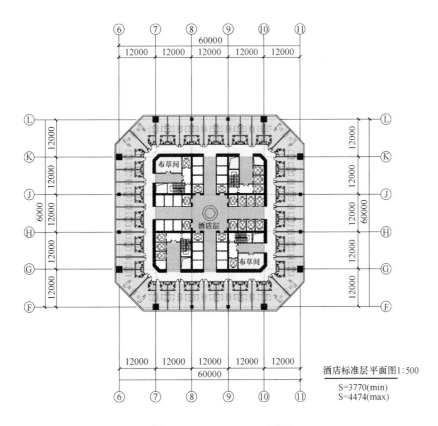

酒店标准层平面图1:500
S=3770(min)
S=4474(max)

图 8-18　800～1000m 平面

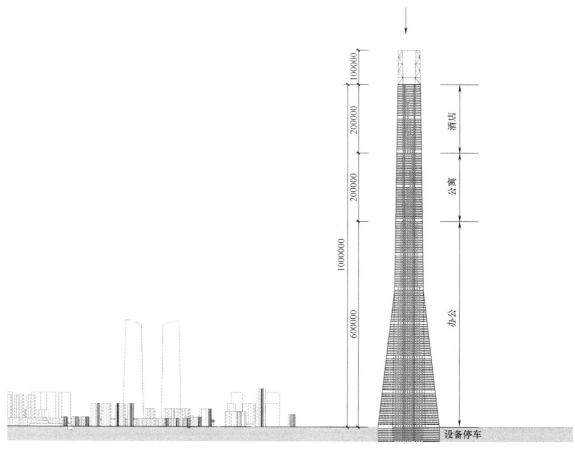

图 8-19　剖面图

**经济指标**　　　　　　　　　　　　　　　　　　　　　表 8-2

| 项目 | | | 计量单位 | 数值 | 所占比重（%） |
|---|---|---|---|---|---|
| 用地面积 | | | m² | 190000 | |
| 占地面积 | | | m² | 15090 | |
| 总建筑积 | | | m² | 1617760 | |
| 其中 | 地下建筑面积 | | m² | 165000 | 10.2 |
| | 地上建筑面积 | | m² | 1452760 | 89.8 |
| | 其中 | 大堂 | m² | 15000 | 1.0 |
| | | 办公 | m² | 1076960 | 66.5 |
| | | 公寓 | m² | 195920 | 12.1 |
| | | 酒店 | m² | 164880 | 10.2 |
| | | 商业 | m² | 66000 | 4.1 |
| | | 地下停车 | m² | 99000 | 6.1 |
| 停车位 | | | 辆 | 5000 | |
| 建筑密度 | | | % | 7.9 | |
| 绿地率 | | | % | 46 | |
| 容积率 | | | | 8.5 | |

停车指标 表 8-3

**方案一**

| 项目 | 停车标准 | 机动车停车位 | 建筑面积（住房套数） | 单位 | 停车数 | 单位 | 总计 | 单位 |
|---|---|---|---|---|---|---|---|---|
| 商业 | 一类（面积 ≥ 1 万 m²）1000m² | 2.5 | 34000 | m² | 850 | 辆 | 7514 | 辆 |
| 办公 | 其他办公楼 1000m² | 4.5 | 1040000 | m² | 4680 | 辆 | | |
| 公寓 | 每套住房 | 1 | 880 | 套 | 880 | 辆 | | |
| 酒店 | 一类每套住房 | 0.3 | 1160 | 套 | 348 | 辆 | | |
| 公共空间 | 1000m² | 3 | 252000 | m² | 756 | 辆 | | |
| | | | | | | | | |

**方案二**

| 项目 | 停车标准 | 机动车停车位 | 建筑面积（住房套数） | 单位 | 停车数 | 单位 | 总计 | 单位 |
|---|---|---|---|---|---|---|---|---|
| 商业 | 一类（面积 ≥ 1 万 m²）1000m² | 2.5 | 66000 | m² | 165 | 辆 | 6819.32 | 辆 |
| 办公 | 其他办公楼 1000m² | 4.5 | 1076960 | m² | 4846.32 | 辆 | | |
| 公寓 | 每套住房 | 1 | 1280 | 套 | 1280 | 辆 | | |
| 酒店 | 一类每套住房 | 0.3 | 1760 | 套 | 528 | 辆 | | |

### 8.3.3 设计方案三

多塔组合

多塔组合的平面形式，是我们在"空中之城"理念下，在对空中城市理论研究基础上提出的创新型的平面形式。

这种平面形式，多塔环绕中心公共核心筒布置，并与之拉开距离。通过每隔 100m 的公共平台连接在一起。每个塔楼有独立的垂直交通。最大程度上优化了竖向交通。见图 8-20。

公共平台为人们提供小型城市的多样化的功能，同时平台屋顶的室外露天花园为人们提供了室外空间。满足人们基本的户外集会活动要求。

分离的多塔平面为风力发电提供了可能，为千米高层这个生态的城市提供了能源，直升飞机停机坪，为互联网＋生活下的人们提供了收取快递的可能。

同时建筑造型科幻、新颖，满足了人们对未来科幻生活向往的要求。

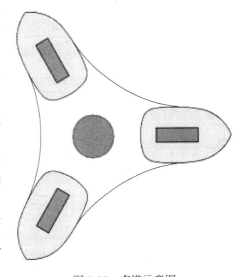

图 8-20 多塔示意图

#### 8.3.3.1 工程概况

本工程功能为超大型综合建筑体。地上主体塔楼层数为 190 层，地下层数 9 层。地下 4 层至 9 层主要为停车库。地下 3 层为停车库和设备用房。地下 1、2 层为商场和设备用房。本工程总建筑面积约 2791000m²。

（1）建筑性质：超高层公共建筑；

（2）设计使用年限：4 类，100 年；

（3）工程设计等级：特级；

（4）建筑分类：一类；

（5）耐火等级：一级；

（6）结构形式：建筑主体为支撑框架外包钢板剪力墙核心筒结构。

建筑设有高档商场，两个五星级酒店，酒店式公寓以及配套的服务设施，高、中档写字楼配套设施，办公方式为大开间办公与小型办公结合的方式，满足客人办公、居住、购物、生活等需求。

### 8.3.3.2 总平面图规划

1. 基地规划

① 本工程建筑主体北侧距离用地界线 129m，距离道路中心线 153m；西侧距离用地界线 227m，距离道路中心线 238m；东侧与东北快速路距离 91m，南侧与龙华路距离 71m。

② 本工程室内 ±0.000 相当于绝对标高 46.000m。室内外高差为 0.15m。

③ 用地北临城市主干道—华北路，且在华北路方向上地块临街面较长，设为办公出入口，在东侧东北快速路布置为酒店、公寓出入口，南向龙华路上布置商场出入口，由建筑自身体量使其成为华北路上的制高点和大连市的城市标志。

④ 本工程临近城市主干道华北路，车流、人流从华北路方向抵达千米大楼的入口处，向西可达规划路，向东可到达东北快速路，或经东北快速路或规划路直达华北路。

2. 交通流线组织

① 车行流线

地下停车库共设 6 个双车道出入口，由地面通至地下 3 层到地下 9 层，分别在建筑北侧、南侧和东侧各设置 2 个出入口。每个停车出入口处均设有基地内行车道，方便汽车库的使用；为缓解大量车辆在出入口拥堵，分设三个岛型环形车道。

停车区主要布置在用地西部，少量布置在东侧，南北两侧为出入口，使用方便、易于管理。地下设停车库，约可停车 9000 辆。

② 人行流线

建筑室外三个方向设有 3 个下沉广场，可直接进入地下商业区。

建筑四周为市民广场，在 6 个方位分别设 300m 以下商业和办公楼出入口。一层公共大堂便于大量人流集散。中央核心筒分别面对华北路、东北快速路及龙华路设三个出入口，中央穿梭电梯为直达 300m 以上的办公、酒店式公寓和酒店人群服务，访客均可方便到达，通过穿梭电梯到达相应百米交通公共楼层，再转换相应子建筑单元普通电梯，到达相应楼层。

③ 货物流线

建筑在龙华路地下出入口可兼做货物入口。地下及地上各层货物由此进入，并通过相应消防电梯兼货梯送达。

3. 景观设计

由于场地内停车数量巨大，为改善室外气候条件，设计为植草砖绿化停车，间植乔木，形成成片的绿荫，如同大地的指纹。

建筑布置周围环形水系，在两岸种植绿化，改善自然环境，形成优美的水景。

4. 建筑造型

建筑为三座千米级塔式超高层建筑的连合体，分别在在南向、西北及东北角弧形向上收分，在 1000m 以上弧形向外出挑，中央为圆形核心筒直接落地，增加其自身的挺拔感和整体性。

整体造型现代、简洁、大气、雄伟、壮观。三座塔楼及中央核心筒外立面采用单元式组合玻璃幕墙，使挺拔的体型更加富有生气，清澈透明的玻璃体，使建筑庞然体形化于无形，凸显千米级摩天大楼的高耸气魄。见图 8-21～图 8-28。

大楼卓然立于天地之中。它将以世界第一高度的姿态，迎接世人的瞩目。

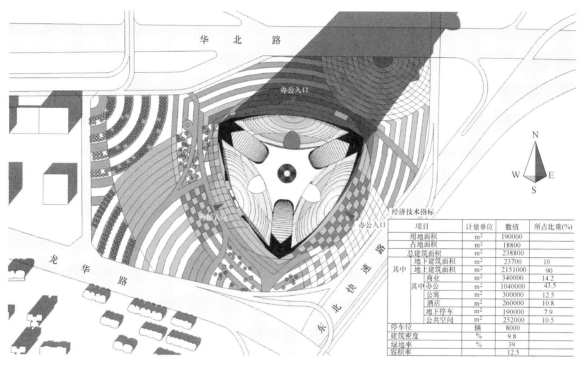

| 经济技术指标 | | | | |
|---|---|---|---|---|
| 项目 | | 计量单位 | 数值 | 所占比重(%) |
| 用地面积 | | m² | 190000 | |
| 占地面积 | | m² | 18800 | |
| 总建筑面积 | | m² | 238800 | |
| 其中 | 地下建筑面积 | m² | 23700 | 10 |
| | 地上建筑面积 | m² | 2151000 | 90 |
| | 其中 商业 | m² | 340000 | 14.2 |
| | 办公 | m² | 1040000 | 43.5 |
| | 公寓 | m² | 300000 | 12.5 |
| | 酒店 | m² | 260000 | 10.8 |
| | 地下停车 | m² | 190000 | 7.9 |
| | 公共空间 | m² | 252000 | 10.5 |
| 停车位 | | 辆 | 8000 | |
| 建筑密度 | | % | 9.8 | |
| 绿地率 | | % | 39 | |
| 容积率 | | | 12.5 | |

图 8-21　总平面图

图 8-22　鸟瞰图

图 8-23　夜景效果图

图 8-24 透视图

图 8-25　入口大堂效果图

图 8-26  空中转换层效果图

图 8-27  观光层效果图

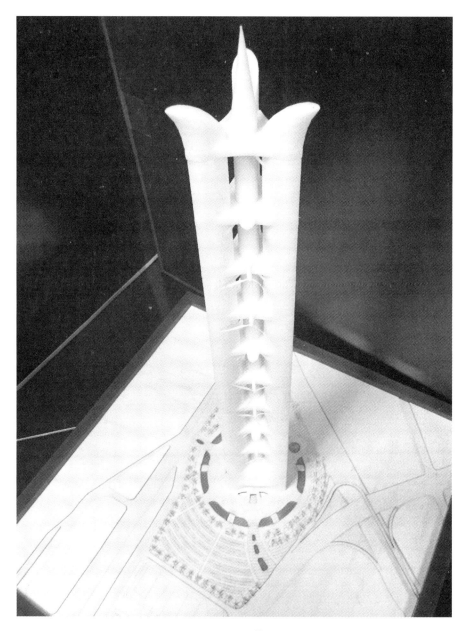

图 8-28　3D 模型

### 8.3.3.3　建筑平面

建筑主体塔楼地上 198 层，地下 9 层。其中地下 3 层～地下 9 层为停车库，地下 2 层、地下 1 层为百货商场。地面 1 层设有入口大堂、休息厅、写字楼大堂和大客户接待中心，2 层为大堂上空。3 层～ 16 层为商业。17 ～ 18 层为综合服务区，19 层为避难层并设有设备用房。20 层～ 35 层为办公楼层，36 层～ 37 层为综合服务区，38 层为避难层并设有设备用房。39 层～ 54 层为办公楼层，55 层～ 56 层为综合服务区，57 层为避难层并设有设备用房。

58 层以上每隔 19 层（100M）为相对独立的 3 个子建筑单元，其中第 19 层为避难层和设备用房，以下两层均为综合服务区。其中 300 ～ 600m 为办公和公寓区段，600 ～ 900m 为公寓区段，900 ～ 985m 为酒店区，985 ～ 1000m 是观光层。1005 ～ 1040m 是高档办公层。屋顶设置机房层，功能有电梯机房、消防水箱间、膨胀水箱间、卫星天线控制室等。

建筑主要平面图如图 8-29 ～图 8-75 所示。

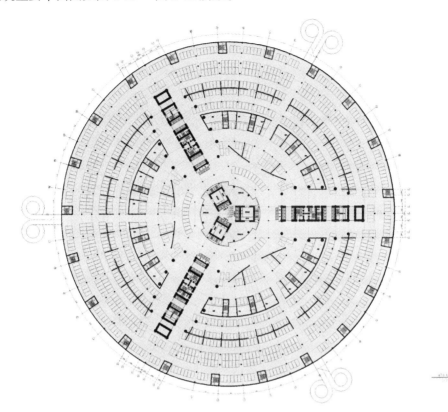

图 8-29 地下 4 ～ 9 层平面

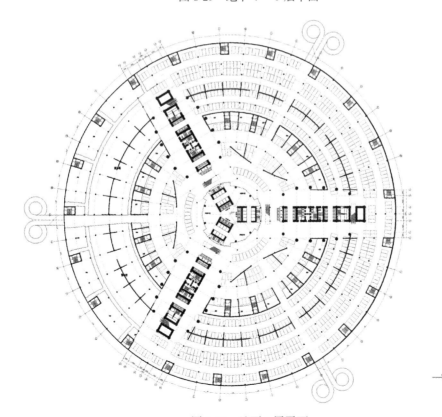

图 8-30 地下 3 层平面

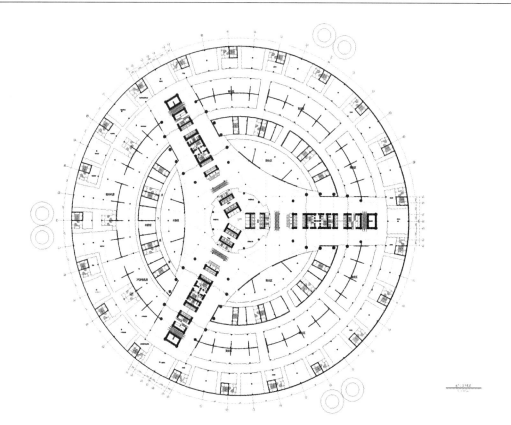

图 8-31  地下 2 层平面

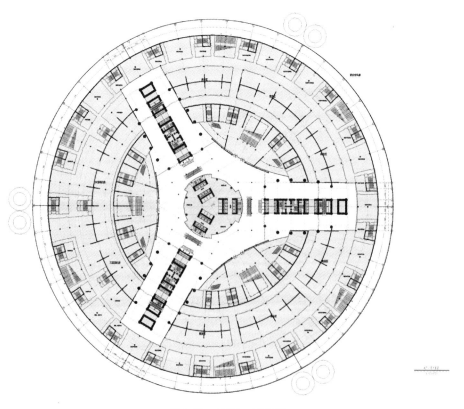

图 8-32  地下 1 层平面

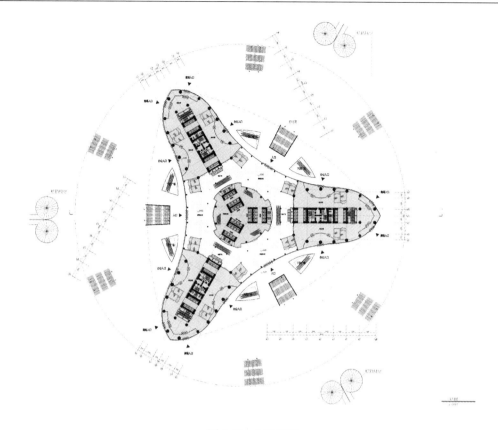

图 8-33 1 层平面

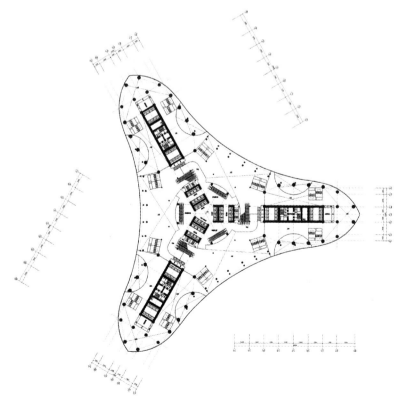

图 8-34 2 层平面

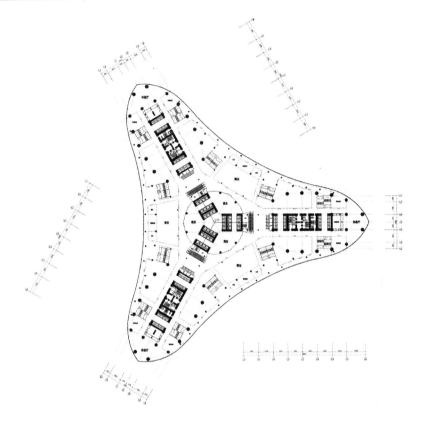

图 8-35  3 层平面

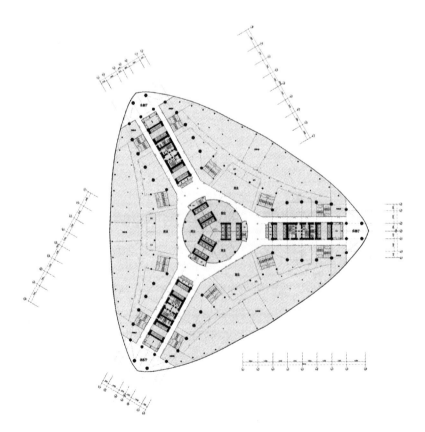

图 8-36  60m 平面

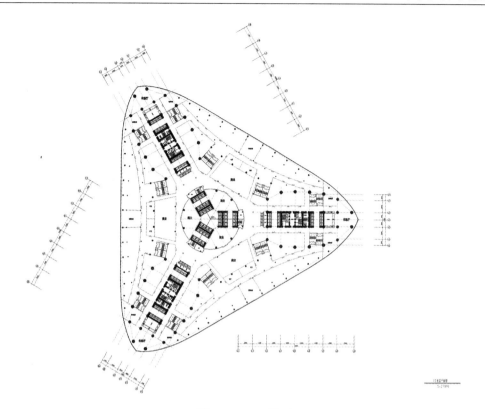

图 8-37　70m 平面

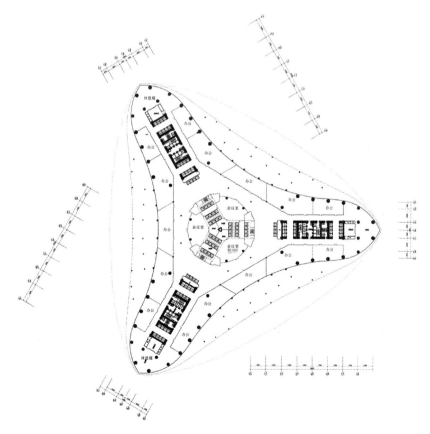

图 8-38　80m 平面

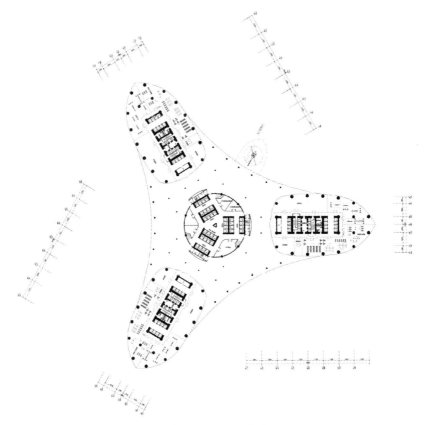

图 8-39　100m 平面

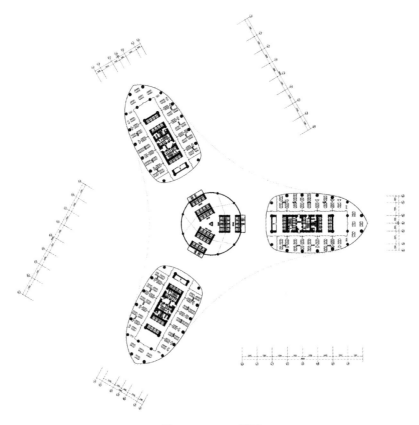

图 8-40　150m 平面

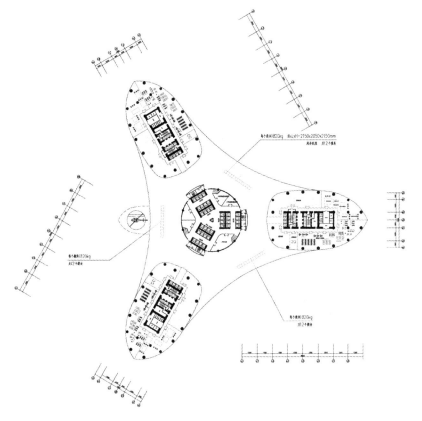

图 8-41　200m 平面

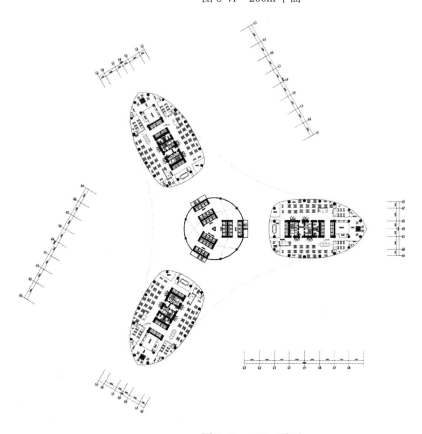

图 8-42　250m 平面

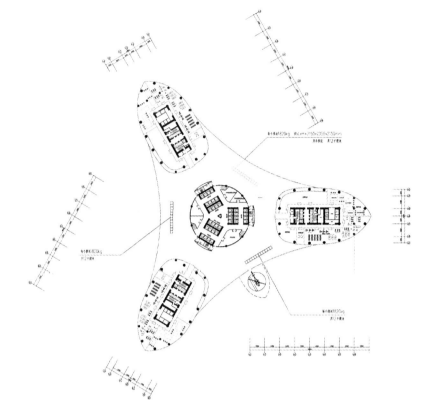

图 8-43 300m 平面

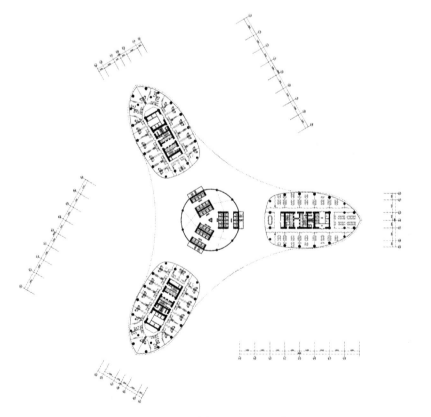

图 8-44 350m 平面

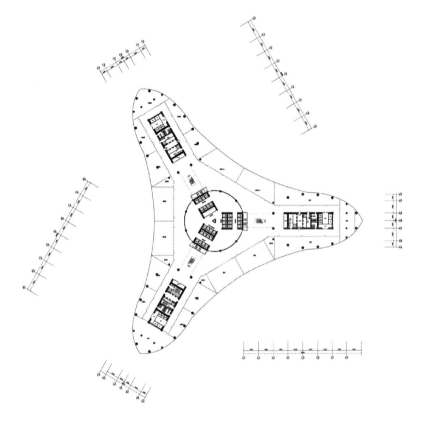

图 8-45  385m 平面

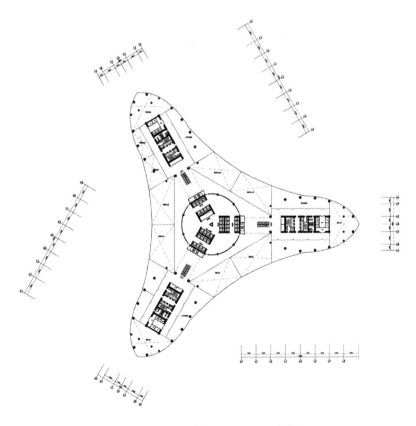

图 8-46  392.5m 平面

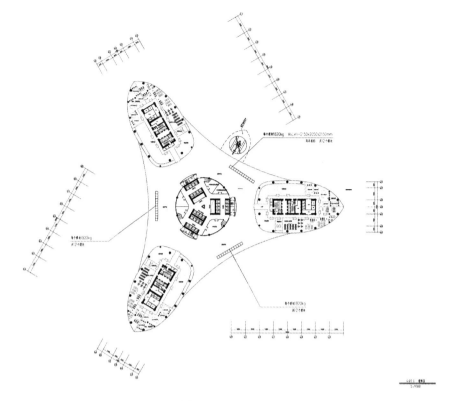

图 8-47　400m 平面

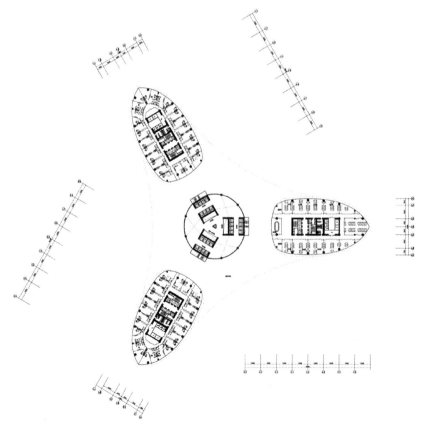

图 8-48　450m 平面

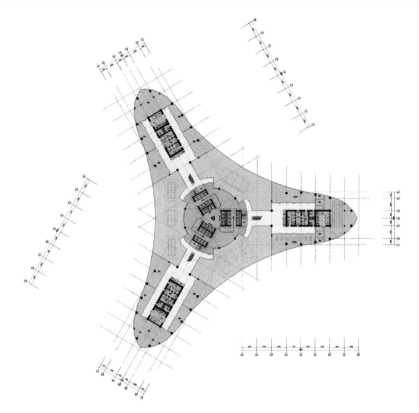

图 8-49　485m 平面

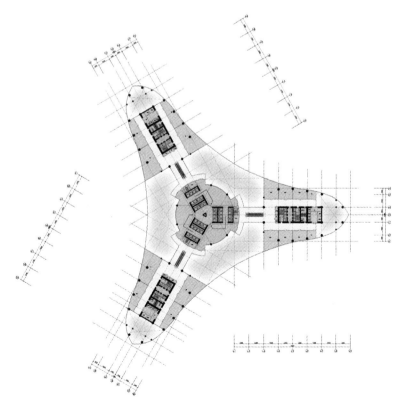

图 8-50　492.5m 平面

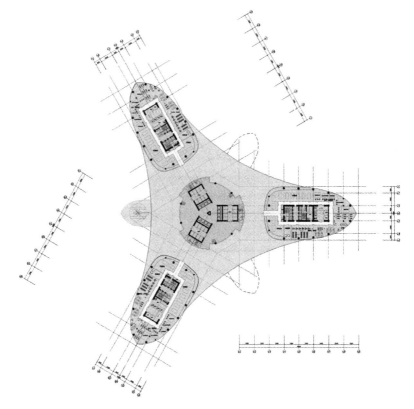

图 8-51　500m 平面

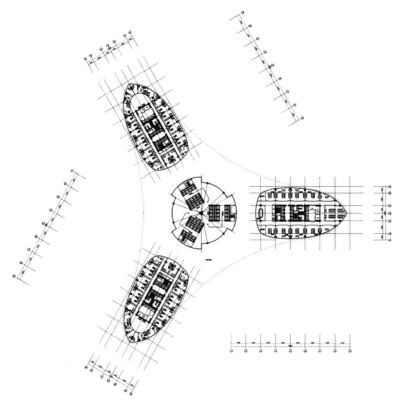

图 8-52　550m 平面

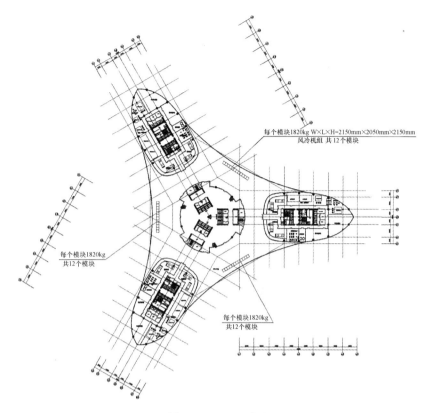

图 8-53 600m 平面

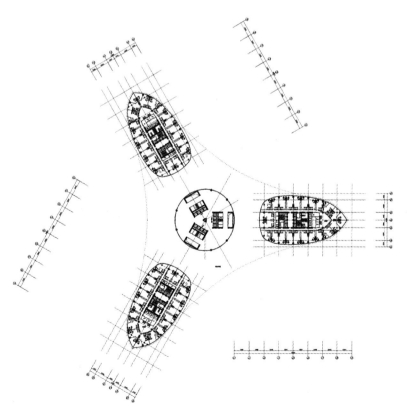

图 8-54 650m 平面

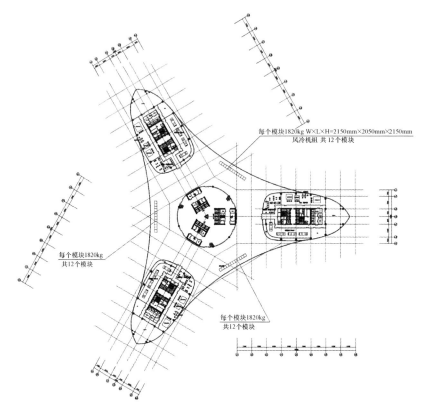

图 8-55 700m 平面

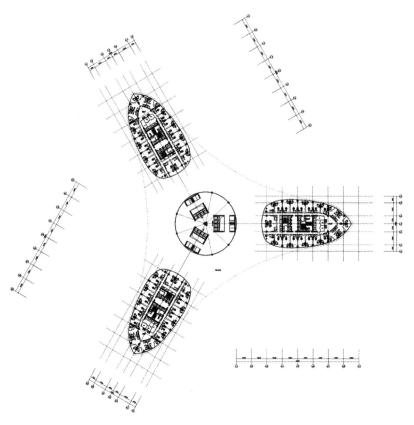

图 8-56 750m 平面

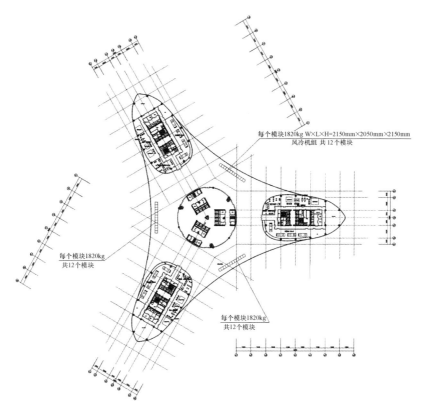

图 8-57 800m 平面

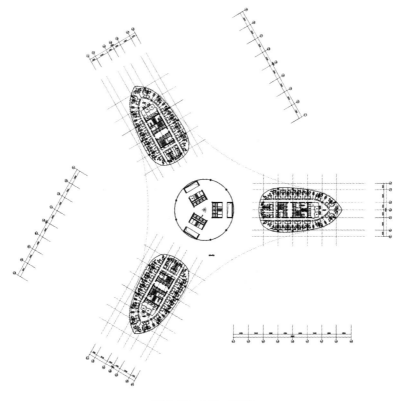

图 8-58 850m 平面

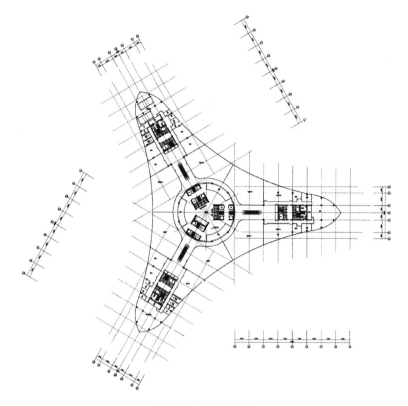

图 8-59　885m 平面

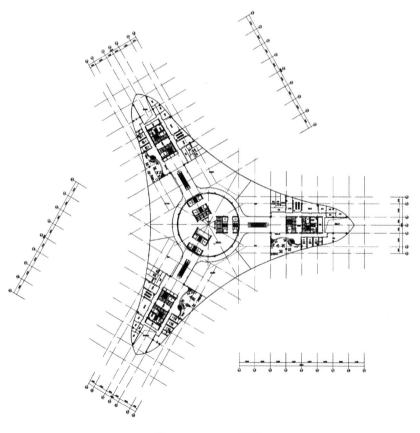

图 8-60　892.5m 平面

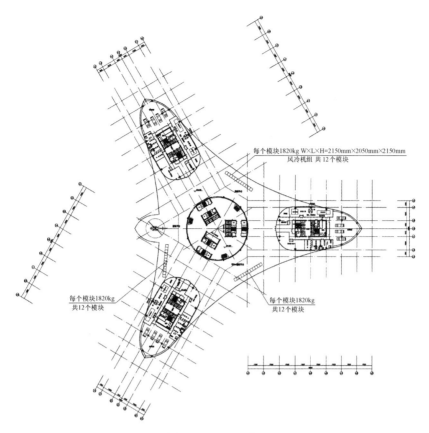

图 8-61　900m 平面

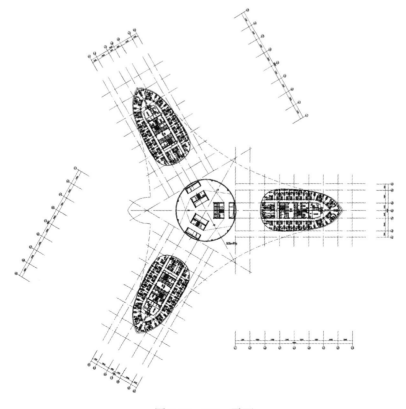

图 8-62　950m 平面

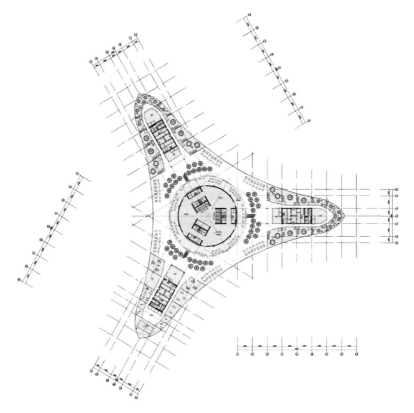

图 8-63　985m 平面

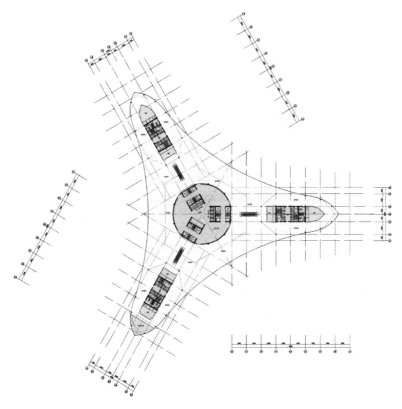

图 8-64　992.5m 平面

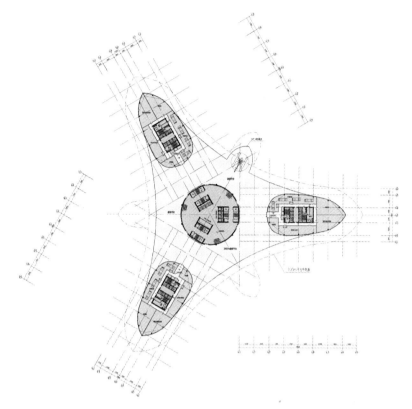

图 8-65 1000m 平面

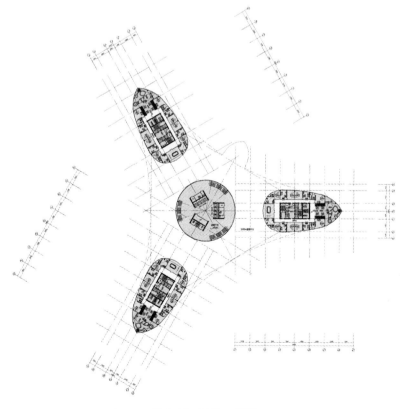

图 8-66 1005m 平面

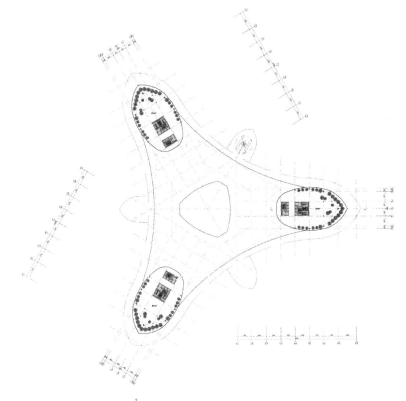

图 8-67　1040m 平面

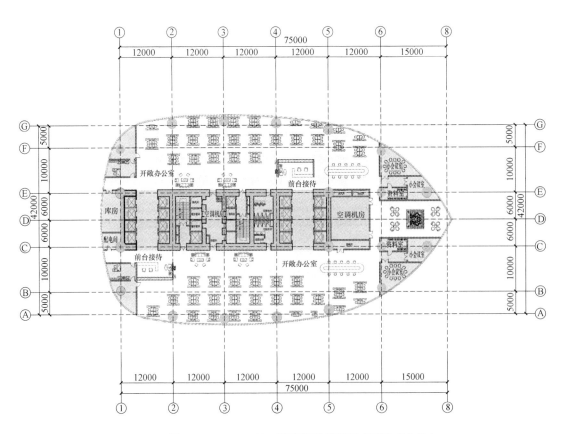

图 8-68　100 ～ 200m 子建筑单元平面（开放式办公）

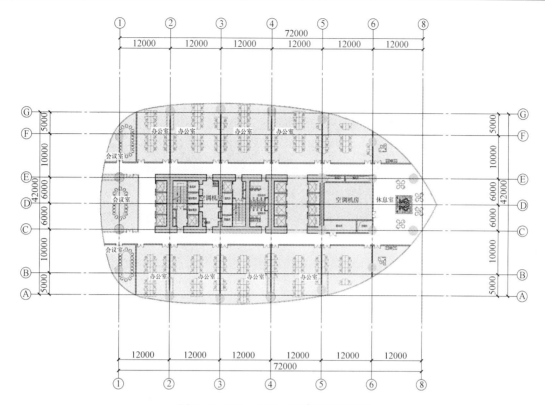

图 8-69 200～300m 子建筑单元平面

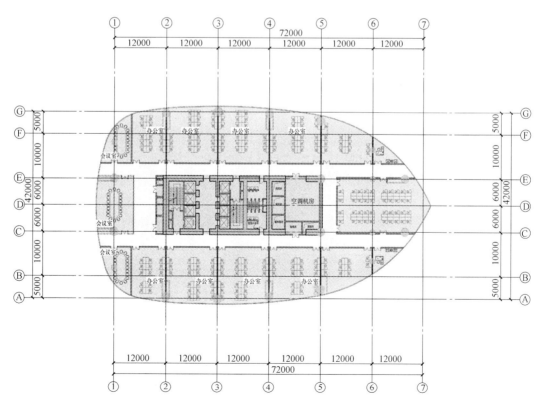

图 8-70 300～400m 子建筑单元平面

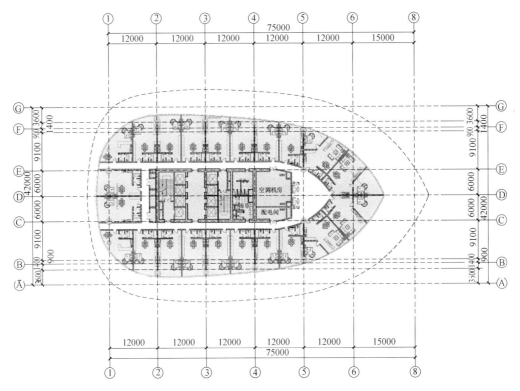

图 8-71　600～900m 子建筑单元平面（酒店式公寓层）

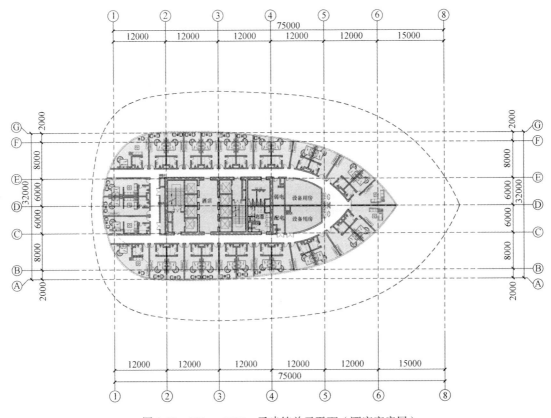

图 8-72　900～1000m 子建筑单元平面（酒店客房层）

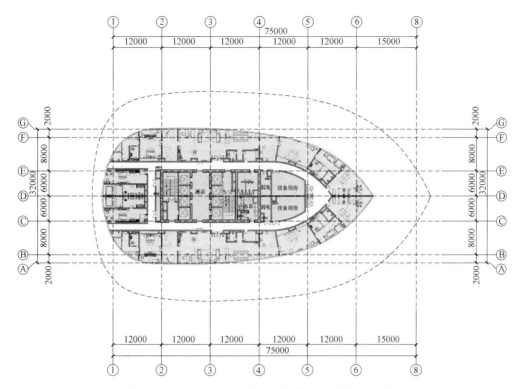

图 8-73 900～1000m 子建筑单元平面（总统套房层）

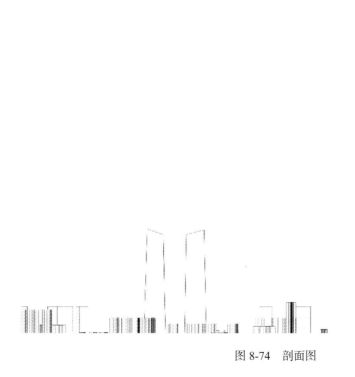

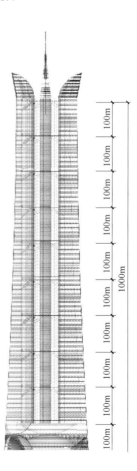

图 8-74 剖面图

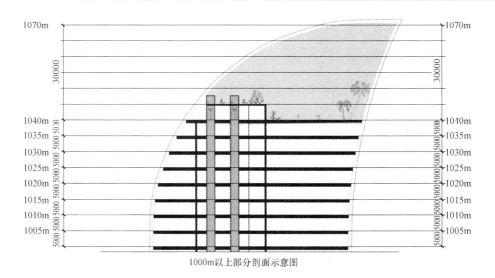

图 8-75　1000m 以上局部剖面图

### 8.3.3.4　功能设计

功能组合特点

地上"空中之城"以百米平台分隔成 11 个区段，每个区段内为建筑的主体功能，百米平台内为各个区段的避难和配套功能。楼层平面在 0 ～ 100m 区段为一个整体，100m 以上各区段分为三栋塔楼。三栋塔楼的平面布局灵活，可以每层布置一种功能，也可以每栋布置一种功能。见图 8-76、图 8-77。

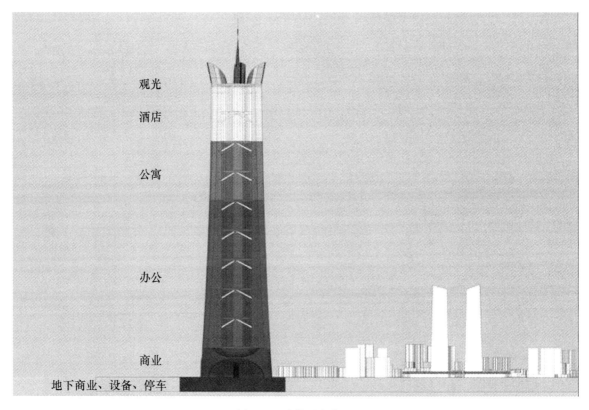

图 8-76　功能示意简图

图 8-77 单元示意图

建筑塔楼地上 198 层，地下 9 层。地下功能包括停车库、百货商场和设备用房。

地上部分包括商业、办公、公寓、酒店、观光五种主要功能，以及相应的金融、文化娱乐、体育、医疗卫生、教育、公共绿化等多种配套功能，涵盖了人类生活、工作、娱乐等社会需求，宛若一个"空中之城"。

### 8.3.3.5 消防设计

消防设计特点

千米级超高层建筑垂直交通主干—支干室外平台转换安全疏散系统，可解决千米级超高层及超大型综合建筑内 10 万人以上紧急疏散及消防救援问题，主要通过以下 4 种措施实现：

（1）交通系统采用中央核心筒的主干系统与各子建筑单元的支干系统相结合的方式，主干系统采用双轿厢电梯（胶囊电梯或双子电梯），支干系统采用楼梯及常规电梯—楼梯用于紧急疏散，电梯用于日常交通。

（2）基于电梯一次提升高度的限制，在千米塔建筑的 500m 处设置交通转换平台；并每隔 100m（≈20 层）距离设置室外疏散避难平台，其独立封闭的中央核心筒保证与子建筑单元间有 13m 以上的消防间距。

（3）在某个子建筑单元出现紧急情况下，支干系统保证了子建筑单元内人员在 5min 内通过楼梯，安全疏散到其相应的建筑子单元区段所在的室外避难平台，从而保证人员的相对安全。

（4）疏散到室外避难平台人员再通过封闭独立的中央核心筒双轿厢穿梭电梯疏散到建筑地面的安全区域，进而保证绝对安全。在 2h 内保证了建筑内部总计 14.9 万人的安全疏散。

方案三消防设计整体概念见图 8-78 ～图 8-81。

### 8.3.3.6 交通设计特点

1. 建筑内部人员紧急疏散的方式

300m 以下区域

从地面到建筑 300m 以下建筑单元区，当火灾发生时各子建筑单元内的人员可直接通过其楼梯疏散至地面安全区域。

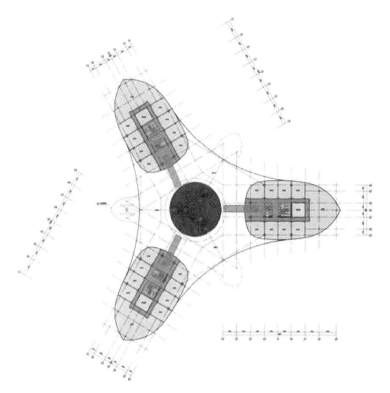

图 8-78　平面疏散示意图

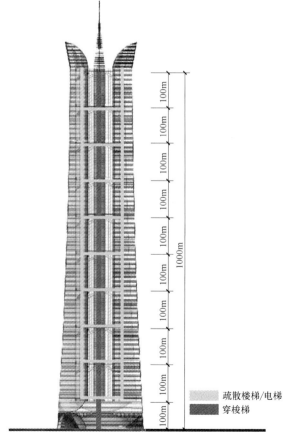

图 8-79　垂直疏散示意图

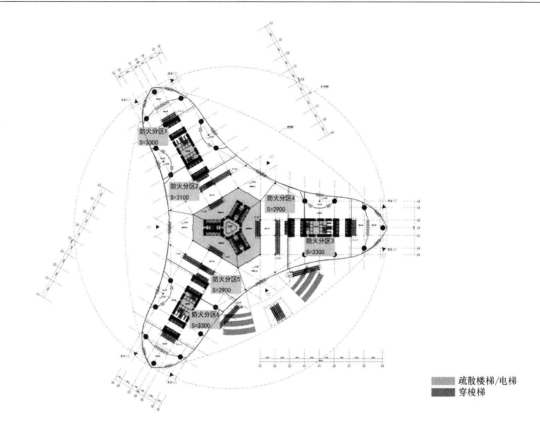

图 8-80　首层平面防火分区图

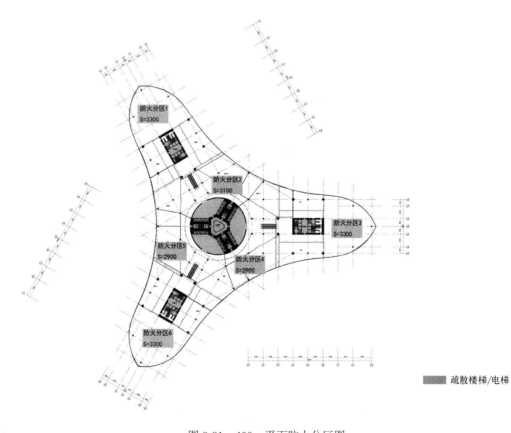

图 8-81　400m 平面防火分区图

300 ～ 500m 区域

在建筑地面 300m 以上的塔楼中每隔 100m 设置 2 层的室外避难平台，连接各子建筑单元，即每隔约 20 层左右设为一独立的子建筑单元，其电梯和楼梯均为独立设置，利用对应避难平台的 2 层高度空间内设置电梯冲顶空间、电梯机房及上一子建筑单元的电梯基坑。当灾害发生时，300 ～ 500m 各子建筑单元内的人员首先在 5min 内，通过各自内部独立的楼梯疏散至其相应百米区段屋顶上的室外避难平台（避难平台下部 2 层的内部人员通过其内部交通楼梯上到屋面避难平台），然后通过封闭的中央核心筒内的双轿厢穿梭电梯疏散至地面安全区域。

500 ～ 1000m 的子建筑单元

各单元内的人员首先在 5min 内，通过各自子建筑单元内部独立的疏散楼梯疏散到该百米区屋顶面上的室外避难平台，然后再通过封闭的核心筒的双轿厢穿梭电梯疏散至 500m 避难平台的屋顶面上，经过换乘至下一段的核心筒的双轿厢穿梭电梯，然后再疏散至地面安全区域。

2. 消防员进行防火扑救的方式

300m 以下区域

建筑 300m 以下单元区，消防员直接通过各子建筑单元内消防电梯上升至需要消防救助的楼层。

300 ～ 500m 区域

在 300 ～ 500m 单元区，消防员先通过中央交通核内的消防电梯上升至 300m 或 400m 层的室外疏散平台，然后转至相应的子建筑单元内，换乘相应的消防电梯至所需消防救助的楼层。

500 ～ 1000m 区域

500 ～ 1000m 单元区，消防员先通过中央交通核内的消防电梯上升至 500m 层的疏散平台，进行一次电梯转换—换乘上段消防电梯至相应所需消防救助区段的百米避难平台，再进入子建筑单元内部的消防电梯到达所需消防救助的楼层。

交通设计特点

我们针对千米级超高层建筑提出了"主干与支干复合垂直交通系统"的解决方案。

建立"梯级分流，层次清晰、节省面积、运行高效的垂直交通网络"是我们为千米级超高层建筑垂直交通系统设计提出的基本思想，具体实施方法：

（1）依据建筑功能、结构方案及避难层、设备层的布置情况对千米级超高层建筑进行"分段式"方式处理，将整栋建筑变成由若干个子建筑，各段设置转换层 - 空中大堂。

（2）由高速穿梭电梯及空中大堂构成的"主干公共交通系统"对汇聚于底层大堂的客流进行第一级分流：多组高速穿梭电梯快速将底层大堂的客人运送到目的段的空中大堂，完成第一级客流的分配。

（3）"空中大堂"是连接"主干系统"与"支干系统"的中转平台，乘客在这里转换到各个功能单元中的"支干系统"；支干功能交通系统负责将乘客送至目的楼层，完成第二级客流分配。

3. 垂直交通设计

安全疏散系统设计参照城市交通组织方式，建立一套公共垂直交通主干 - 支干系统，不仅用于消防安全疏散系统要求，同时兼做日常交通及观光等使用；建立这样的一套系统目的是满足该综合体实际发生的极为复杂的人员流动行为，主干系统如同城市的"主干道"，支干系统即各个独立的子建筑单元内的垂直交通如同城市的"次干道"，各子建筑单元平面的水平通道如同城市的"支路"；它们共同作用形成网状"叶脉"，把千米级超高层建筑中的商业中心、办公单元、居住单元、酒店、观光餐饮等各部分连接成一体，成为一个相对独立的"空中之城"。本垂直交通设计立足于当前电梯技术，积极采用双轿厢电梯、智能群控系统、电梯运力计算程序等新技术。

在千米级超高层建筑中，塔楼标准层面积受到防火分区面积限制，如果仅从电梯运载人数的运力考虑人员疏散即便采用双轿厢电梯或双子电梯也难以在有限时间内把楼内众多人员运送到安全地带，如单依靠增加电梯井道的数量，会使核心筒面积增大，降低标准层有效使用面积—降低使用率，增加工程造价及施工成本。

本方案的安全疏散系统采用中央核心筒穿梭电梯结合室外避难平台，配合3个塔楼分段式子建筑单元疏散方式，在500m高度采用穿梭电梯转换的方式解决电梯一次提升高度限制的问题（轿厢荷载、钢缆自重及其承载力、井道施工误差等问题）。参照美国和中国香港避难层设置标准，利用间隔100m（≈20层）的室外避难平台把塔楼建筑分成数段相对独立的子建筑单元，各子建筑单元中部有自己的核心筒，中央核心筒和各子建筑单元间保证大于13m的防火间距，满足现行防火规范要求。紧急情况下人员通过各子建筑单元楼梯在5min内疏散到相应的室外避难平台，再由避难平台通过封闭中央核心筒乘坐穿梭梯（双轿厢）疏散至建筑外安全地带。在不增加塔楼电梯井道数量的情形下，相对于避难平台的分段段数把普通电梯数量相应增加数倍，提高电梯运力，解决短时间内人员疏散和标准层塔楼有效使用面积间的矛盾。

（1）千米塔垂直交通系统的优点。

a）提高效率：日常使用中，可极大缩短电梯运行时间，减少人员候梯时间，提高电梯运载效率。

b）空间利用率高：充分利用核心筒空间，减少电梯井道数量，减少建筑工程造价，增加建筑有效使用面积。

c）可操作性强：积极利用现有技术，仅对垂直交通体系进行转换改造，改变目前垂直交通体系的格局，解决了超高层建筑中的大量人员安全疏散及消防救援问题，具有现实的可实施性。

d）利于结构：连接各子建筑单元的避难平台提高了建筑结构的整体抗扭刚度。

（2）千米塔垂直交通系统具体组成。

"空中之城"采用创新的"主干与支干复合垂直交通系统"，这个系统由三部分组成：主干公共交通系统、空中水平连接系统及支干功能交通系统。

垂直交通主干—支干转换室外平台安全疏散系统的设计主要是用来解决未来出现的千米级超高层建筑危险情况下大量人员疏散和消防救援问题，它把一座巨型塔式建筑先划分为两大段；然后再化整为零，利用间隔100m室外疏散平台，把建筑划分为一块块子建筑单元，每个子建筑单元都是相对独立的建筑，相应把电梯数量增加了数倍，同时也把可能发生的危险控制在独立的子建筑单元区域内，避免灾害扩散到更大的范围。

主干公共交通系统由48部（第二代可调节）双层高速穿梭梯进行定点运行，如同城市的快速公共交通系统，将乘客快速送达八个"空中社区"广场。

"空中社区"广场是连接"主干系统"与"支干系统"的中转平台，乘客在这里转换到各个功能单元中的"支干系统"。

支干功能交通系统设置在各个功能单元内部，负责将乘客送至目的楼层。

百米室外避难平台的设计保证了中央核心筒与子建筑单元的防火间距，其独立封闭核心筒的穿梭梯具备了防水、防火等功能，配上楼宇自动化控制系统；在现有技术条件下，灾害发生时，除受灾子建筑单元内人员通过楼梯疏散，其他子建筑单元内人员依靠楼梯和电梯疏散成为可能。

# 参 考 文 献

[1] 徐培福. 复杂高层建筑结构设计［M］. 北京：中国建筑工业出版社，2005.

[2] 黄宗襄，陈仲. 超高建筑设计与施工新进展［M］. 上海：同济大学出版社，2014.

[3]【英】伍德. 世界摩天大楼100［M］. 桂林：广西师范大学出版社，2015.

[4] 王受之. 世界现代建筑史［M］. 北京：中国建筑工业出版社，1999.

[5]《建筑设计资料集》编委会. 11城镇规划［M］//建筑设计资料集（第二版）6. 北京：中国建筑工业出版社，1994.

[6] 张岱. 赠沈歌叙序［M］//琅嬛文集. 杭州：浙江古籍出版社，2013.

[7] 陈琦. 现代集群化高层公建的整体化设计研究［D］. 同济大学硕士学位论文，2007.

[8] Edited by Robyn Beaver. The architecture of Adrian Smith, SOM：Toward a Sustainable Future. Australia: Images Publishing, 2007; 18

[9] Aybars Asci. SOM的遗产和创新：标志性天际线［J］. 建筑技艺，2011（Z3）：62-67.

[10] 陈继良. 上海中心大厦建筑报告［R］. 北京，2013.

[11] 陈岩松. 天津高新区软件及务外包基地综合配套区 - 中央商务区一期 -117塔楼建筑设计报告［R］. 北京，2013.

[12] 绿色建筑评价标准 GB/T 50378—2006［S］. 北京：中国建筑工业出版社，2006.

[13] 中国城市科学研究会. 绿色建筑（2009）［M］. 北京：中国建筑工业出版社，2009.

[14] 北京方亮文化传播有限公司. 世界绿色建筑设计［M］. 北京：中国建筑工业出版社，2008.

[15] 宋凌，林波荣，李宏军. 适合我国国情的绿色建筑评价体系研究与应用分析［J］. 暖通空调. 2012，42（10）：15-19.

[16] 绿色建筑评价标准 GB/T 50378—2014［S］. 北京；中国建筑工业出版社，2014.

[17] 陈耿. LEED认证在工程实践中的应用［D］. 华南理工大学，2013.

[18] 韩继红，范宏武，孙桦. 中国超高层建筑的绿色低碳之路——思考与实践. 第六届国际绿色建筑与建筑节能大会论文集［C］. 2010.

[19] 绿色超高层建筑评价技术细则［S］.

[20] 周浩明，张晓东. 生态建筑——面向未来的建筑［M］. 南京：东南大学出版社，2002.

[21] The WBDG Aesthetics Subcommittee，Engage the Integrated Design Process, http：//www.wbdg.org/design/engage process.php?Ce=id, 2009.

[22] 李宏军，宋凌，范宏武，韩继红. 绿色超高层建筑评价技术细则研究［J］. 建设科技，2012（6）.

[23] 周林峰，丁百湛，季柳红. 学习 GB/T 7106—2008《建筑外门窗气密、水密、抗风压性能分级及检测方法》的一点体会［J］. 门窗，2009（09）.

[24] 郎四维. 公共建筑节能设计标准 GB 50189—2005 剖析［J］. 暖通空调，2005（11）.

[25] 薛志峰等. 超低能耗建筑技术及应用［M］. 北京：中国建筑工业出版社，2005.

[26] 苏剑，周莉梅，李蕊. 分布式光伏发电并网的成本 / 效益分析［J］. 中国电机工程学报. 2013（34）.

[27] 艾志刚. 形式随风——高层建筑与风力发电一体化设计策略［J］. 建筑学报，2009.

[28] 肖斯瑶. 浅谈风力发电机的应用与发展［J］. 科技展望. 2016（28）.

[29] 希军. 超高层建筑设计中的绿色策略论述［J］. 黑龙江科技信息. 2013（04）.

[30] 申维俊，杨晓红. 智能建筑空调系统自动控制设计与节能应用［J］. 智能建筑电气技术. 2012（06）.

[31] 广泛宣传《节水型生活用水器具》标准 大力推广使用节水型生活用水器具［J］. 节能与环保. 2002（11）.

［32］The UN Word Water Develpoment Reprt: Water for people, Water for Life.［EB/OL］. http：//www.unesco.org/ water/wwap/wwdr/table_contents. shtm［2009-10-25］

［33］王晓燕，程莹莹. 工程建筑中水处理技术的要点分析［J］.

［34］建筑中水设计规范 GB 50336—2002［S］. 北京：中国计划出版社，2003.

［35］刘晋. 改善重庆农村住宅室内热环境的设计研究［D］. 重庆大学，2010.

［36］杨柳. 建筑气候学［M］. 北京：中国建筑工业出版社，2010.

［37］清华大学建筑节能研究中心. 中国建筑节能年度发展研究报告［M］. 北京：中国建筑工业出版社，2009.